VDE-Schriftenreihe **150**

Zum Autor

Dipl.-Ing. Dipl.-Wirtsch.-Ing. **Rolf Rüdiger Cichowski**, MBA ist als Autor und Herausgeber tätig. Die ersten Jahre seiner beruflichen Laufbahn war er bei den Vereinigten Elektrizitätswerken AG in Dortmund (im Jahr 2000 fusioniert mit RWE AG, heute integriert in e.on AG) in verschiedensten Funktionen im Bereich „Elektrische Verteilungsnetze" aktiv. Nach der politischen Wende in Deutschland unterstützte er für einen Zeitraum von fünf Jahren die Entwicklungsprozesse ostdeutscher Unternehmen, und zwar als Leiter der elektrischen Verteilungsnetze bei der Mitteldeutschen Energieversorgung AG, MEAG in Halle/Saale und als Geschäftsführer der damals neu gegründeten Energieversorgung Industriepark Bitterfeld/Wolfen GmbH, ein Unternehmen, das den Industriestandort mit Strom, Gas, Wasser und Fernwärme versorgte.

Mitte der 1990er-Jahre stiegen die Energieversorgungsunternehmen in das Geschäftsfeld Telekommunikation ein, und Rolf Rüdiger Cichowski gründete und leitete als Geschäftsführer für VEW das Tochterunternehmen VEW TELNET, ein Regional-Carrier in Dortmund. Nachdem VEW dieses Tochterunternehmen 1999 an die damalige versatel (heute 1&1 versatel) verkaufte, schied der Autor nach 30 Jahren aus dem Konzern aus und war danach ein Jahr als Leitender Consultant bei der Detecon in Bonn, einem Tochterunternehmen der Deutschen Telekom, tätig.

Von 2001 bis zum Frühjahr 2011 war er Geschäftsführer der SSS Starkstrom- und Signal-Baugesellschaft mbH in Essen, einem mittelständischen Dienstleistungsunternehmen für Strom, Daten, Gas und Wasser mit 30 Standorten und etwa 600 Mitarbeitern.

Im Rahmen des BDEW Bundesverband der Energie- und Wasserwirtschaft und der DKE Deutsche Kommission Elektrotechnik Elektronik Informationstechnik in DIN und VDE arbeitete er in Ausschüssen und Komitees mit. Als Autor und Herausgeber hat Rolf Rüdiger Cichowski in den letzten Jahrzehnten Fachaufsätze und Fachbücher veröffentlicht und sich als Referent in Seminaren und Kongressen betätigt. Darüber hinaus war er über mehrere Jahre Lehrbeauftragter an den Fachhochschulen Dortmund und Berlin. Rolf Rüdiger Cichowski ist u. a. auch Initiator und Herausgeber der Buchreihe „Anlagentechnik für elektrische Verteilungsnetze", die seit mehr als 30 Jahren im VDE VERLAG erscheint.

Kontakt zum Autor: E-Mail: rolf@cichowski.de, Internet: www.cichowski.de.

VDE-Schriftenreihe Normen verständlich **150**

Elektrische Anlagen auf Campingplätzen und in Caravans

Elektrische Anlagen auf Caravan-, Campingplätzen und ähnlichen Bereichen, in Caravans und Reisemobilen

Erläuterungen zu DIN VDE 0100-708:2010-02 und DIN VDE 0100-721:2019-10, den DGUV-Informationen und weiteren Normen

Dipl.-Ing. Dipl.-Wirtsch.-Ing. Rolf Rüdiger Cichowski, MBA

3., überarbeitete und erweiterte Auflage

VDE VERLAG GMBH

ICS: 43.060.50; 91.140.50; 97.200.30

Die zusätzlichen Erläuterungen geben die Auffassung der Autoren wieder. Maßgebend für das Anwenden der Normen sind deren Fassungen mit dem neuesten Ausgabedatum, die bei der VDE VERLAG GMBH, Bismarckstr. 33, 10625 Berlin und der Beuth Verlag GmbH, Burggrafenstr. 6, 10787 Berlin erhältlich sind.

Bibliografische Information der Deutschen Nationalbibliothek
Die Deutsche Nationalbibliothek verzeichnet diese Publikation in der Deutschen Nationalbibliografie; detaillierte bibliografische Daten sind im Internet über http://dnb.dnb.de abrufbar.

ISBN 978-3-8007-5653-7 (Buch)
ISBN 978-3-8007-5654-4 (E-Book)
ISSN 0506-6719

Satz: Text- und Software-Service Manuela Treindl, Fürth
Druck und Bindung: Buch- und Offsetdruckerei H. Heenemann GmbH & Co. KG, Berlin

Printed in Germany 2021-11

Vorwort zur 3. Auflage

Camping ist in. In den letzten Jahren hat Camping stark zugenommen. Das Lebensgefühl der Freiheit, die Individualität, die Ungezwungenheit, die Naturverbundenheit, die Familienfreundlichkeit, die Mobilität, der mögliche und unkomplizierte Kontakt zu anderen Menschen und schließlich auch die häufig preiswertere Urlaubsalternative lassen Menschen jeden Alters immer häufiger sich zu dieser Urlaubsform entscheiden. Camper wählen dabei zwischen Zelten, Wohnwagen, Caravans und Motorcaravans, je nach persönlichem Geldbeutel. Allen gemeinsam ist die Verwendung von elektrischen Anlagen, Betriebsmitteln und Verbrauchsmitteln. Zwei Energiesysteme werden in Campingfahrzeugen eingesetzt: Strom und Gas. Für z. B. die Beleuchtung, Kommunikationsgeräte, Wasserpumpen und Küchengeräte wird Elektrizität benötigt. Die Autobatterie liefert 12 V Gleichstrom. Die Kapazität der Batterien ist allerdings noch sehr begrenzt, daher wird für alle Campingfahrzeuge die Möglichkeit genutzt, Stromkreise für 230 V Wechselspannung zu betreiben. Die Stellplätze der Campingplätze sind mit Steckdosen ausgerüstet (CEE-Steckdosen), die die Versorgung mit Elektrizität des einzelnen Caravans gewährleisten können.

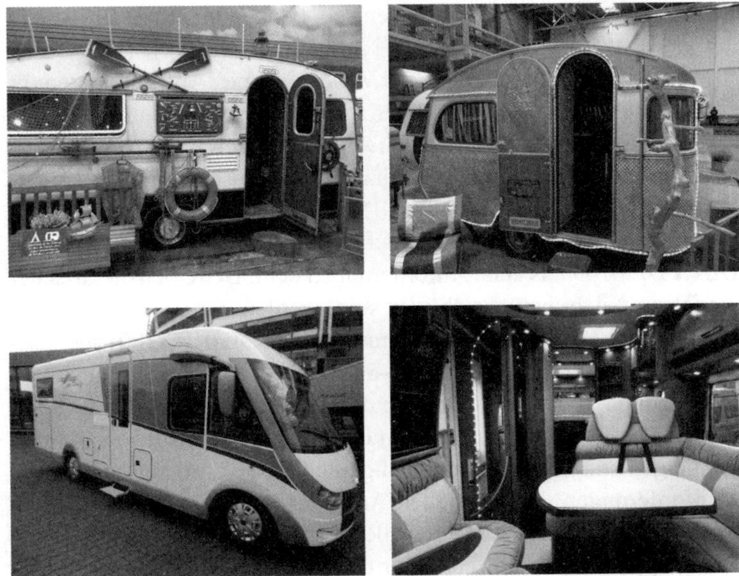

Von der Camper-Nostalgie (Fotos: *Rolf Rüdiger Cichowski*) zu modernen Motorcaravans
Fotos: *Mirco Franke*, Syro Reisemobile, Holzwickede

Dieses Buch soll dem Leser zu elektrischen Anlagen, Betriebs- und Verbrauchsmitteln auf Campingplätzen sowie in und um Caravans und Motorcaravans eine Hilfe zur Erarbeitung der Anforderungen an diese Anlagen vermitteln. Wie für die Errichtung elektrischer Anlagen und Betriebsmittel in den verschiedensten Einsatzorten gilt auch auf Campingplätzen und in Caravans die grundsätzliche Forderung, dass die allgemeinen Anforderungen der Normenreihe DIN VDE 0100 einzuhalten sind. Eine hohe Priorität hat die DIN VDE 0100-410:2018-10 „Schutz gegen elektrischen Schlag". Aber auch weitere Normen der Reihe DIN VDE 0100 sind für die Errichtung elektrischer Anlagen auf Campingplätzen und in Caravans zu berücksichtigen. Die in diesen Normen enthaltenen Anforderungen haben für Campingplätze besondere Bedeutung, weil auf solchen Stellplätzen, bedingt durch die Umgebungseinflüsse (z. B. Feuchtigkeit, Staub, mechanische Einwirkungen) und den guten Kontakt des menschlichen Körpers zur Erde oder zu leitfähigen, mit Erde in Verbindung stehenden Teilen, sehr leicht eine gefährliche Körperdurchströmung auftreten kann, die auf alle Fälle verhindert werden muss. Außerdem können Kabel- und Leitungsanlagen durch Heringe oder Bodenanker beschädigt werden und verursachen dadurch ebenfalls besondere Gefährdungen. Im Umfeld und auf dem Campingplatz befinden sich schwere und hohe Fahrzeuge, die auch zu Gefährdungen seiner elektrischen Anlagen führen können. Die Anlagen und Betriebsmittel werden zudem meist von elektrotechnischen Laien betrieben, sodass elektrische Anlagen in Wohnwagen, Zelten und Motorcaravans oft mit Mängeln versehen sein können und diesen Mängeln muss vorgebeugt werden. Zusätzlich zu allen Normen der Gruppen 100 bis 600 von DIN VDE 0100 ist seit Jahren innerhalb der 700er-Gruppe „Anforderungen für Betriebsstätten, Räume und Anlagen besonderer Art" die Norm für Campingplätze DIN VDE 0100-708:2010-02 gültig, die speziell Anforderungen für elektrische Anlagen und Betriebsmittel auf Campingplätzen enthält. Für elektrische Anlagen und Betriebsmittel in Caravans und Motorcaravans ist DIN VDE 0100-721:2019-10 zuständig. Da auf einem Campingplatz sowohl Anforderungen beim Errichten elektrischer Anlagen, also DIN VDE 0100, als auch Anforderungen beim Betreiben elektrischer Anlagen und Betriebsmittel zu berücksichtigen sind, werden in diesem Buch auch weitere DIN-VDE-Normen, wie betriebliche Normen (DIN VDE 0105-100) oder Produktnormen (DIN EN IEC 61439-7 (**VDE 0660-600-7**):2021-06; Niederspannungsschaltgerätekombinationen), bei der Darstellung der Anforderungen berücksichtigt. Ganz wichtig für die Betreiber sind auch die Unfallverhütungsvorschriften, die sich mit elektrischen Anlagen und Betriebsmitteln, allgemeinen Gefährdungsbeurteilungen, Sicherheitsanforderungen und speziellen Anforderungen für Campingplätze beschäftigen, denn für den bestimmungsgemäßen Einsatz stehen Platzwarte und Betreiber von Campingplätzen in der Verantwortung.

Weitere Details zu den Wirkungen des Stroms auf den Menschen können der Literatur entnommen werden.

1.3 Gefährdungsbeurteilungen

Arbeiten an elektrischen Anlagen sowie an Betriebs- und Verbrauchsmitteln können mit Unfall- und Gesundheitsrisiken verbunden sein. Jeder Unternehmer, die Führungskräfte und jeder Mitarbeiter müssen dafür Sorge tragen, dass die Risiken, die mit diesen Arbeiten verbunden sind, so gering wie möglich gehalten werden. Nach dem Arbeitsschutzgesetz (ArbSchG) in Verbindung mit der Betriebssicherheitsverordnung (BetrSichV) ist vor Beginn der Arbeiten eine Gefährdungsbeurteilung durchzuführen. Die TRBS 1111 (TRBS – Technische Regel für Betriebssicherheit) beschreibt den grundsätzlichen Ablauf der Ermittlung und Bewertung von Gefährdungen sowie entsprechend notwendige und geeignete Maßnahmen.

Einfache Darstellung der Struktur zur Vorgehensweise:

- Erfassung der Betriebsorganisation und der Sicherheitsorganisation des jeweiligen Betriebs: Struktur, Arbeitsbereiche, Werkstätten, Tätigkeiten.
- Erfassung und Analyse möglicher Gefährdungen: elektrische Gefährdungen, mechanische Gefährdungen, Gefährdungen durch Tiefbauarbeiten, Gefährdung durch Gefahrstoffe, Gefährdungen durch andere Tätigkeiten auf dem Campingplatz usw.
- Bewertung der Gefährdungen und Festlegung von Maßnahmen gegen Gefährdungen.
- Überprüfung der Maßnahmen auf Wirksamkeit.
- Dokumentation der Gefährdungsbeurteilung.

Sicherheit am Arbeitsplatz ist nicht nur für Industrie- und Mittelstandsunternehmen bzw. andere Gewerbebetriebe, sondern auch für die Betreiber von Campingplätzen ein wichtiges Thema. Auch hier greifen das ArbSchG und die berufsgenossenschaftlichen Vorschriften. Die Campingunternehmer haben die Möglichkeit, eine eigene Sicherheitsfachkraft zu beschäftigen oder einen externen sicherheitstechnischen Dienst mit den Aufgaben der Arbeitssicherheit zu betrauen. Die Verantwortung trägt jedoch nicht die Sicherheitsfachkraft, die beratend tätig ist, sondern der Unternehmer. Schwerpunkte bei der Gefährdungsbeurteilung bei Campingplätzen sind:

- Ein- und Unterweisung der Mitarbeiter zu Gefährdungen am Arbeitsplatz, z. B. dem Umgang mit Maschinen und Geräten,

- Verkehrswege,
- Brandschutz,
- Gefahrstoffe (z. B. Gasflaschen).

Ziel des Arbeitsschutzes ist der Schutz der Mitarbeiter des Campingunternehmens, aber dies wirkt sich auch auf die vielen Gäste des Campingplatzes und/oder seiner Freizeitanlagen, wie Schwimmbad oder Spielgeräte und die Nutzung durch die Gäste aus.

Auf Campingplätzen können sich erhöhte elektrotechnische Gefahren ergeben. Die elektrischen Anlagen und ihre Betriebs- und Verbrauchsmittel sind teilweise den Witterungseinflüssen ausgesetzt. Gleichzeitig können sich erhöhte mechanische Beanspruchungen einstellen und die jeweiligen Stellplätze haben wechselnde Benutzer, wodurch die Betriebsmittel unterschiedlichen Handhabungen ausgesetzt sind. Die Betreiber und Platzwarte der Campingplätze sind gefordert, weil sie verantwortlich für die Anwendung von normgerechten und zulässigen elektrischen Anlagen auf ihrem Campingplatz sind, denn diese Anlagen sind gemäß den elektrotechnischen Bestimmungen zu errichten, zu betreiben, zu ändern, zu prüfen und müssen instandgehalten werden. Die Fachkompetenz haben sie in der Regel nicht, daher werden sie richtigerweise die Beurteilung an elektrotechnische Fachkräfte delegieren.

Zusammenfassung der Gefahrenpotenziale auf Campingplätzen und in Caravans:

- Ständiger Wechsel der Nutzer der Stellplätze auf Campingplätzen.
- Die von den Nutzern eingebrachten elektrischen Anlagen und Betriebsmittel in Wohnwagen, Caravans, Zelten und Motorcaravans können mit Mängeln behaftet sein.
- Die Anlagen und Betriebsmittel sind teilweise den Witterungsverhältnissen ausgesetzt und für Anlagen im Freien gelten besondere Anforderungen.
- Personen, die auf dem Campingplatz die Anlagen und Betriebsmittel nutzen, stehen häufig mit Erdpotential in Kontakt.
- Auf den Campingplätzen werden häufig schwere und hohe Fahrzeuge bewegt, dadurch kann sich die mechanische Beanspruchung der Betriebsmittel erhöhen.
- Kabel- und Leitungsanlagen können durch das Einbringen von Bodenankern beschädigt werden.
- Verwendung unzulässiger Verlängerungsleitungen.

- Unsachgemäße Anschlüsse der Anlagen und Betriebsmittel.
- Brandgefahr durch Überlastung der elektrischen Anlagen.
- Gefahr an Anlagen durch äußere Einflüsse an den Caravans, wie Schwingungen oder Überspannungen, z. B. durch Blitzeinschläge.
- Verwendung der Betriebs- und Verbrauchsmittel durch elektrotechnische Laien, daher sollte die Elektrofachkraft vordenken und alle Eventualitäten berücksichtigen.

1.4 Unfälle auf Campingplätzen und in Caravans

Die Statistik elektrischer Unfälle macht deutlich, dass erfreulicherweise die Anzahl der tödlichen Unfälle durch Strom in Deutschland ständig in den letzten Jahrzehnten rückläufig ist (zurzeit etwa bei 50 Unfalltoten pro Jahr; letzte erfassbare Statistik des VDE: 42 Tote im Jahr 2018; aus dem Unfallregister der BG ETEM 2019: drei tödliche Stromunfälle). Andererseits ist eine gewaltige Steigerung des Stromverbrauchs festzustellen, d. h., die Bemühungen des Gesetzgebers, der Berufsgenossenschaften, das Sicherheitsverhalten der Unternehmer und der Arbeitnehmer sind gestiegen und die Anforderungen aus den DIN-VDE-Normen sind richtig gestellt und werden auch von den Fachleuten weitestgehend eingehalten. Aber selbstverständlich ist jeder Tote einer zu viel und alle Beteiligten müssen weiterhin alle Anstrengungen unternehmen, damit Unfälle, hervorgerufen durch elektrischen Strom, vermieden werden können.

Außerdem ist die hohe Anzahl von tödlichen Stromunfällen im Vergleich zur Gesamtzahl der tödlichen Arbeitsunfälle von außerordentlicher Bedeutung. Leider zeigen die tägliche Praxis und die Statistik, dass neben Laien auch elektrotechnisch unterwiesene Personen und Elektrofachkräfte die Gefahren beim Umgang mit Strom immer wieder unterschätzen.

Gerade auf Campingplätzen hantieren elektrotechnische Laien mit Betriebs- und Verbrauchsmitteln, die durch Strom versorgt werden. Dies ist zwar im Haushalt ebenfalls so, aber auf Campingplätzen ist die Gefährdungssituation wegen der Umwelt- und Umfeldbedingungen auf einem Campingplatz noch höher. Daher muss die Elektrofachkraft bei Errichtung und Betrieb elektrischer Anlagen und Betriebsmittel vorausschauend planen, Produkte und Betriebsmittel verwenden, die für den Einsatz geeignet sind, normgerecht arbeiten und prüfen. (Diese Aussage gilt für Elektrofachkräfte zwar immer und bei jedem Arbeitseinsatz, wegen der besonderen Bedingungen und Anforderungen sei dies bewusst nochmals erwähnt.)

Die Unfälle auf Campingplätzen lassen sich von der Verursachung her in zwei Gruppen unterteilen: einmal die Sachfehler, zum anderen die Verhaltensfehler. Sachfehler, die zur Gefährdung durch elektrischen Strom führen können, sind:

- beschädigte Isolierung von beweglichen oder fest verlegten Anschluss- und Verlängerungsleitungen,
- nur provisorisch verlegte Leitungen, anstatt einer fachgerechten Installation,
- Knickstellen in den Leitungen,
- freiliegende Einzeldrähte an Leitungseinführungen von Betriebsmitteln oder im Verlauf der Leitungen,
- schadhafte Steckvorrichtungen,
- Verwendung von elektrischen Anlagen und Betriebsmitteln, die nicht von einer Elektrofachkraft hergestellt oder von ihr fachgerecht instandgesetzt wurden,
- Eintreiben von Gestängen bzw. Heringen für Zelte oder anderen Befestigungen ins Erdreich,
- Verwendung von frei aufgehängten Lampen (ohne Leuchten),
- Unachtsamkeiten beim Aufstellen der Wohnwagen oder Caravans auf dem jeweiligen Stellplatz,
- Hantieren mit schweren Fahrzeugen auf dem Gelände des Campingplatzes,
- nicht regelmäßige und fachgerechte Prüfung von ortsfesten und nicht ortsfesten elektrischen Anlagen und Betriebsmitteln,
- mangelnde Reinigung von Elektrogeräten, dadurch evtl. Überbrückungen durch Staubablagerungen,
- sich schnell ändernde bzw. wechselnde Einsatzorte der Betriebsmittel und Verbrauchsmittel,
- Verwendung von Elektrogeräten ohne erforderliche Schutzart.

Verhaltensfehler wie Nachlässigkeit, Leichtsinn, Ablenkung durch Nebenarbeiten oder andere Personen, Geltungsbedürfnis („Ich kann das auch ohne Abschaltung!“), eigenmächtig vorgenommene Arbeiten, Termindruck und Besserwisserei führen immer wieder zu Unfällen. Diese Fehler, hervorgerufen durch menschliches Fehlverhalten, können nur durch Schulung, Information und wiederkehrende Anweisungen und Belehrungen beseitigt werden.

Nach Aussage der Berufsgenossenschaft BG ETEM verunglücken Elektrofachkräfte im Bereich der Niederspannung meistens an Verteilungen, an Sicherungen und an Schaltern, während elektrotechnische Laien bei der Handhabung elektrischer Verbrauchsmittel sowie beim Umgang mit elektromotorischen Geräten und Werkzeugen zu Schaden kommen.

Die Campingplatzbetreiber und die Beschäftigten sind gut beraten, möglichst alle Erkenntnisse zur Vermeidung von Unfällen auf Campingplätzen in die Praxis umzusetzen. Neben der selbstverständlichen Verpflichtung, weitestgehend Personenschäden zu vermeiden, erbringt die Verhinderung von Unfällen auch einen wirtschaftlichen Vorteil, denn die Aufwendungen und die Anforderungen für die Sicherheit und Unfallverhütung machen nur einen Bruchteil der Kosten für Unfallschäden aus, die der gewerblichen Wirtschaft und der Volkswirtschaft durch Unfälle entstehen.

Sicherheitsempfehlungen für elektrotechnische Laien:

1. Vor der Benutzung elektrotechnischer Geräte immer erst genau ansehen, um evtl. Mängel zu erkennen.
2. Strikt an die Information der Hersteller für das Verwenden und Bedienen der Geräte halten.
3. Entdeckte Mängel oder Schäden sofort dem Campingplatzbetreiber melden und andere Camper auf die Mangelsituation hinweisen.
4. Bei Störungen an Geräten sofort die Spannung durch Ziehen des Steckers abschalten oder anderweitige Unterbrechung durchführen.
5. Elektrische Verbrauchsgeräte im Freien auf dem Campingplatz müssen nach DIN VDE 0100-737 geschützt sein, d. h., es wird der Zusatzschutz gefordert, wonach für Endstromkreise im Außenbereich Steckdosen mit Fehlerstrom-schutzeinrichtungen (RCDs) mit einem Bemessungsfehlerstrom ≤ 30 mA gefordert werden.
6. Auf keinen Fall Reparaturen an Elektrogeräten selbst durchführen, sondern immer die Elektrofachkraft beauftragen.
7. Elektrische Betriebsstätten nicht betreten, keine Schalthandlungen an Verteilungen durchführen, keine Arbeiten in der Nähe elektrischer Anlagen selbstständig durchführen.

Unfälle durch Blitzeinschlag bzw. Überspannungen

Unfälle durch Blitzeinschläge sind in Deutschland nicht so selten, wie man vielleicht denkt. Etwa 130 Personen werden jährlich durch Blitzeinschläge ernsthaft verletzt und einige davon enden sogar tödlich. An durchschnittlich 20/35 Tagen (Norden/Süden) pro Jahr kommt es zu Gewittern in Deutschland. Fast jedes Jahr sind schwere Blitzunfälle auf Campingplätzen zu verzeichnen. Durch hohe Spannungen, starke Ströme, hohe Temperaturen und eine starke Druckwelle werden die Betroffenen verletzt.

Durch den elektrischen Strom kann es zu Muskelreizungen mit vielen Folgewirkungen wie Herzstillstand bzw. Herzrhythmusstörungen, Hautverbrennungen verschiedener Schweregrade, Nierenschädigungen, Schädigungen der Seh- und Hörorgane oder neurologische und traumatologische Effekte kommen.

Blitzunfälle lassen sich in fünf Ursachen zur Schädigung der Körper unterteilen:

1. Direkter Einschlag: Der Blitz trifft den Menschen direkt und unmittelbar.
2. Indirekter Einschlag: Der Blitz schlägt in einen Gegenstand ein, der gerade vom Menschen berührt wird.
3. Überschläge durch Einschlag: Der Blitz schlägt in einen nahen Gegenstand ein, z. B. einen Baum, und springt zum Menschen über.
4. Schrittspannungen: Der Blitz schlägt ins Erdreich ein und baut in seinem Umfeld Potentialunterschiede auf, die der Mensch mit einem Schritt überbrückt, wodurch ein Teilstrom über den menschlichen Körper fließen kann.
5. Überspannungen: Durch den Einschlag kann eine Überspannung erzeugt werden, die zu einem Stromschlag beim Menschen führt, der zu diesem Zeitpunkt ein elektrisches Gerät bedient.

Bild 1.2 Fünf Möglichkeiten für Blitzunfälle –
a) direkte Treffer, b) Kontakteffekte, c) Überschlagseffekte, d) Schrittspannungen, e) Überspannungen

Um möglichst einen Blitzunfall auf dem Campingplatz oder als Camper zu vermeiden, sollten entsprechende Verhaltensempfehlungen des VDE befolgt werden:

- Den besten Schutz bieten feste Gebäude mit einer Blitzschutzanlage, geschlossene Fahrzeuge oder andere Metallkabinen.
- Wohnwagen und Wohnmobile mit metallener Außenhaut bieten den gleichen sicheren Schutz wie Kraftfahrzeuge.
- Der Aufenthalt in einem Zelt ohne Metallgestänge oder einem Campingwagen ohne Metallkonstruktion ist genauso gefährlich wie der Aufenthalt im Freien.
- In Scheunen, Holzhütten und Zelten ohne Blitzschutz ist der Bereich in der Mitte des Unterstands zu nutzen.
- Zelte und Caravans sollten nicht an exponierten Stellen, unter bzw. an Masten, am Waldrand, unter allein stehenden Bäumen oder auf Hügeln aufgebaut werden.

- Für Caravans sollte ein Mindestabstand von 3 m zum Nachbarcaravan eingehalten werden; auf keinen Fall sind zwischen den Caravans metallene Spanndrähte zu ziehen.
- Die zum Stellplatz geführten Leitungen (Strom, Telefon, Antenne) sollten durch Herausziehen der Stecker unterbrochen werden oder durch geeignete Überspannungsschutzgeräte gesichert sein.
- Nicht in Personengruppen während des Gewitters zusammenstehen.
- Baden bei Gewitter ist äußerst gefährlich, daher sofort das Wasser verlassen.
- Während eines Gewitters sollte man sich im Zelt auf eine isolierende, trockene Matte oder Matratze hinhocken, den Abstand zu metallenen Zeltstangen so groß wie möglich halten und die Zeltwand nicht berühren, damit keine Gefährdungen durch Schrittspannungen eintreten.
- Wird ein Caravan von einem Blitz getroffen, so kann der Strom über Erderspieße aus Metall, die mit metallenen Leitungen mit der Karosserie verbunden sind, zur Erde abgeleitet werden. Im Normalfall ist die elektrisch leitende Verbindung zwischen Karosserie und Erdreich durch die Stützeinrichtungen des Caravans gegeben.

Tabelle 1.1 zeigt wichtige Tipps zum Schutz vor einem direkten Blitzeinschlag in Abhängigkeit von den Aufenthaltsorten auf den Campingplätzen.

Merke: Auf einem Campingplatz ist generell mit der Gefährdung durch Gewitter zu rechnen. Im Freien sowie in den Zelten/Caravans besteht die Gefahr vor Blitzeinwirkungen durch direkten Einschlag, Überschlag, Berührungsspannungen oder Schrittspannungen. Daher ist den Campingplatzbetreibern eine interne Handlungsanweisung/ein Notfallmanagement zu empfehlen, wie im Fall eines Gewitters für und mit den Gästen/Campern umzugehen ist.

Untersuchung der Isolationsfestigkeit von Kiesboden aus dem Jahr 2019 liefert neue Erkenntnisse

Bei Hochspannungsuntersuchungen von Kiesboden im Auftrag des Ausschusses für Blitzschutz und Blitzforschung des VDE (ABB) sind Entladungen durch eine Kiesschicht von 15 cm Dicke aufgetreten. Damit wurde der in DIN EN 62305-3 (**VDE 0185-305-3**):2011-10 geforderte Übergangswiderstand von mindestens 100 kΩ unterschritten.

Aus diesem Grund wird in Abweichung zu DIN EN 62305-3 (**VDE 0185-305-3**): 2011-10, Abschnitt 8 empfohlen, einen Boden mit Kies (ggf. in Kombination mit Betonplatten oder Pflastersteinen) nicht als ausreichende Schutzmaßnahme bei Berührungs- und Schrittspannungen anzusehen.

Art des Schutzes	Aufenthaltsort	Wichtige Hinweise
optimaler Schutz	Gebäude mit Blitzschutzsystem	Personen im Gebäude sind optimal geschützt
optimaler Schutz	Autos	Personen in geschlossenen Autos sind optimal geschützt
weniger sicherer Schutz, evtl. Gefährdung durch Überschlag, Berührungs- und Schrittspannung	in der Nähe von Gebäuden mit Blitzschutzsystem	Schutz vor direktem Einschlag unmittelbar am Gebäude gegeben
weniger sicherer Schutz, evtl. Gefährdung durch Überschlag, Berührungs- und Schrittspannung	in der Nähe von Metallmasten, z. B. für Beleuchtung oder Freileitungen	Schutz vor direktem Einschlag im Umkreis um den Metallmast, max. Entfernung: Höhe minus 2,5 m
weniger sicherer Schutz, evtl. Gefährdung durch Überschlag, Berührungs- und Schrittspannung	Caravan mit innerem Metallgerüst oder metallener Außenhaut	sicherer Aufenthalt, wenn dem Blitzstrom im Einschlagsfall ein Weg Richtung Erde zur Verfügung steht
weniger sicherer Schutz, evtl. Gefährdung durch Überschlag, Berührungs- und Schrittspannung	Festzelte mit Metallgerüst und Erdungsanlage	Zelte mit Metallgerüst bieten nur dann Schutz, wenn sie über Metallgerüst mit ausreichendem Querschnitt verfügen; dies ist bei Zelten mit Standsicherheitsnachweis nach DIN EN 13782 gegeben
Schutz, abhängig von individueller Konstruktion des Objekts, Blitzschutzfachkraft fragen	Anbauten oder Vorzelte bei Caravans oder überdachte Einrichtungen	Bieten im Allgemeinen keinen Schutz, außer bei Ausführung als Blitzschutzsystem
Schutz, abhängig von individueller Konstruktion des Objekts, Blitzschutzfachkraft fragen	Gebäude ohne Blitzschutzsystem „mit Metall“, z. B. Wasser- oder Stromleitungen	Aufenthalt im Gebäude ist besser als im Freien
Schutz, abhängig von individueller Konstruktion des Objekts, Blitzschutzfachkraft fragen	in der Nähe von Gebäuden „mit Metall“	Schutz vor direktem Einschlag unmittelbar am Gebäude wahrscheinlich, ggf. Gefährdungen durch Überschlag und Schrittspannung
kein Schutz vor direktem Blitzeinschlag	Caravan ohne Metallgerüst oder metallene Außenhaut	kein Schutz. Blitzüberschlag
kein Schutz vor direktem Blitzeinschlag	Hauszelte mit Metallgerüst oder anderes Gestänge, z. B. aus Holz	„Isomatten“ bieten keinen Schutz vor Blitzschlag
kein Schutz vor direktem Blitzeinschlag	Bäume	große Gefahr; mindestens 10 m Abstand
kein Schutz vor direktem Blitzeinschlag	Gebäude ohne Metallrohre oder Stromleitungen	Schutz nur mit Blitzschutzsystem

Tabelle 1.1 Schutz vor direktem Blitzeinschlag in Abhängigkeit vom Aufenthaltsort auf Campingplätzen. Quelle: VDE-Merkblatt „Blitzschutz beim Zelten, Campen und auf dem Campingplatz“, VDE, Ausschuss für Blitzschutz und Blitzforschung (ABB), Überarbeitung aus 2019; www.vde.com/blitzschutz-beim-zelten

Das deutsche Normenkomitee K 251 der DKE Deutsche Kommission Elektrotechnik Elektronik Informationstechnik in DIN und VDE hat eine entsprechende Information herausgeben und wird eine entsprechende Überarbeitung der international harmonisierten Blitzschutznorm anregen.

1.5 Einwirkungen auf und Auswirkungen von elektrischen Betriebsmitteln auf Campingplätzen und in Caravans

Bei Campingplätzen handelt es sich um eine ganz besondere Gefahrenquelle (siehe Kapitel 1.3) für elektrische Anlagen und Betriebsmittel. Nicht weil von ihnen außergewöhnliche Gefahren ausgehen, sondern weil jede einzelne Anlagenkomponente besonderen Umfeld- und Umwelteinflüssen ausgesetzt ist. Ein großer Teil der Anwendungen von Verbrauchsmitteln auf einem Campingplatz wird im Freien durchgeführt, damit unterliegen die Anlagen ständig den wechselnden Witterungseinflüssen. Der nicht immer pflegliche Umgang mit elektrischen Maschinen und eine stärkere mechanische Beanspruchung wirken sich ebenfalls nachteilig aus. Hinzu kommen noch ständig wechselnde Nutzer der Stellplätze und somit auch für elektrische Geräte. Die mögliche Benutzung der Elektrogeräte durch verschiedene Mitarbeiter des Betreibers sowie die Bedienung der Geräte und Maschinen in der Hauptsache durch elektrotechnische Laien muss bei der Gestaltung der Normen bzw. der Unfallverhütungsvorschriften vorausschauend mitberücksichtigt werden.

Man kann davon ausgehen, dass es sich bei Campingplätzen nicht um normale Verhältnisse für elektrische Anlagen und Betriebsmittel handelt. Die Beeinflussungen lassen sich in zwei Hauptgruppen unterteilen:

- Die Einwirkungen der Umgebung und der Netzverhältnisse auf die Betriebsmittel:
  - Staub, Feuchtigkeit Korrosion, mechanische Beanspruchung, Betriebsart, Spannungsschwankungen, Kurzschlussleistung, Spannungshöhe.
- Die Auswirkungen der Betriebsmittel auf die Umgebung:
  - Personengefährdung durch geringeren Körperwiderstand, menschliches Verhalten, räumliche Nähe von leitfähigen Teilen, Funktionsweise der Betriebsmittel, fehlerhafter Schutz;
  - Brandgefahr durch brennbare Umgebung, brennbare Unterlage, leicht entzündliche Stoffe.

In der Praxis treten solche von den normalen Bedingungen abweichende Einflüsse selten einzeln unabhängig voneinander auf, sondern meistens in Kombination.

1.6 Errichten und Betreiben elektrischer Anlagen auf Campingplätzen und in Caravans

Die **Errichtung** einer elektrischen Anlage kann für die elektrische Versorgung von Stellplätzen, die Erweiterung, die Änderung, die Reparatur, den Umbau oder den Abbruch von Anlagen auf dem Campingplatz notwendig sein. Es handelt sich dann um das Errichten einer Anlage, wenn elektrische Betriebsmittel zu einer funktionsfertigen, elektrischen Anlage zusammengefügt werden. Dabei müssen die elektrischen Betriebsmittel so ausgewählt werden, dass von ihnen ausgehende Gefahren weitestgehend auszuschließen sind. Bei der Auswahl der Betriebsmittel für Campingplätze und Caravans ist zu beachten, dass sie den geltenden DIN-VDE-Normen, dem Stand der Technik und den Unfallverhütungsvorschriften entsprechen. Die erhöhten Anforderungen des Campingplatzbetriebs und der Umwelt- bzw. Umfeldeinflüsse müssen ebenfalls berücksichtigt werden. Eine elektrische Anlage wird bei dem jeweiligen Stellplatz neu errichtet, auch wenn dieselben Betriebsmittel bereits auf anderen Campingplätzen zuvor eingesetzt waren. Daher muss der Errichter sie gründlich auf mögliche Beschädigungen, auf den Isolationszustand, Schutzleiteranschlüsse und Funktionen überprüfen. Bei der Errichtung elektrischer Anlagen ist besonders zu achten auf:

- Schutzumfang: Schutzart gegen Fremdkörper-, Berührungs- und Wasserschutz,
- Wahl der Maßnahmen gegen direktes Berühren von aktiven und fremden leitfähigen Teilen,
- Wirksamkeit der Schutzmaßnahmen bei indirektem Berühren.

Die Errichtung elektrischer Anlagen ist eine wichtige und anspruchsvolle Tätigkeit und muss daher von qualifiziertem, gut ausgebildetem Fachpersonal unter Verwendung von geeigneten Materialien ausgeführt werden (siehe Kapitel 1.8).

Wichtige Hinweise zur Errichtung elektrischer Anlagen auf Campingplätzen:

- Angaben zur Planung der elektrischen Anlagen: Leistungsbedarf, Gleichzeitigkeitsfaktor, Einspeisung, Anschluss, Übergabepunkt, Art und Umfang der Betriebsmittel, äußere Einflüsse, Verträglichkeit.
- Schutzmaßnahmen: Schutz gegen elektrischen Schlag, Schutz gegen thermische Einflüsse, Schutz bei Überstrom, Schutz gegen Überspannungen, Schutz gegen Unterspannungen, Schutz durch Trennen und Schalten.
- Auswahl und Errichtung: Kabel, Leitungen und Stromschienen, Trenn-, Schalt- und Steuergeräte, Erdung, Schutzleiter, Potentialausgleich, Leuchten und Beleuchtungsanlagen, elektrische Anlagen für Sicherheitszwecke.

- Prüfungen: Erstprüfungen und Wiederholungsprüfungen durch besichtigen, erproben und messen der Anlagen.

Alle Hinweise werden im Nachfolgenden detailliert behandelt.

Der **Betrieb** von elektrischen Anlagen und Betriebsmitteln umfasst das Bedienen und das Arbeiten an ihnen. Das Bedienen elektrischer Anlagen ist das Beobachten, das Schalten, das Einstellen und das Steuern. Zum Arbeiten zählen Tätigkeiten wie Reinigungsarbeiten, das Beseitigen von Störungen, das Ändern, das Inbetriebnehmen, das Warten und das Instandsetzen der Betriebsmittel. Bei Reparaturen (Ändern und Instandsetzen) ist die Grenze zwischen Errichten und Betreiben fließend, es kann sowohl Errichten als auch Betreiben sein. Die Prüfung der Anlagen erfolgt nach DIN VDE 0100-600.

1.7 Normen und Unfallverhütungsvorschriften zu elektrischen Anlagen auf Campingplätzen und in Caravans

Die Sicherheit elektrischer Anlagen und Betriebsmittel auf Campingplätzen ergibt sich aus zwingenden gesetzlichen Vorschriften. Insbesondere sind hier von Bedeutung:

- das Energiewirtschaftsgesetz (EnWG),
- das Produktsicherheitsgesetz (ProdSG),
- die Unfallverhütungsvorschriften der Deutschen Gesetzlichen Unfallversicherung (DGUV), siehe Kapitel 4.

Die DIN-VDE-Normen sind zwar kein Gesetz, sie spielen aber aus rechtlicher Sicht eine bedeutende Rolle, da in Gesetzen und Verordnungen auf die DIN-VDE-Normen Bezug genommen wird. Es handelt sich bei Normen um mehr als nur Empfehlungen.

Dem Praktiker kann empfohlen werden, die DIN-VDE-Normen quasi als Rechtsnorm anzusehen. Ein Handeln auf der Basis dieser Normen wird im Haftungsfall zunächst gegen ein Verschulden sprechen. Das bedeutet, der Fachmann kann auf die Einhaltung der Forderungen aus der Norm verzichten, wenn er z. B. die Sicherheit, die in der Sicherheitsnorm gefordert wird, auf andere Art und Weise erfüllt. Im Schadensfall kehrt sich dann jedoch die Beweispflicht um, d. h., der Praktiker muss beweisen, dass seine Vorkehrungen sicherheitstechnisch genauso gut wie die der Normen sind. Dies ist sicher in vielen Fällen weitaus schwieriger, als sich an die Anforderungen aus den Normen zu halten.

Für den Bereich der Elektrotechnik gilt das Energiewirtschaftsgesetz (EnWG). Es bildet die gesetzliche Grundlage u. a. für die Errichtung und Unterhaltung von Starkstromanlagen. Zitat: „Bei der Errichtung und Unterhaltung von Anlagen zur Erzeugung, Fortleitung und Abgabe von Elektrizität sind die ‚allgemein anerkannten Regeln der Technik zu beachten …".

Hinsichtlich der allgemein anerkannten Regeln der Technik gilt: „Die Einhaltung der allgemein anerkannten Regeln der Technik … wird vermutet, wenn die technischen Regeln des Verbands der Elektrotechnik Elektronik Informationstechnik e. V. beachtet worden sind …". Zum Begriff „anerkannte Regeln der Technik" und weiteren Begriffen hat das Bundesverfassungsgericht klärende Aussagen getroffen:

- Allgemein anerkannte Regeln der Technik: Auffassungen, die unter den Praktikern allgemein festzustellen sind.
- Stand der Technik: Maßgeblich ist das Fachwissen des technischen Fortschritts und der technischen Entwicklung; allgemeine Anerkennung der Regeln wird nicht verlangt. Stand der Technik ist der Entwicklungsstand fortschrittlicher Verfahren, Einrichtungen und Betriebsweisen.
- Stand von Wissenschaft und Technik: Dies sind die neuesten wissenschaftlichen Ergebnisse. Vorausgesetzt wird die Übereinstimmung von wissenschaftlicher und technischer Entwicklung.

Auszüge und Erläuterungen zu Gesetzestexten zur Veranschaulichung der rechtlichen Bedeutung:

In § 276 BGB heißt es: „Fahrlässig handelt, wer im Verkehr die übliche Sorgfalt nicht beachtet." Die Sorgfaltsanforderungen in Bezug auf die Elektrotechnik sind in den DIN-VDE-Normen niedergeschrieben, sie gelten als „anerkannte Regeln der Technik".

§ 323 StGB „… stellt den Verstoß gegen anerkannte Regeln der Technik bei Planung, Leitung oder Ausführung unter Strafe, sofern dadurch Leib und Leben eines anderen gefährdet wird".

Wer die anerkannten Regeln der Technik einhält, darf auf rechtlichen Schutz vertrauen. Der sog. Beweis des ersten Anscheins spricht dann dafür, dass im Fall eines Schadens der Vorwurf der Fahrlässigkeit nicht ohne Weiteres erhoben werden kann.

Einzelne, für die Sicherheit in der Elektrotechnik wichtige Bestimmungen:

- Niederspannungsanschlussverordnung (NAV),
- Gewerbeordnung (GewO),
- Produktsicherheitsgesetz (ProdSG),

- Niederspannungsverordnung (1. ProdSV),
- Arbeitssicherheitsgesetz (ASiG),
- Arbeitsstättenverordnung (ArbStättV),
- Betriebssicherheitsverordnung (BetrSichV),
- Unfallverhütungsvorschriften für Elektrische Anlagen und Betriebsmittel (DGUV-Vorschrift 3) mit den Durchführungsanweisungen,
- Produkthaftungsgesetz (ProdHaftG).

In der Durchführungsverordnung zum Energiewirtschaftsgesetz bestätigt der Verordnungsgeber, dass die DIN-VDE-Normen für das Errichten und Unterhalten elektrischer Anlagen allgemein anerkannte Regeln der Technik sind. Das Produktsicherheitsgesetz gilt für alle verwendungsfertigen Arbeitseinrichtungen, vor allem für Werkzeuge, Arbeitsgeräte, Arbeits- und Kraftmaschinen sowie für Hebe- und Fördereinrichtungen. Diesen Arbeitseinrichtungen stehen beispielsweise gleich: Einrichtungen zum Beheizen, Kühlen, Be- und Entlüften sowie zum Beleuchten, Haushaltsgeräte, Sportgeräte, Bastelgeräte und Spielzeug.

Solche technischen Arbeitsmittel dürfen nur auf dem Markt bereitgestellt werden, wenn sie „... nach den allgemein anerkannten Regeln der Technik ... so beschaffen sind, dass Benutzer oder Dritte bei ihrer bestimmungsgemäßen Verwendung gegen Gefahren aller Art für Leben und Gesundheit so weit geschützt sind, wie es die Art der bestimmungsgemäßen Verwendung gestattet ...“.

Das Gesetz gilt nur für gewerbsmäßig tätige Hersteller der 1. ProdSV (Niederspannungsverordnung) und wurde als Richtlinie 2014/35/EU (Niederspannungsrichtlinie) in deutsches Recht umgesetzt. Sie regelt die Beschaffenheit elektrischer Betriebsmittel zur Verwendung bei einer Nennspannung zwischen AC 50 V und AC 1 000 V und zwischen DC 75 V und DC 1 500 V, soweit es sich um technische Arbeitsmittel handelt.

Die Niederspannungsverordnung schreibt vor, dass elektrische Betriebsmittel dann, wenn sie technische Arbeitsmittel im Sinne des Gesetzes sind, dem in der Europäischen Union gegebenen Stand der Technik entsprechen müssen. Aus der „Allgemeinen Verwaltungsvorschrift zum Gesetz über technische Arbeitsmittel“ geht hervor, dass dieser Stand der Technik z. B. von den DIN-VDE-Normen wiedergegeben wird.

Die Unfallverhütungsvorschriften der Deutschen Gesetzlichen Unfallversicherung (DGUV) sind autonome Rechtsnormen. Sie werden bei den Berufsgenossenschaften erarbeitet, beschlossen und danach vom Bundesminister für Arbeit und Soziales genehmigt und durch Bekanntgabe im Bundesanzeiger rechtsverbindlich. Sie sind anders als z. B. die DIN-VDE-Normen echte rechtsstaatliche Vorschriften. Sie gelten allerdings nur für Unternehmer und Versicherte der Mitgliedsbetriebe der Berufsgenossenschaften, nicht also beispielsweise für private Haushalte.

Die Anwendung und Durchführung der Unfallverhütungsvorschriften wird von den Berufsgenossenschaften überwacht, bei Nichtbefolgung drohen Sanktionen oder Haftung. Speziell für die Elektrotechnik ist die Unfallverhütungsvorschrift „Elektrische Anlagen und Betriebsmittel" (DGUV-Vorschrift 3) von grundlegender Bedeutung. Sie übernimmt teilweise Festlegungen aus den DIN-VDE-Normen und wertet sie dadurch rechtlich auf; außerdem wird auf die DIN-VDE-Normen als allgemein anerkannte Regeln der Technik Bezug genommen. Weitere Unfallverhütungsvorschriften, die für elektrische Anlagen und Betriebsmittel auf Campingplätzen relevant sind, können dem Kapitel 4 entnommen werden.

Die rechtliche Situation auf Campingplätzen wird oft unterschätzt. Für die Betreiber von Campingplätzen gilt die Betriebssicherheitsverordnung (BetrSichV), wenn Mitarbeiter beschäftigt werden. Dann handelt es sich um einen Gewerbebetrieb und alle relevanten Arbeitsschutzvorschriften greifen. Zusätzlich bestehen selbstverständlich gegenüber den Kunden, also den Campern, Sorgfalts- und Fürsorgepflichten. Die Elektrofachkraft sollte auf jeden Fall dafür Sorge tragen, dass bei der Errichtung der elektrischen Anlagen, den Betriebsmitteln, den Verbrauchsmitteln und dem Zubehör nur normgerechte Produkte eingesetzt werden, denn für einen evtl. Verunfallten ist es egal, ob es sich begrifflich um einen gewerblichen Bereich auf dem Campingplatz oder um einen Freizeitbereich handelt. Gerade im Campingbereich ist oft der Einsatz von nicht normgerechten Produkten, z. B. Adaptern, festzustellen. Für die Elektrofachkraft stehen an oberster Stelle die Funktionalität und Elektrosicherheit eines Produkts, deshalb muss es egal sein, ob z. B. Übergangsadapter im gewerblichen Bereich oder in Heim und Freizeit benutzt werden. Die Elektrofachkraft muss ihre Kenntnisse auch für die Sicherheit der elektrotechnischen Laien einsetzen und diese Personen in sicherheitsrelevanten Bereichen motivierend beraten und überzeugen.

Merke: Adapter zur Verbindung der Industriesteckvorrichtung an den Stellplätzen mit den Freizeitfahrzeugen über Verlängerungsleitungen mit Schutzkontaktsteckvorrichtungen sind nicht zulässig (siehe Kapitel 9).

1.8 Der Elektrofachmann

Die Errichtung und der Betrieb elektrischer Anlagen und Betriebsmittel sind Tätigkeiten, die qualifizierte Fachkenntnisse voraussetzen und daher nur von ausgebildetem Fachpersonal unter Verwendung geeigneter Materialien ausgeführt werden können. In DIN VDE 1000-10:2021-06 „Anforderungen an die im Bereich der Elektrotechnik tätigen Personen" sind für die Elektrofachkräfte in Deutschland umfassend die Anforderungen aller im Bereich Elektrotechnik tätigen Personen erläutert (weitere Festlegungen in DIN VDE 0105-100; IEV 826-09-01; DGUV-Vorschrift 3).

Der Begriff der Elektrofachkraft nimmt eine zentrale Rolle ein. Sie ist eine Person, die aufgrund ihrer fachlichen Ausbildung, Kenntnisse und Erfahrungen sowie Kenntnisse der einschlägigen Normen die ihr übertragenen Arbeiten beurteilen und mögliche Gefahren erkennen kann. Neben der geforderten elektrotechnischen Ausbildung als Facharbeiter (Geselle), Techniker, Elektromeister oder als Ingenieur ist die ständige Weiterbildung ein Muss. Aus der Norm und den Unfallverhütungsvorschriften ist auch die Notwendigkeit einer kontinuierlichen Weiterbildung der Elektrofachkraft abzuleiten. Eine regelmäßige Weiterbildung wird beispielsweise in der TRBS 1203 und DIN VDE 1000-10 gefordert.

Die o. g. Norm DIN VDE 1000-10 gilt für folgende Aufgaben und Tätigkeiten:

- Planen, Projektieren, Konstruieren;
- Einsetzen von Arbeitskräften: Organisieren der Arbeiten, Festlegen der Arbeitsverfahren, Auswählen der geeigneten Arbeits- und Aufsichtskräfte, Bekanntgeben und Erläutern der einschlägigen Sicherheitsfestlegungen, Hinweisen auf besondere Gefahren, Unterweisen über anzuwendende Schutzmaßnahmen, Festlegen der zu verwendenden Körperschutzmittel und Schutzvorrichtungen, Durchführen notwendiger Schulungsmaßnahmen und Festlegen der persönlichen Schutzausrüstungen;
- Errichten;
- Prüfen: Besichtigen, Erproben, Messen;
- Betreiben: Inbetriebsetzen, Betätigen (Bedienen der elektrischen Betriebsmittel, die nicht für Laienbenutzung vorgesehen sind), Arbeiten, Instandhalten;
- Ändern.

In DIN VDE 1000-10 ist neben der Definition zur Elektrofachkraft auch die verantwortliche Elektrofachkraft begrifflich festgelegt. Danach ist sie die Elektrofachkraft, die Fach- und Aufsichtsverantwortung übernimmt und vom Unternehmer dafür beauftragt ist. Das Übertragen der unternehmerischen Verantwortung muss transparent und präzise in Schriftform erfolgen. Eine verantwortliche Elektrofachkraft muss auch für die Planung und Umsetzung unternehmerischer Abläufe wie bei der Erarbeitung von Gefährdungsbeurteilungen oder Sicherheitsbestimmungen ernannt werden.

Neben der Elektrofachkraft sind in den technischen Regeln auch die Personen begrifflich festgelegt, die ebenfalls im Bereich der Elektrotechnik tätig sein dürfen, ohne dass diese jedoch die strengen Anforderungen an die Ausbildung und beruflichen Kenntnisse erfüllen, die bei der Elektrofachkraft selbstverständlich sein müssen. Dieser Personenkreis wird als elektrotechnisch unterwiesene Personen bezeichnet.

Nach DIN VDE 1000-10 sowie weiteren Normen und Unfallverhütungsvorschriften ist die elektrotechnisch unterwiesene Person eine Person, die angelernt sein kann, d. h., sie muss durch eine Elektrofachkraft über die ihr übertragenen Aufgaben und die möglichen Gefahren bei unsachgemäßem Verhalten unterrichtet, geschult und hinsichtlich der Schutzeinrichtungen unterwiesen werden.

Nach der Niederspannungsanschlussverordnung (NAV) dürfen elektrische Anlagen hinter der Hausanschlusssicherung nur von Elektrotechnikern, die in das Installateurverzeichnis eines Netzbetreibers eingetragen sind, errichtet, erweitert und geändert werden. Die elektrische Einrichtung von Campingplätzen wird meist von einer ortsansässigen Elektrofachfirma durchgeführt und von dieser auch während der Betreiberzeit betreut. In beiden Fällen muss der Fachmann Gefahren erkennen, d. h., bei der Errichtung elektrischer Anlagen auf Campingplätzen ist der Einsatz der Elektrofachkraft unumgänglich.

Aber ein Campingplatz ist auch dadurch gekennzeichnet, dass sich dort viele elektrotechnische Laien aufhalten. Kaum ein Camper kann auf die Anwendung des elektrischen Stroms verzichten, sodass auch die elektrotechnischen Laien mit elektrotechnischen Betriebsmitteln umzugehen haben. Diese Laien dürfen jedoch die elektrisch betriebenen Geräte und Hilfsmittel nur bestimmungsgemäß benutzen. Auf keinen Fall dürfen sie Instandsetzungsarbeiten oder ähnliche Tätigkeiten selbsttätig durchführen. Zusammenfassend dürfen elektrotechnische Laien nur folgende Tätigkeiten im Zusammenhang mit elektrischen Anlagen und Betriebsmitteln durchführen:

- bestimmungsgemäßes Verwenden von Betriebsmitteln mit vollständigem Berührungsschutz (z. B. Elektrowerkzeuge, Beleuchtungseinrichtungen),
- Mitwirken beim Errichten elektrischer Anlagen nur unter Leitung und Aufsicht einer Elektrofachkraft,
- Durchführen von Tätigkeiten in der Nähe unter Spannung stehender Teile (z. B. Bewegen von Leitern), wenn die Schutzabstände eingehalten werden können, und dann auch nur unter ständiger Leitung und Aufsicht einer Elektrofachkraft.

Für folgende Tätigkeiten muss ein auf dem Campingplatz tätiger mindestens die Qualifikation einer elektrotechnisch unterwiesenen Person besitzen:

- Reinigen elektrischer Anlagen, z. B. eines Verteilers;
- Prüfen der Wirksamkeit von Fehlerstromschutzeinrichtungen (RCDs) auf Campingplätzen bei Verwendung geeigneter Prüfgeräte;
- Feststellen der Spannungsfreiheit;
- Betätigen von Stellgliedern, die für die Sicherheit oder Funktion einer elektrischen Anlage oder eines Betriebsmittels erforderlich sind.

Empfehlungen kurz gefasst: Grundlagen

- Gefahren durch den elektrischen Strom auf Campingplätzen und in Caravans für Mitarbeiter des Betreibers und Camper werden durch viele Schutzmaßnahmen (in diesem Buch ausführlich beschrieben) entgegengewirkt.
- Um Unfällen vorzubeugen, müssen Sachschäden und Verhaltensfehler durch Elektrofachkräfte und elektrotechnische Laien bekämpft werden.
- Zum Errichten und zum Betreiben elektrischer Anlagen auf Campingplätzen müssen alle entsprechenden Normen und Unfallverhütungsvorschriften eingehalten werden. Für die Einhaltung trägt der Unternehmer die Verantwortung.
- Die Elektrofachkraft nimmt für die Errichtung und den Betrieb elektrischer Anlagen eine zentrale Rolle ein.
- Elektrotechnische Laien dürfen elektrische Anlagen, Geräte und Hilfsmittel nur bestimmungsgemäß nutzen.
- Blitzeinschläge können schwere Unfälle verursachen, der Campingplatzbetreiber muss vorsorgen!

2 Aufbau/Planung eines Netzes auf dem Campingplatz und in Caravans

Für die Versorgung der Camper mit Strom werden elektrische Anlagen, Betriebs- und Verbrauchsmittel auf Campingplätzen dringend gebraucht. Jeder Camper – im Zelt, im Wohnwagen oder im Motorcaravan – nutzt selbstverständlich elektrische Energie. Aber auch der Campingplatzbetreiber benötigt für Arbeiten aller Art auf dem Campingplatz elektrischen Strom. Wenn der Campingplatzbetreiber Mitarbeiter beschäftigt, gilt er im Sinne des Gesetzes als Unternehmer und hat selbstverständlich auch die Gesetze und Unfallverhütungsvorschriften zu beachten. Daher ist für die Neueinrichtung, aber auch bei Erweiterungen und Änderungen eines Campingplatzes ein entsprechender Elektrofachbetrieb immer der richtige Ansprechpartner. Auf dem Campingplatz werden durch äußere Umgebungsbedingungen, wie Staub, Feuchtigkeit, Klimaauswirkungen, mechanische Beanspruchungen, negative Einflüsse auf die Anlagen und Betriebsmittel ausgeübt. Aber auch von den elektrischen Anlagen können unter Umständen schädigende Wirkungen auf das Umfeld ausgehen. Daher sind für die Planung einer elektrischen Anlage, selbstverständlich stark abhängig von der Größe des Campingplatzes, neben elektrotechnischem Fachwissen auch genauere Kenntnisse über die Erfordernisse der zu planenden Anlage wichtig. Dabei spielen das vorhandene Stromversorgungssystem und dessen Spannung (z. B. der Anschluss an das öffentliche Verteilungsnetz oder an eine Ersatzstromversorgungsanlage) eine ebenso wichtige Rolle wie die Art und die Anzahl der später zu betreibenden Verbrauchsmittel. Die Vielzahl der Anlagen und die Besonderheiten des Orts Campingplatz erfordern eine möglichst detaillierte Planung dieser Anlagen.

Außerdem sind für die Errichtung, die Auswahl der Anlagen und Betriebsmittel sowie den anschließenden Campingbetrieb wichtige Gesetze, Unfallverhütungsvorschriften und DIN-VDE-Normen zu beachten. Dabei kann die Normenreihe DIN VDE 0100 „Errichten von Niederspannungsanlagen“ durch ihre Gruppeneinteilung von Gruppe 100 bis 700 mit den entsprechenden Inhalten eine gute Orientierung geben. Einige nachfolgende Stichworte und Erläuterungen können als „roter Faden“ dienen:

- Der Leistungsbedarf ist für den gesamten Campingplatz zu ermitteln. Die Anzahl der Stellplätze ist gleich der Anzahl der benötigten Steckdosen für die Stellplätze; zusätzliche Anschlüsse bzw. Steckdosen für elektrisch angetriebene Werkzeuge, Geräte, für Beleuchtungsanlagen, Wärmegeräte, Motoren und Antriebe, Sicherheitstechnik usw. Dabei ist der Gleichzeitigkeitsfaktor (g) zu berücksichtigen, der mit der zu installierenden Leistung (P_{Inst}) zu multiplizieren ist, um die max. Leistung (P_{max}) zu erhalten, also: $P_{\text{max}} = g \cdot P_{\text{Inst}}$.

Für den Gleichzeitigkeitsfaktor können auf Campingplätzen Werte von etwa 0,3 bis 0,6 (je nach Größe des Campingplatzes) angesetzt werden. Außerdem ist die Ermittlung von möglichen Spitzenzeiten mit erhöhtem Leistungsbedarf sinnvoll.

- Verfügbarkeit der Leistung mit dem Netzbetreiber abstimmen.
- Anschluss an das öffentliche Netz: Klärung der Anschlussfrage mit dem Netzbetreiber. Anschlussmöglichkeiten an das Kabel- oder Freileitungsnetz, alternativ: autarke Versorgung durch eine Ersatzstromversorgungsanlage.
- Schätzung des monatlichen Stromverbrauchs: Um den optimalen Stromtarif mit dem Netzbetreiber ermitteln zu können, ist die Leistung einzelner Anlagen und Betriebs- und Verbrauchsmittel zu addieren, die Wirkungsgrade und die voraussichtliche Benutzungsdauer sind zu berücksichtigen.
- Eigenversorgung durch Ersatzstromversorgungsanlagen: Niederspannungsstromerzeugungsanlagen können die Stromversorgung einzelner Geräte, bestimmter Campingbereiche oder die Versorgung eines gesamten Campingplatzes übernehmen (siehe Kapitel 13).
- Netzsysteme und Art der Erdverbindungen: Auf dem Campingplatz ist nach DIN VDE 0100-708 bei Verwendung eines TN-Systems nur ein TN-S-System zulässig; eine enge Abstimmung mit dem Netzbetreiber ist erforderlich.
- Feststellen bzw. Festlegen der räumlichen Anordnung der Stellplätze, dabei gilt es zu beachten, dass zwischen der Stromversorgungseinrichtung/den Campingverteilern und dem Caravan nur max. 25 m flexible Leitung notwendig sein darf; außerdem müssen die Orientierung an den Verkehrswegen und die Zugänglichkeit der Verteiler beachtet werden.
- Festlegen der Trassenführung der einzelnen Versorgungskabel und spätere Dokumentation, dabei an die geforderte Eingrabtiefe denken.
- Größe der Absicherung je Steckdose festlegen. Nach DIN VDE 0100-708 sind alle Steckdosen mit mindestens 16 A abzusichern.
- Jede Steckdose muss mit einer eigenen Überstromschutzeinrichtung geschützt sein.
- Steckvorrichtungen dürfen nur nach DIN EN 60309-2 (**VDE 0623-2**) verwendet werden, also CEE-Industriesteckvorrichtungen; Schutzart mindestens IP44.
- In jedem Verteiler/Gehäuse am Stellplatz dürfen nur max. vier Steckdosen installiert sein.
- Jede Steckdose muss einzeln über eine Fehlerstromschutzeinrichtung (RCD) mit einem max. Bemessungsdifferenzstrom von ≤ 30 mA geschützt sein.

- Die Steckdosen müssen in einer Höhe von 0,5 m bis 1,5 m über dem Erdreich angeordnet sein (Sonderfälle siehe Kapitel 9).
- Schutzmaßnahmen nach DIN VDE 0100-708: Schutz durch Hindernisse, Schutz durch Anordnung außerhalb des Handbereichs, Schutz durch nicht leitende Umgebung, Schutz durch erdfreien örtlichen Schutzpotentialausgleich dürfen nicht angewendet werden (siehe Kapitel 7).
- Auswahl der Betriebs- und Verbrauchsmittel: nach DIN VDE 0100, Gruppe 500.
- Festlegen der Standorte der Campingverteiler: Berücksichtigung der DIN EN IEC 61439-7 (**VDE 0660-600-7**):2021-06; Schaltgerätekombinationen für Campingplätze, die auch für die Bedienung durch elektrotechnische Laien geeignet sind.
- Planung der Erdungsanlage: Die Erdung besteht aus den Erdern, ihren Anschlussleitungen und Klemmen.
- Äußere Einflüsse: Sie dürfen auf die Betriebsmittel und elektrischen Anlagen auf den Campingplätzen keine negativen Auswirkungen haben, daher sind Feuchtigkeit, Staub, Schmutz, Korrosion, klimatische Verhältnisse, Fremdkörpereinwirkungen bei der Planung mitzuberücksichtigen.
- Verträglichkeit: Die Betriebsmittel müssen bewertet werden bzw. es muss bereits im Planungsstadium überlegt werden, inwieweit Betriebsmittel sich nachteilig auf die Funktion anderer Betriebsmittel oder auf die einspeisende Stromversorgung auswirken könnten, wie Überspannungen, Lastunsymmetrien, hochfrequente Schwingungen, Ableitströme, Einschalt- und Anlaufströme. Zum Schutz vor elektromagnetischen Störungen werden Planer und Errichter nach DIN VDE 0100-444 aufgefordert, Maßnahmen zu ergreifen, um Störungen zu verhindern, z. B. Verwendung des TN-S-Systems auf Campingplätzen. Denn die strikte Trennung von Schutz- und Neutralleiter in der gesamten elektrischen Anlage verhindert viele Störungen.
- Die Möglichkeit des Auftretens von Überspannungen am Energieeintrittspunkt muss bereits im Projektierungsstand berücksichtigt werden, daher gilt für gewerbliche Anlagen (nach Ansicht des Verfassers ist ein Campingplatz eine gewerbliche Anlage), dass am Speisepunkt immer eine Überspannungsschutzeinrichtung Typ 2 nach DIN VDE 0100-443 erforderlich ist.
- Unfällen durch Blitzeinschlag kann vorgebeugt werden. Der Campingplatzbetreiber sollte einen Notfallplan erstellen, um im Fall eines Gewitters Mitarbeiter und Camper optimal auf die Gefahr vorzubereiten.
- Elektrische Anlagen für Sicherheitszwecke: wie Sicherheitsbeleuchtung, Feuerlöschpumpen, Gefahrenmeldeanlagen.

- Wartung und Inspektion: Bereits vor der Errichtung sollte die Wartbarkeit der Anlagen entsprechend Berücksichtigung finden, denn die Sicherheit der Anlagen ist auch stark abhängig von der Inspektion, Wartung und Instandsetzung.
- Gefährdungsbeurteilungen: nach § 3 der Betriebssicherheitsverordnung bzw. der DGUV-Vorschrift 1 oder § 5 des Arbeitsschutzgesetzes; Durchführung der Beurteilung der Arbeitsbedingungen.
- Schutz der vorhandenen Leitungssysteme auf dem Campinggelände: Erkundungspflicht beim Netzbetreiber.

Empfehlungen kurz gefasst: Aufbau eines elektrischen Versorgungsnetzes auf Campingplätzen und in Caravans

- Leistungsbedarf ermitteln.
- Abhängig vom Leistungsbedarf Anschlussmöglichkeiten klären.
- Bei der Verwendung des Netzsystems und Art der Erdverbindung TN-System darf auf Campingplätzen nur ein TN-S-System angewandt werden.
- Auswahl der Betriebsmittel nach DIN VDE 0100 Gruppe 500 vornehmen.
- Für Verteiler auf Campingplätzen DIN EN IEC 61439-7 (**VDE 0660-600-7**):2021-06 berücksichtigen.
- Erdungsanlagen normgerecht errichten und ständig überprüfen.
- Notfallplan für den Eintritt eines Gewitters durch den Campingplatzbetreiber oder die Elektrofachkraft erarbeiten, um den Unfallgefahren für Personal und Camper vorzubeugen.
- Für den Schutz der vorhandenen Leitungssysteme auf dem Campingplatz besteht Erkundungspflicht.
- Am Energieeintrittspunkt sollte immer eine Überspannungsschutzeinrichtung Typ 2 nach DIN VDE 0100-443 eingesetzt werden.

3 Begriffe, die im Zusammenhang mit elektrischen Anlagen auf Campingplätzen oder in Caravans stehen

Einige wichtige Begriffe, die im Zusammenhang mit elektrischen Anlagen, Betriebsmitteln bzw. Verbrauchsmitteln und Definitionen für die Schutztechnik stehen und die gerade auf Campingplätzen oder/und in Caravans ihre Bedeutung haben, werden nachfolgend genannt und kurz erläutert, um eine schnelle Information zu bieten. Diese Begriffe sind den DIN-VDE-Normen, insbesondere der DIN VDE 0100-200, der DIN VDE 0100-704, dem Internationalen Elektrotechnischen Wörterbuch (IEV) oder den Unfallverhütungsvorschriften entlehnt. Anforderungen, die speziell zu den einzelnen Begriffen einzuhalten sind, können den einzelnen Kapiteln dieses Buchs direkt aus den DIN-VDE-Normen oder der VDE-Schriftenreihe 52 „Lexikon der Elektroinstallation“ (5. Auflage, 2020 im VDE VERLAG erschienen [9]) entnommen werden.

Abdeckung	Teile elektrischer Betriebsmittel oder elektrischer Anlagen, durch die der Schutz gegen direktes Berühren in allen üblichen Zugangs- oder Zugriffsrichtungen gewährleistet wird. Abdeckungen müssen einen vollständigen Schutz gegen direktes Berühren (Basisschutz) aktiver Teile sicherstellen. Das Berühren aktiver Teile soll durch die Abdeckung verhindert werden. *DIN VDE 0100-410; DGUV-Vorschrift 3*
Abgeschlossene elektrische Betriebsstätte	Wenn eine elektrische Betriebsstätte ausschließlich durch den Betrieb elektrischer Anlagen bestimmt ist und der Raum für elektrotechnische Laien durch Verschluss nicht zugänglich ist, handelt es sich um abgeschlossene Betriebsstätten, wie Ortsnetzstationen, Schalt- und Verteilungsanlagen, Transformatorenzellen. *DIN VDE 0100-410; DIN VDE 0100-729; DIN VDE 0100-731*
Ableitstrom	Ein Strom, der in einem fehlerfreien Stromkreis von aktiven Teilen der Betriebsmittel über die Isolierung zur Erde, zum Körper und/oder zu fremden leitfähigen Teilen fließt. Der Ableitstrom ist dann kein Fehlerstrom, wenn er den zulässigen Grenzwert (in DIN-VDE-Normen enthalten) nicht überschreitet. Fließt der Ableitstrom über den Schutzleiter (PE), wird er auch Schutzleiterstrom (bei Geräten der Schutzklasse I) genannt. *DIN EN 61140 (**VDE 0140-1**); DIN VDE 0100-557*
Abschranken	Wenn Anlageteile in der Nähe der Arbeitsstelle nicht freigeschaltet werden können, müssen nach den fünf Sicherheitsregeln vor Beginn der Arbeiten unter Spannung stehende Teile abgeschrankt werden. Durch das Abschranken wird ein teilweiser Schutz gegen elektrischen Schlag erreicht. *DIN VDE 0105-100; DIN VDE 0100-410*

Abstand	Durch Abstand wird ein teilweiser Schutz gegen direktes Berühren aktiver Teile sichergestellt. Es dürfen sich keine gleichzeitig berührbaren Teile unterschiedlichen Potentials in einer räumlichen Anordnung von weniger als 2,5 m befinden. *DIN VDE 0100-410; DIN VDE 0105-100; DIN VDE 0100-731; DIN EN 50191 (**VDE 0104**); DIN EN 50341-1 (**VDE 0210-1**); DIN VDE 0211; DIN EN 61936-1 (**VDE 0101-1**)*
Aktive Teile	Leiter und leitfähige Teile von Betriebsmitteln, die unter normalen Betriebsbedingungen unter Spannung stehen, wie die Außenleiter und die Neutralleiter. Die PEN-Leiter zählen nicht zu den aktiven Teilen. Aktive Teile müssen gegen direktes Berühren geschützt sein. *DIN VDE 0100-200; DIN VDE 0100-410*
Anlagenverantwortlicher	Eine Person, die vom Unternehmer benannt ist, die unmittelbare Verantwortung für den Betrieb der elektrischen Anlage zu tragen. Der Anlagenverantwortliche muss eine Elektrofachkraft sein. *DIN VDE 0105-100*
Anlagen auf Campingplätzen	Campingplätze sind Teile eines Geländes, die für zwei oder mehrere Stellplätze von Caravans, Zelten und/oder Motorcaravans und Parkwohnheimen vorgesehen sind. Besondere Anforderungen sind für Stromkreise vorzusehen, die der Versorgung von bewohnbaren Freizeitfahrzeugen dient. *DIN VDE 0100-708*
Anlagen im Freien, geschützte und ungeschützte	Elektrische Anlagen und Betriebsmittel, die sich nicht in Gebäuden befinden, sondern außerhalb von Gebäuden installiert sind. Geschützte Anlagen im Freien: Betriebsmittel und Anlagen sind überdacht, z. B. Toreinfahrten, Tankstellen, Bahngleise. Ungeschützte Anlagen im Freien: Betriebsmittel und Anlagen sind nicht überdacht, z. B. im freien Gelände. *DIN VDE 0100-200; DIN VDE 0100-737; DIN EN 61936-1 (**VDE 0101-1**)*
Anschlusspunkt	Der räumliche und physikalische Punkt, an dem elektrische Energie zum Betrieb von elektrischen Anlagen und ortsfesten und ortsveränderlichen Betriebsmitteln entnommen wird. *DIN VDE 0100-704; DGUV-Information 203-006*
Arbeiten an elektrischen Anlagen	Arbeiten an elektrischen Anlagen und Betriebsmitteln umfassen das Ändern, Erweitern, Instandhalten, Prüfen und Inbetriebnehmen. Die Arbeiten sind unter Berücksichtigung aller Normen und Unfallverhütungsvorschriften durchzuführen. Sie lassen sich weiter unterteilen in: • Arbeiten an aktiven Teilen, • Arbeiten in der Nähe aktiver Teile, • gelegentliche Stell- und Bedientätigkeit in der Nähe berührungsgefährlicher Teile, • Arbeiten an unter Spannung stehender Teile. *DIN VDE 0105-100; DGUV-Vorschrift 3*

Arbeits-verantwortlicher	Personen, die benannt sind und die die unmittelbare Verantwortung für die Durchführung der Arbeiten tragen. Der Arbeitsverantwortliche ist im Sinne der Arbeitssicherheit tätig. *DIN VDE 0105-100*
Art der Erdverbindung	Aus der Kombination der Art der Erdung und der Schutzeinrichtung entsteht die Kennzeichnung der Schutzmaßnahme gegen gefährliche Körperströme sowie des Schutzes durch Abschaltung oder Meldung bzw. Schutz durch automatische Abschaltung der Stromversorgung oder Meldung. Es handelt sich um charakteristische Merkmale der Stromversorgungssysteme hinsichtlich der entsprechenden Erdverbindung. Das erste Merkmal: Erdung des Systems, des Sternpunkts oder die Isolierung aller Netzpunkte gegen Erde. Das zweite Merkmal: die Verbindung der Körper der elektrischen Betriebsmittel in einer Verbraucheranlage mit dem geerdeten Punkt des Stromversorgungssystems oder den Anschluss der Körper an einen Erder in der Verbraucheranlage. Details zu den TN-Systemen, TT-Systemen oder IT-Systemen siehe Kapitel 6 und Kapitel 7. *DIN VDE 0100-100; DIN VDE 0100-200; VDE-Schriftenreihe 52 [9]*
Außenleiter	Ein Leiter, der die Stromquelle mit den Verbrauchern verbindet, aber nicht vom Mittel- oder Sternpunkt ausgeht. Kurzzeichen: L1, L2, L3. Farbkennzeichen: jede Farbe, außer grün-gelb, grün, gelb oder mehrfarbig.
Äußere Einflüsse	Darunter sind die Einwirkungen der Umgebung und der Netzverhältnisse für elektrische Anlagen und Betriebsmittel zu verstehen, wie Staub, Feuchtigkeit, Korrosion, mechanische Beanspruchung, Betriebsart, Spannungsschwankungen, Kurzschlussleistung und Spannungshöhe. Die unterschiedlichen äußeren Einflüsse auf elektrische Anlagen und Betriebsmittel werden durch Kurzzeichen dargestellt. *DIN VDE 0100-510*
Basisisolierung	Die Isolierung unter Spannung stehender Teile zum grundlegenden Schutz gegen gefährliche Körperströme. Der Begriff Basisisolierung gilt nicht für die Isolierung, die ausschließlich Funktionszwecken dient. *IEV 195-06-06; DIN VDE 0100-200; DIN VDE 0100-410*
Basisschutz	Alle Maßnahmen zum Schutz von Personen und Nutztieren vor Gefahren, die sich aus einer Berührung mit aktiven Teilen ergeben können. Es handelt sich dann um einen vollständigen Schutz, wenn absichtliches oder unabsichtliches Berühren spannungsführender Teile ausgeschlossen ist. Ein teilweiser Schutz ist lediglich ein Schutz gegen unabsichtliches und damit zufälliges Berühren aktiver Teile. Der teilweise Schutz ist nur dort zulässig, wo elektrotechnische Laien keinen Zugang haben. Der Basisschutz ist möglich durch: • Schutz durch Hindernisse, • Schutz durch Anordnung außerhalb des Handbereichs, • Schutz durch Abdeckung oder Umhüllung, • Schutz durch Isolierung. *DIN VDE 0100-410*

Berührungsgefährliche Teile	Teile elektrischer Betriebsmittel, die betriebsmäßig unter Spannung stehen und bei einer Berührung durch Personen zu Gefahren führen können. *DIN VDE 0100-200; DIN VDE 0100-410*
Berührungsspannung	Die Spannung (U_T), die am menschlichen Körper oder am Körper des Nutztiers auftritt, wenn dieser vom Strom durchflossen wird, d. h., die Spannung, die zwischen zwei gleichzeitig berührbaren Teilen während eines Isolationsfehlers auftreten kann. Bei Wechselspannung max. 50 V; bei besonderen Betriebsbedingungen 25 V. *DIN VDE 0100-200; DIN VDE 0100-410; DIN EN 61936-1 (**VDE 0101-1**)*
Berührungsstrom	Der Strom, der durch die Berührung eines Menschen mit leitfähigen Teilen durch den Körper fließt. *DIN VDE 0100-410*
Bewegliche Leitung	Eine an den Enden abgeschlossene Leitung, die zwischen den Anschlussstellen bewegt werden kann. *DIN VDE 0100-510*
Bewohnbare Freizeitfahrzeuge	Eine Wohneinheit, die vorübergehend oder jahreszeitlich für Ferienfahrten benutzt wird; siehe Caravans. *DIN VDE 0100-721*
Caravanplätze	Stellplätze für die Aufstellung von Caravans. *DIN VDE 0100-708*
Caravans	Caravans sind Anhänger für Kraftfahrzeuge ohne eigenen Antrieb. Sie werden auch als Wohnwagen bezeichnet. In ihnen befindet sich eine Wohnungseinheit. Es handelt sich um bewohnbare Freizeitfahrzeuge, die die Anforderungen für die Konstruktion und die Verwendung als Straßenfahrzeug erfüllen. *DIN VDE 0100-721*
Differenzstrom	Ist der im Fehlerfall zur Erde abschließende Strom, der die Auslösung einer Differenzstromschutzeinrichtung (z. B. einer Fehlerstromschutzeinrichtung (RCD)) bewirkt. Anmerkung: Bei Fehlerstromschutzeinrichtungen (RCDs) nach den Normen der Reihe VDE 0664 wird der Differenzstrom in Deutschland mit Fehlerstrom bezeichnet. *DIN VDE 0100-200*
Einwirkungen auf ortsveränderliche elektrische Betriebsmittel	Die Sicherheit von Betriebsmitteln kann durch unterschiedliche Einwirkungen beeinträchtigt werden, z. B. durch mechanische, physikalische und chemische Einwirkungen. Dabei spielen die Größe, die Dauer und die Intensität dieser Einwirkungen auf die ortsveränderlichen Betriebsmittel eine große Rolle. Daher ist bei der Auswahl der Betriebsmittel für z. B. einen Campingplatz durch die Elektrofachkraft schon auf die späteren Einwirkungen zu achten. *DGUV-Information 203-005*

Elektrische Anlagen	Zusammenschluss von elektrischen Betriebsmitteln zum Erzeugen, Umwandeln, Speichern, Fortleiten, Verteilen und Verbrauchen von elektrischer Energie. Die elektrische Anlage auf dem Campingplatz oder in Caravans ist die Gesamtheit der zusammengeschlossenen Betriebsmittel mit koordinierten Kenngrößen, um Arbeit in Form von mechanischer Arbeit, zur Wärme- und Lichterzeugung und für die Weiterverteilung des Stroms zu verrichten. *DIN VDE 0100-200; DIN VDE 0100-708; DGUV-Vorschrift 3*
Elektrische Betriebsmittel, ortsfeste und ortsveränderliche	Sind alle Gegenstände, die zum Zwecke der Erzeugung, Umwandlung, Übertragung, Verteilung und Anwendung elektrischer Energie benutzt werden, wie Maschinen, Transformatoren, Schaltgeräte, Messgeräte, Schutzeinrichtungen, Kabel und Leitungen, Ersatzstromversorgungsanlagen. Ortsfeste: fest angebrachte Betriebsmittel ohne Tragevorrichtung und großer Masse, d. h., sie können nicht leicht bewegt werden. Ortsveränderliche: Betriebsmittel, die während des Betriebs bewegt werden oder leicht räumlich versetzt werden können, während sie an den Versorgungsstromkreis angeschlossen sind. *DIN VDE 0100-200; DGUV-Information 203-006*
Elektrische Verbrauchsmittel	Die Betriebsmittel, die die Aufgabe haben, die elektrische Energie in anderen Energiearten nutzbar zu machen, z. B. mechanische Energie: elektromotorische Antriebe; Wärmeenergie: Heizgeräte; Licht: Lampen, Leuchten. *DIN VDE 0100-200; DGUV-Information 203-006*
Elektrischer Schlag	Physiologische Wirkung des Stroms. Durchfließt ein gefährlicher Berührungsstrom den menschlichen Körper, so kann ein Anteil dieses Stroms über das Herz fließen und bei ungünstiger körperlicher Konstellation (Körperwiderstand, Ein- und Austrittstelle des Stroms im Körper) und sonstiger gefährlicher Rahmenbedingungen kann der Tod der Person eintreten. *DIN IEC/TS 60479-1 (**VDE V 0140-479-1**)*
Elektrofachkraft	Eine Person, die durch die fachliche Ausbildung, Kenntnisse und Erfahrungen über die Elektrotechnik, Kenntnisse über die DIN-VDE-Normen und über die fachliche Qualifikation für das Errichten und Betreiben elektrischer Anlagen und Betriebsmittel auf Baustellen verfügt. Sie muss die möglichen Gefahren der Elektrizität erkennen können. *DIN VDE 0105-100; DGUV-Vorschrift 3*
Elektrotechnisch unterwiesene Person	Die Anforderungen an elektrotechnisch unterwiesene Personen sind geringer als die an die Elektrofachkraft. Es werden nur Kenntnisse für die ihr übertragenen Aufgaben vorausgesetzt. Sie gilt als ausreichend qualifiziert, wenn sie zu den ihr übertragenen Aufgaben und die möglichen Gefahren durch unsachgemäße Handlungen unterwiesen, eingewiesen und angelernt worden ist. *DIN VDE 0105-100; DGUV-Vorschrift 3*

Elektrotechnischer Laie	Eine Person, die weder Elektrofachkraft noch als elektrotechnisch unterwiesene Person qualifiziert ist. Gerade auf Campingplätzen trifft diese Nichtqualifikation im elektrotechnischen Sinne auf die vielen Nutzer/Camper zu, daher gilt für den Personenkreis besondere Vorsicht. Nach der DGUV-Vorschrift 3 dürfen elektrotechnische Laien nur Tätigkeiten in elektrischen Anlagen bzw. an Betriebsmitteln durchführen unter Leitung und Aufsicht einer Elektrofachkraft. *DIN VDE 0105-100; DGUV-Vorschrift 3*
Erder	Besteht aus leitfähigem Material und ist unmittelbar in Erde oder in ein mit Erde verbundenes Fundament eingebracht und bilden mit diesen eine elektrische Verbindung. Sie erfüllen verschiedene Funktionen (Betriebserder, Schutzerder) und werden nach unterschiedlichen Ausführungsformen errichtet. *DIN VDE 0100-200; DIN VDE 0100-540; DIN VDE 0151; DIN EN 50522 (**VDE 0101-2**)*
Erhöhte elektrische Gefährdung	Ist auf dem Campingplatz gegeben, da aus der Umgebung zusätzliche Belastungen, wie Feuchtigkeit, Korrosion, mechanische Beanspruchung, auf die Betriebsmittel einwirken. Außerdem können von den Betriebsmitteln durch Einflüsse auf die Personen, wie geringerer Körperwiderstand, evtl. fehlender Schutz von Betriebsmitteln, räumliche Nähe von leitfähigen Teilen, menschliches Fehlverhalten, Gefährdungen ausgehen. *DIN VDE 0100-410; DIN VDE 0100-708; DGUV-Information 203-004*
Ersatzstromversorgungsanlagen	Sind netzunabhängige Stromversorgungsanlagen. Sie können die elektrische Energieversorgung auf dem Campingplatz oder ähnliche Bereiche übernehmen, wenn keine Möglichkeit für einen Anschluss an das öffentliche Verteilungsnetz besteht oder wenn ein Ausfall der öffentlichen Stromversorgung ersetzt werden muss. *DIN VDE 0100-410; DIN VDE 0100-551; DIN VDE 0100-560; DIN VDE 0100-708*
Fehlerschutz	Schutz bei indirektem Berühren ist der Schutz von Personen und Nutztieren vor Gefahren, die sich im Fehlerfall aus einer Berührung mit Körpern der Betriebsmittel oder fremden leitfähigen Teilen ergeben können. Die Anforderungen auf Campingplätzen und ähnlichen Bereichen an Schutzmaßnahmen sind besonders hoch, weil dort die Einwirkungen auf die Betriebsmittel durch äußere Einflüsse hoch sind und andererseits die Auswirkungen im Fehlerfall durch elektrische Betriebsmittel auf die dort vorhandenen Personen hoch sein können. *DIN VDE 0100-410*
Fehlerstrom	Der Fehlerstrom ist ein Strom, der infolge eines Isolationsfehlers zwischen zwei bestimmungsgemäß voneinander isolierten Teilen fließt. Es handelt sich dabei je nach Fehlerart um einen Kurzschluss- oder Erdschlussstrom. Als Fehlerstrom wird auch der zur Erde abfließende Strom bezeichnet, der die Auslösung, z. B. einer Fehlerstromschutzeinrichtung (RCD), bewirkt. *DIN EN 50522 (**VDE 0101-2**)*

Fehlerstrom-schutz-einrichtungen (RCDs)	Ist die einheitliche Bezeichnung für verschiedene Arten von Fehlerstromschutzschaltern, Fehlerstromschutzgeräten und Fehlerstromschutzeinrichtungen (Bedeutung RCD: Residual Current protective Device; frühere Bezeichnung: Fehlerstrom-(FI-)Schutzschaltung). Auf dem Campingplatz oder ähnliche Bereiche geforderte Schutzeinrichtung. *DIN VDE 0100-410; DIN VDE 0100-704*
Fremde leitfähige Teile	Fremde leitfähige Teile sind leitfähige Teile, die jedoch im Gegensatz zu den Körpern eines elektrischen Betriebsmittels nicht zur elektrischen Anlage gehören, aber ein elektrisches Potential annehmen können (im Allgemeinen das Potential der örtlichen Erde). *DIN VDE 0100-200*
Gefährdungs-beurteilung	Elektrische Anlagen und Betriebsmittel sollen nach den Unfallverhütungsvorschriften einer Gefährdungsbeurteilung unterzogen werden. Das Arbeitsschutzgesetz und die Betriebssicherheitsverordnung fordern dies von den Unternehmern/Arbeitgebern. Dabei reicht es aus, für eine Gruppe elektrischer Betriebsmittel eine Gefährdungsbeurteilung vornehmen zu lassen. *ArbSchG; BetrSichV; DGUV-Information 203-006; DGUV-Vorschrift 1*
Handbereich	Der Schutz durch Anordnung außerhalb des Handbereichs ist dafür vorgesehen, ein unbeabsichtigtes Berühren aktiver Teile zu verhindern. Die Grenzen des Handbereichs (Höhe: 2,5 m; zur Seite: 1,25 m und nach unten: 0,75 m) sind zu beachten, wenn der Schutz gegen gefährliche Berührungsströme durch einen Abstand sichergestellt werden soll. Auf Campingplätzen darf der Schutz durch Anordnung außerhalb des Handbereichs nicht angewendet werden. *DIN VDE 0100-100; DIN VDE 0100-200; DIN VDE 0100-410; DIN VDE 0100-708*
Handgeräte, Handleuchten	Ortsveränderliche Betriebsmittel, die während des üblichen Gebrauchs in der Hand gehalten werden bzw. ortsveränderliche Leuchten mit einer flexiblen Anschlussleitung und einem Handgriff aus Isolierstoff. *DIN VDE 0100-200; DIN VDE 0100-706*
Haupterdungs-schiene	Die Haupterdungsschiene dient zur Verbindung der Schutzleiter, der Schutzpotentialausgleichsleiter und der Leiter für die Funktionserdung mit Erdungsleitung und den Erdern. *DIN VDE 0100-200; DIN VDE 0100-540*
Kleinspannungen	SELV, PELV, FELV: • SELV: Bezeichnung für Schutzkleinspannung (Safety Extra-Low Voltage) • PELV: Bezeichnung für Funktionskleinspannung mit sicherer Trennung (Protective Extra-Low Voltage) • FELV: Bezeichnung für Funktionskleinspannung ohne sichere Trennung (Functional Extra-Low Voltage) *DIN VDE 0100-410; DGUV-Information 203-004*

Leitungstrossen	Flexible Starkstromleitungen, die sehr hohen mechanischen Beanspruchungen ausgesetzt werden können. Sie werden meist als ortveränderliche elektrische Betriebsmittel mit Nennspannungen bis 30 kV verwendet. Sie sind sehr robust, wärme- und ölbeständig, flammwidrig und haben einen oder zwei Gummimäntel. Leitungstrossen dürfen nicht fest in Erde verlegt werden. *DIN VDE 0250-813*
Mobilheime	In ihnen befinden sich jeweils Wohneinheiten. Im Gegensatz zu Motorcaravans müssen jedoch Mobilheime nicht die Anforderungen an Straßenfahrzeuge erfüllen. *DIN VDE 0100-721*
Motorcaravans	In Ergänzung zu Caravans sind Motorcaravans mit eigenem Antrieb ausgestattet. Sie sind eigenständige Straßenfahrzeuge, in denen sich jeweils eine Wohneinheit befindet. Sie werden auch als Wohn- oder Reisemobile bezeichnet. *DIN VDE 0100-721*
Neutralleiter	Ein mit dem Mittelpunkt bzw. Sternpunkt des Netzes verbundener Leiter, der zur Übertragung elektrischer Energie beiträgt. *DIN VDE 0100-200; DIN VDE 0100-430; DIN VDE 0100-520*
Nicht elektrotechnische Arbeiten	Werden von elektrotechnischen Laien ausgeführt. Es handelt sich um Arbeiten im Bereich einer elektrischen Anlage, z. B. Erdarbeiten, Reinigungsarbeiten, Anstrich- und Korrosionsschutzarbeiten, Gerüstbauarbeiten, Arbeiten mit Hebezeugen, Transportarbeiten. Die Annäherungszone von an unter Spannung stehenden Anlageteilen darf dabei nicht erreicht werden, es sei denn, dass ein vollständiger Schutz gegen direktes Berühren besteht. *DIN EN 61936-1 (**VDE 0101-1**); DGUV-Vorschrift 3*
Nicht leitende Umgebung	Der Schutz durch nicht leitende Umgebung darf auf Campingplätzen nicht angewendet werden. *DIN VDE 0100-708*
Nicht stationäre elektrische Anlagen	Anlagen, die nach der Verwendung am Einsatzort A abgebaut und am Einsatzort B wieder aufgebaut werden. *DIN VDE 0100-600; DGUV-Information 203-006*
Not-Aus-Schaltung	Aktuelle Normbezeichnung: Handlungen im Notfall. Eine Betätigung, die dazu bestimmt ist, Gefahren, die unerwartet auftreten können, so schnell wie möglich zu beseitigen. *DIN VDE 0100-460; DIN VDE 0100-723*
Ordnungsgemäßer Zustand der elektrischen Anlagen	Die Maßnahmen zum Schutz gegen direktes Berühren (Basisschutz) und die Maßnahmen zum Schutz bei indirektem Berühren (Fehlerschutz) entsprechen den Anforderungen der DIN-VDE-Normen. *DIN VDE 0100-410; DGUV-Information 203-070*
Parkwohnheime	Parkwohnheime sind bewegliche Wohnunterkünfte, die fabrikgefertigt und verschiebbar sind. *Anwendungsbereich DIN VDE 0100-708*

PEN-Leiter	Ein geerdeter Leiter, der zugleich die Funktionen des Schutzleiters (PE) und des Neutralleiters (N) erfüllt. *DIN VDE 0100-430; DIN VDE 0100-540*
Potentialausgleich	Eine elektrische Verbindung, die die Körper elektrischer Betriebsmittel und fremde leitfähige Teile auf gleiches oder annähernd gleiches Potential bringt. *DIN VDE 0100-540; DIN EN 50522 (**VDE 0101-2**)*
Schalt- und Steuergeräte	Betriebsmittel, die in einem elektrischen Stromkreis eingesetzt werden, um eine oder mehrere der Funktionen zu erfüllen: Schützen, Steuern, Trennen, Schalten. *DIN VDE 0100-460; DIN VDE 0100-530*
Schutzarten	Schutz elektrischer Betriebsmittel gegen Berührung, Fremdkörper und Wasser wird durch die Schutzart gewährleistet und durch den IP-Code angegeben. *DIN EN 60529 (**VDE 0470-1**)*
Schutz durch erdfreien örtlichen Potentialausgleich	Auf Campingplätzen darf dieser Schutz nicht angewendet werden. *DIN VDE 0100-708*
Schutzklassen	Kennzeichnen den Schutz bei indirektem Berühren (Fehlerschutz), siehe Kapitel 7.2.2. Die Verwendung von Betriebsmitteln der Schutzklasse 0 ist auf Campingplätzen ausgeschlossen. *DIN VDE 0100-708; DIN EN 61140 (**VDE 0140-1**)*
Schutzleiter	Ein Leiter, der zum Zweck der Sicherheit, z. B. für einige Schutzmaßnahmen gegen elektrischen Schlag, erforderlich ist, um die elektrische Verbindung zu folgenden Teilen herzustellen: • Körper der elektrischen Betriebsmittel, • fremde leitfähige Teile, • Haupterdungsschiene, • Erder, • geerdeter Punkt der Stromquelle. *DIN VDE 0100-430; DIN VDE 0100-510; DIN VDE 0100-540*
Schutzleiterstrom	Der Strom, der als Ableitstrom oder als elektrischer Strom infolge eines Isolationsfehlers im Schutzleiter auftritt. *DIN VDE 0100-430; DIN VDE 0100-510; DIN VDE 0100-540*
Schutzmaßnahmen	Schutzmaßnahmen sind auf dem Campingplatz wichtige Bestandteile für die Versorgung mit Elektrizität: Schutz gegen elektrischen Schlag, Schutz gegen thermische Einflüsse, Schutz bei Überstrom, Schutz gegen Überspannungen, Schutz gegen Unterspannungen. *DIN VDE 0100-410*
Schutztrennung	Eine Schutzmaßnahme gegen gefährliche Körperströme, bei der die Betriebsmittel mithilfe eines Transformators vom speisenden Netz sicher getrennt und nicht geerdet sind. *DIN VDE 0100-410*

Schutzverteiler	Schutzverteiler bestehen aus einer ortsveränderlichen Fehlerstromschutzeinrichtung (RCD) in Kombination mit mehreren Steckdosen in einem Gehäuse. *DGUV-Information 203-006*
Stellplätze	Stellplätze sind Teile eines Campingplatzes, die zum Aufstellen eines Zeltes, Caravans, Motorcaravans vorgesehen sind. *DIN VDE 0100-708*
Übergabepunkt	Die Stelle einer elektrischen Anlage, an der die elektrische Energie in eine Anlage eingespeist wird. Sie ist zugleich Trennstelle, an der das einspeisende Netz bzw. der einspeisende Stromkreis von der zu versorgenden Anlage getrennt werden kann. Der Übergabepunkt ist die Stelle, an der die elektrische Energie vom Netzbetreiber an den Verbraucher übergeben wird. Auf dem Campingplatz ist von einer besonderen Gefährdung auszugehen, daher wird auf dem Campingplatz die Versorgung mit elektrischer Energie über einen besonderen Verteilerschrank für Campingplätze verlangt, der alle erforderlichen Schutzmaßnahmen sicherstellen muss, unabhängig davon, welche Schutzmaßnahme der einspeisende Stromkreis erfüllt. *DIN VDE 0100-200; DIN VDE 0100-410; DGUV-Information 203-006*
Überlaststrom	Der Überstrom, der in einem fehlerfreien Stromkreis auftritt und nicht durch einen Kurzschluss oder Erdschluss hervorgerufen wird. *DIN VDE 0100-200*
Überstrom	Der Strom, der den Bemessungswert überschreitet. Für Leiter entspricht der Strombemessungswert der Dauerstrombelastbarkeit. *DIN VDE 0100-200*

4 Gültigkeit der Normen und Unfallverhütungsvorschriften für Campingplätze und Caravans

Für die Errichtung von Niederspannungsanlagen ist grundsätzlich die Normenreihe DIN VDE 0100 anzuwenden. Diese Normenreihe ist aktuell in sechs Gruppen gegliedert:

- Gruppe 100: Anwendungsbereich/allgemeine Anforderungen,
- Gruppe 200: Begriffe,
- Gruppe 400: Schutzmaßnahmen,
- Gruppe 500: Auswahl und Errichtung elektrischer Betriebsmittel,
- Gruppe 600: Prüfungen,
- Gruppe 700: Bestimmungen für Betriebsstätten, Räume und Anlagen besonderer Art,
- Gruppe 800: Energieeffizienz, intelligente Niederspannungsanlagen.

In den Teilen der Gruppen 100 bis 600 wird das Errichten der elektrischen Anlagen unter normalen Bedingungen beschrieben, die üblicherweise für den Betrieb der Anlagen gelten und für die die einzelnen Betriebsmittel entsprechend ihren Bestimmungen ausgelegt sind. In der Gruppe 700 werden in Anpassung an die Besonderheiten für bestimmte Betriebsstätten, Räume und Anlagen die Grundbestimmungen entweder verschärft, erweitert oder auch in Einzelfällen aufgehoben. Elektrische Anlagen und Betriebsmittel auf Campingplätzen und in Caravans sind besonderen Umwelt- und Umfeldbedingungen ausgesetzt. Daher gelten für diese Anlagen einmal die Normen für „normale" Bedingungen und zusätzliche Normen aus der Gruppe 700: DIN VDE 0100-708 „Errichten von Niederspannungsanlagen – Caravanplätze, Campingplätze und ähnliche Bereiche" und DIN VDE 0100-721 „Errichten von Niederspannungsanlagen – Elektrische Anlagen in Caravans und Motorcaravans". Zusätzlich werden in diesem Buch weitere Normen behandelt, deren Inhalte sich mit Anforderungen beschäftigen, die angrenzend in das Gebiet für Camper hineinragen.

Um dem Fachmann die Arbeit zur Suche nach entsprechenden Anforderungen zu erleichtern, sind die wichtigsten relevanten Normen einschließlich ihrer Gültigkeit nachfolgend aufgelistet. Zurückgezogene Normen sind nicht mehr genannt.

Norm	Kurztitel	Anmerkungen
Campingplatzverordnungen der Bundesländer	Landesverordnung über Camping- und Wochenendplätze der verschiedenen Bundesländer	Regelungen für Campingplätze und Wochenendplätze nach Bundesländern
DGUV-Information 203-001 2015-10	Sicherheit bei Arbeiten an elektrischen Anlagen	Hinweise zur Vorbeugung von Unfällen.
DGUV-Information 203-004 2018-04	Einsatz von elektrischen Betriebsmitteln bei erhöhter elektrischer Gefährdung	Benutzung ortsfester und ortsveränderlicher elektrischer Betriebsmittel in Bereichen erhöhter Gefährdung.
DGUV-Information 203-005 2021-01	Auswahl und Betrieb ortsveränderlicher elektrischer Betriebsmittel nach Einsatzbedingungen	Auswahl der Betriebsmittel beim Einsatz an Arbeitsplätzen mit erhöhten mechanischen, physikalischen oder chemischen Einwirkungen.
DGUV-Information 203-006 2012-05	Auswahl und Betrieb elektrischer Anlagen und Betriebsmittel auf Bau- und Montagestellen	Auch Anwendung auf vorhandene elektrische Anlagen, wenn diese auf anderen Baustellen wieder eingesetzt werden.
DGUV-Information 203-070 2016-12	Wiederholungsprüfungen ortsveränderlicher elektrischer Betriebsmittel	Prüfumfang, Prüfarten und Grenzwerte zur Feststellung der Sicherheit.
DGUV-Information 203-071 2020-01	Wiederkehrende Prüfungen ortsveränderlicher elektrischer Arbeitsmittel, Organisation durch den Unternehmer	Organisation wiederkehrender Prüfungen an ortsveränderlichen elektrischen Arbeitsmitteln und transportablen elektrischen Arbeitsmitteln.
DGUV-Vorschrift 3 1997-04	Elektrische Anlagen und Betriebsmittel	Unfallverhütungsvorschrift für elektrische Anlagen und Betriebsmittel und für nicht elektrotechnische Arbeiten in der Nähe elektrischer Anlagen.
DIN EN 1648-1:2018-04	Elektrische Anlagen für DC 12 V in Caravans	Legt die sicherheitstechnischen, gesundheitlichen und funktionellen Anforderungen an elektrische Kleinspannungsanlagen im Wohnbereich in Caravans fest.

Norm	Kurztitel	Anmerkungen
DIN EN 1648-2:2018-04	Elektrische Anlagen für DC 12 V in Motorcaravans	Legt die sicherheitstechnischen, gesundheitlichen und funktionellen Anforderungen an elektrische Kleinspannungsanlagen im Wohnbereich von Motorcaravans fest. Sie gilt ausschließlich für Anlagen, die mit der elektrischen Anlage des Basisfahrzeugs galvanisch verbunden sind oder verbunden sein können (Umschalteinrichtungen).
DIN VDE 0100-100 (**VDE 0100-100**):2009-06	Allgemeine Merkmale	Allgemeine Grundsätze und Schutz zum Erreichen der Sicherheit, mit Angabe der verschiedenen Schutzmaßnahmen.
DIN VDE 0100-200 (**VDE 0100-200**):2006-06	Begriffe	Begriffe elektrischer Anlagen für Wohnungen, Industriewesen und gewerbliche Anwesen.
DIN VDE 0100-410 (**VDE 0100-410**):2018-10	Schutz gegen elektrischen Schlag	Basisschutz (Schutz gegen direktes Berühren) und Fehlerschutz (Schutz bei indirektem Berühren); Koordinierung der Anforderungen zu äußeren Einflüssen.
DIN VDE 0100-420 (**VDE 0100-420**):2019-10	Schutz gegen thermische Auswirkungen	Gegen thermische Einflüsse, Verbrennungen von Materialien sowie Brandgefahr, ausgehend von elektrischen Betriebsmitteln.
DIN VDE 0100-430 (**VDE 0100-430**):2010-10	Schutz bei Überstrom	Schutz von aktiven Leitern in Fällen von Überlast und Kurzschluss durch Einrichtungen für die automatische Abschaltung.
DIN VDE 0100-442 (**VDE 0100-442**):2013-06	Schutz bei vorübergehender Überspannung im Niederspannungsnetz	Für die Sicherheit, z. B. im Fall einer Unterbrechung des Neutralleiters; Kurzschluss zwischen Außenleiter und Neutralleiter.
DIN VDE 0100-443 (**VDE 0100-443**):2016-10	Schutz bei Überspannungen infolge atmosphärischer Einflüsse oder von Schaltvorgängen	Schutz bei Überspannungen, die sich vom Netz auf den Campingplatz übertragen können, infolge atmosphärischer Einflüsse oder von Schaltvorgängen.
DIN VDE 0100-444 (**VDE 0100-444**):2010-10	Schutz bei Störspannungen	Anforderungen und Empfehlungen zur Vermeidung elektromagnetischer Störungen.
DIN VDE 0100-450 (**VDE 0100-450**):1990-03	Schutz bei Unterspannungen	Bei Spannungseinbruch oder Spannungsausfall mit anschließender Spannungswiederkehr müssen gegen Gefahren Abhilfemaßnahmen getroffen werden.
DIN VDE 0100-460 (**VDE 0100-460**):2018-06	Trennen und Schalten	Gilt für nicht automatische örtliche und dezentrale Trenn- und Schaltmaßnahmen, um Gefahren zu verhindern.

Norm	Kurztitel	Anmerkungen
DIN VDE 0100-510 (**VDE 0100-510**):2014-10	Auswahl und Errichtung elektrischer Betriebsmittel – Allgemeine Bestimmungen	Regeln zur Einhaltung von Schutzmaßnahmen und Anforderungen bezüglich vorhersehbarer äußerer Einflüsse.
DIN VDE 0100-520 (**VDE 0100-520**):2013-06	Kabel- und Leitungsanlagen	Auswahl und Errichtung von Kabel- und Leitungsanlagen.
DIN VDE 0100-530 (**VDE 0100-530**):2018-06	Schalt- und Steuergeräte	Zur Sicherstellung der Schutzmaßnahmen und der Funktion der elektrischen Anlage.
DIN VDE 0100-534 (**VDE 0100-534**):2016-10	Überspannungsschutzeinrichtungen	Vorkehrungen für die Anwendung der Spannungsbegrenzung.
DIN VDE 0100-540 (**VDE 0100-540**):2012-06	Erdungsanlagen und Schutzleiter	Ziel der Norm ist, durch Erdungsanlagen die Sicherheit elektrischer Anlagen zu erfüllen.
DIN VDE 0100-551 (**VDE 0100-551**):2017-02	Niederspannungsstromerzeugungseinrichtungen	Stromversorgung, die nicht an ein Netz angeschlossen ist, als Alternative zum Netz, parallel zum Netz.
DIN VDE 0100-557 (**VDE 0100-557**):2014-10	Hilfsstromkreise	Hilfsstromkreise, ausgenommen die innere Verdrahtung von Geräten; funktionale Eigenschaften.
DIN VDE 0100-559 (**VDE 0100-559**):2014-02	Leuchten und Beleuchtungsanlagen	Auswahl und Errichtung von Leuchten und Beleuchtungsanlagen, die Teil einer ortsfesten elektrischen Anlage sind.
DIN VDE 0100-560 (**VDE 0100-560**):2013-10	Einrichtungen für Sicherheitszwecke	Übernahme der Versorgung von sicherheitstechnischen Einrichtungen bei Ausfall der allgemeinen Stromversorgung.
DIN VDE 0100-600 (**VDE 0100-600**):2017-06	Prüfungen	Anforderungen an die Erstprüfung und die wiederkehrende Prüfung von elektrischen Anlagen.
DIN VDE 0100-701 (**VDE 0100-701**):2008-10	Bade- und Duschräume	Auswahl und Errichtung von Anlagen in Räumen, die Personen zum Waschen, Duschen, Baden oder Schwimmen dienen und in denen Personen wegen der Feuchtigkeit besonderen Gefahren ausgesetzt sind. Diese gilt auch für feuchte und nasse Räume auf Campingplätzen und in Caravans.
DIN VDE 0100-702 (**VDE 0100-702**):2012-03	Schwimmbäder	
DIN VDE 0100-703 (**VDE 0100-703**):2006-02	Saunaanlagen	
DIN VDE 0100-708 (**VDE 0100-708**):2010-02	Campingplätze	Der Teil der Normenreihe DIN VDE 0100, der die Zusatzanforderungen für elektrische Anlagen auf Campingplätzen enthält.
DIN VDE 0100-711 (**VDE 0100-711**):2020-06	Ausstellungen, Shows und Stände	Anforderungen an vorübergehend errichtete elektrische Anlagen zum Schutz der Benutzer.

Norm	Kurztitel	Anmerkungen
DIN VDE 0100-712 (**VDE 0100-712**):2016-10	Photovoltaik-(PV-) Stromversorgungssysteme	
DIN VDE 0100-713 (**VDE 0100-713**):2017-10	Elektrische Anlagen in Möbeln und ähnlichen Einrichtungsgegenständen	Auswahl und Errichtungen von Betriebs- und Verbrauchsmitteln in Hohlräumen und Möbeln in Caravans
DIN VDE 0100-714 (**VDE 0100-714**):2014-02	Beleuchtungsanlagen im Freien	Auswahl und Errichtung einer festen Anlage im Freien.
DIN VDE 0100-715 (**VDE 0100-715**):2014-02	Kleinspannungsbeleuchtungsanlagen	
DIN VDE 0100-717 (**VDE 0100-717**):2010-10	Ortsveränderliche oder transportable Baueinheiten	Anzuwenden für AC- und DC-Anlagen von ortsveränderlichen oder transportablen Baueinheiten, z. B. für Rundfunk und Fernsehen, medizinische Bereiche, Informationstechniken.
DIN VDE 0100-721 (**VDE 0100-721**):2019-10	Elektrische Anlagen in Caravans und Motorcaravans	Der Teil gilt für besondere Anforderungen für die elektrischen Anlagen in Caravans und Motorcaravans. Sie sind für Stromkreise und Betriebsmittel vorgesehen, die für die Verwendung zu Wohnzwecken vorgesehen sind.
DIN VDE 0105-100 (**VDE 0105-100**):2015-10	Betrieb von elektrischen Anlagen	Ordnungsgemäßer und sicherer Betrieb sowie die Sicherheit bei der Durchführung von Arbeiten.
DIN VDE 1000-10 (**VDE 1000-10**):2021-06	Anforderungen an die im Bereich Elektrotechnik tätigen Personen	Festlegungen zur Definition der Fachleute und Abgrenzungen zueinander.
DIN EN 50525-2-21 (**VDE 0285-525-2-21**):2012-01	Flexible Leitungen	Auf Campingplätzen werden häufig flexible Leitungen verwendet.
DIN EN 60309-2 (**VDE 0623-2**):2013-01	Stecker, Steckdosen und Kupplungen für industrielle Anwendungen	Die Vorgängernorm ist zurückgezogen; gilt für Stecker, Steckdosen, Leitungskupplungen und Gerätesteckvorrichtungen mit Stiften und Kontaktbuchsen der genormten Anordnungen.
DIN EN IEC 61439-7 (**VDE 0660-600-7**):2021-06	Schaltgerätekombinationen für bestimmte Anwendungen wie Marinas, Campingplätze, Marktplätze, Ladestationen für Elektrofahrzeuge	Anwendungen für Campingplätze; legt besondere Anforderungen und Prüfungen für Niederspannungsschaltgerätekombinationen fest.

5 Definition der elektrischen Anlagen und Betriebsmittel für den Einsatz auf Campingplätzen sowie in Caravans sowie Anwendungsbereiche von DIN VDE 0100-708 und DIN VDE 0100-721

Die Anwendung des elektrischen Stroms und damit der Einsatz verschiedenster elektrischer Betriebsmittel sind selbstverständlich auch für Camper in und um Caravans und auf Campingplätzen möglich. Da es sich bei den Anwendern des Stroms in der Regel um elektrotechnische Laien handelt, gilt es, bei der Errichtung elektrischer Anlagen durch die Elektrofachkraft eine besonders vorausschauende und normgerechte Errichtung bzw. Installation der Betriebsmittel umzusetzen. Die besonderen Anforderungen an Stromkreise zur Versorgung von bewohnbaren Freizeitfahrzeugen, Zelten oder Parkwohnheimen auf Campingplätzen oder in ähnlichen Bereichen sind in DIN VDE 0100-708:2010-02 festgelegt. Mit dieser Norm wurde der Geltungsbereich gegenüber DIN VDE 0100-708:2006-02 (zurückgezogen) erweitert. Er umfasst mit der gültigen Norm nicht nur Campingplätze, sondern zusätzlich auch Caravanplätze und ähnliche Bereiche. Darunter wird der Teil eines Geländes verstanden, das für mindestens zwei oder mehrere Stellplätze vorgesehen ist.

Die Anforderungen aus DIN VDE 0100-708 gelten nicht für die innere elektrische Anlage von bewohnbaren Freizeitfahrzeugen bzw. Caravans, vielmehr gelten für die unmittelbare Versorgung durch Stromkreise in Wohnwagen, Caravans, Motorcaravans die Anforderungen aus der DIN VDE 0100-721. Diese Freizeitfahrzeuge werden fast ausschließlich industriemäßig hergestellt und fallen somit nur bedingt in den Tätigkeitsbereich der Errichter, aber z. B. für den Umbau von Kleinfahrzeugen zu Freizeitfahrzeugen oder bei Reparaturen, Änderungen oder bei wiederkehrenden Prüfungen der vorhandenen elektrischen Anlagen muss der Errichter die Anforderungen der Errichternorm DIN VDE 0100 berücksichtigen.

Die Anforderungen aus DIN VDE 0100-708 und DIN VDE 0100-721 werden in den nachfolgenden Kapiteln ausführlich behandelt, aber auf Campingplätzen und in Caravans gilt auch grundsätzlich, dass die allgemeinen Anforderungen der Normen der Reihe DIN VDE 0100 einzuhalten sind. Insbesondere gilt dies für den Schutz gegen elektrischen Schlag, d. h., es müssen die Anforderungen von DIN VDE 0100-410, DIN VDE 0100-540 und weitere entsprechende Normen Berücksichtigung finden. So gelten z. B. auf Campingplätzen für Dusch- und Badeeinrichtungen die Anforderungen aus DIN VDE 0100-701 oder für dort vorhandene Schwimmbecken die Anforderungen aus DIN VDE 0100-702 bzw. die DIN VDE 0100-703 für Saunen. Für den Campingplatzbetreiber müssen auch die Unfallverhütungsvorschriften berücksichtigt werden.

5.1 Abgrenzung zum Geltungsbereich von DIN VDE 0100-708 und DIN VDE 0100-721

Die Anforderungen aus der DIN VDE 0100-708 gelten nur für Stromkreise, die für die Versorgung von bewohnbaren Freizeitfahrzeugen, Zelten auf Campingplätzen oder ähnlichen Bereichen vorgesehen sind. Andere Räume, wie Aufenthaltsräume, Verwaltungsräume, Verkaufsräume, Umkleideräume, Sitzungsräume, Kantinen, Toiletten, Schlafräume, Restaurants, Spielplätze, oder Räume für sanitäre Einrichtungen müssen nach den allgemeinen Bestimmungen der DIN VDE 0100 errichtet und betrieben werden.

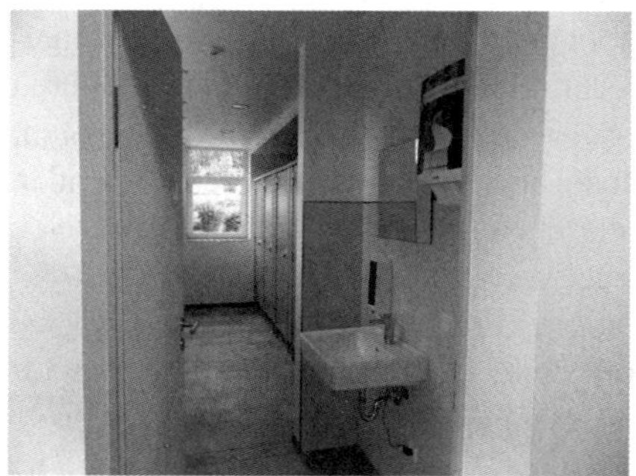

Bild 5.1 Sanitäreinrichtungen auf einem Campingplatz in Dortmund-Hohensyburg – für die elektrischen Anlagen gilt DIN VDE 0100-701
Foto: *Rolf Rüdiger Cichowski*, Holzwickede

Außerdem gelten die Anforderungen aus DIN VDE 0100-708 nicht für Anwendungen für die elektrischen Anlagen und Betriebsmittel im Innern der Wohnwagen, Caravans und Motorcaravans. Diese fallen in den Anwendungsbereich der DIN VDE 0100-721. Die Anforderungen aus DIN VDE 0100-721 gelten wiederum nicht für die elektrischen Anlagen und Betriebsmittel für den Fahrbetrieb der Fahrzeuge.

DIN VDE 0100-721 gilt ebenfalls nicht für transportable Einrichtungen auf Fahrzeugen, sondern dafür sind die Anforderungen aus DIN VDE 0100-717 zu berücksichtigen. Mobilheime, Parkwohnheime und Behelfsunterkünfte sind zwar Fahrzeuge mit Einrichtungen zum Fortbewegen, in denen sich eine Wohnungseinheit befindet, sie erfüllen jedoch nicht die Anforderungen an Straßenfahrzeuge. Daher gelten für diese Einheiten die allgemeinen Anforderungen der Errichtungsbestimmungen nach DIN VDE 0100.

Neben DIN VDE 0100-721 kann für Caravans die Normenreihe DIN EN 1648 relevant sein. Diese enthält sicherheitstechnische, gesundheitliche und funktionelle

Anforderungen an elektrische Anlagen für DC 12 V. Diese Normenreihe ist gültig für elektrische Anlagen, die mit der elektrischen Anlage des Basisfahrzeugs galvanisch verbunden sind bzw. durch Umschalteinrichtungen damit verbunden werden können (siehe Kapitel 4).

Merke: Auch für die Versorgung elektrischer Anlagen und Betriebsmittel auf Campingplätzen und für Caravans gelten die 22 Hauptteile der DIN VDE 0100 „Errichten von Niederspannungsanlagen". Jedoch sind Zusatzanforderungen der Gruppe 700 zu berücksichtigen:

- DIN VDE 0100-708 Campingplätze und ähnliche Bereiche,
- DIN VDE 0100-721 Caravans und Motorcaravans.

Empfehlungen kurz gefasst: Anwendungsbereich

- DIN VDE 0100-708: Stromkreise für die Versorgung von Caravanplätzen, Campingplätzen und ähnliche Bereiche.
- DIN VDE 0100-721: Elektrische Anlagen in Caravans und Motorcaravans, diese Norm gilt nicht für den Fahrbetrieb betreffende elektrische Stromkreise und Betriebsmittel.
- Neben der DIN VDE 0100-708 gelten weitere Normen und Unfallverhütungsvorschriften für den Errichter und Betreiber elektrischer Anlagen auf Campingplätzen.
- Nicht in den Anwendungsbereich der DIN VDE 0100-708 und DIN VDE 0100-721 fallen: Aufenthaltsräume, Verwaltungsräume, Verkaufsräume, Umkleideräume, Sitzungsräume, Kantinen, Toiletten, Schlafräume, Restaurants, Spielplätze oder Räume für sanitäre Einrichtungen. Sie müssen nach den allgemeinen Bestimmungen der DIN VDE 0100 errichtet und betrieben werden.
- Stromversorgung der Stellplätze auf Campingplätzen und der Caravans: Die Versorgungsspannung darf 230 V bei Einphasenwechselstrom bzw. 400 V bei Drehstrom nicht überschreiten und bei Gleichspannungsanlagen ist die Nennspannung auf max. 48 V zu begrenzen.
- Die meisten Caravans und Motorcaravans werden industriell hergestellt, daher ist der Errichter oft nicht betroffen, aber DIN VDE 0100-721 ist bei Änderungen, Reparaturen oder wiederkehrenden Prüfungen anzuwenden.
- DIN EN 1648-1 und DIN EN 1648-2 enthalten Anforderungen an elektrische Anlagen für DC 12 V in Caravans und Motorcaravans (siehe Kapitel 4).

6 Anschluss der elektrischen Stromversorgungseinrichtungen auf Camping- und Caravanplätzen und ähnlichen Bereichen an das öffentliche Versorgungsnetz

6.1 Netzanschluss

Unter Netzanschluss wird der Übergabepunkt des Verteilnetzes der öffentlichen Stromversorgung zum Campingplatz verstanden. Die Stromübergabe kann z. B. in einer Netzstation (**Bild 6.1**), an einem Kabelverteilerschrank, in einer Kabelmuffe, in einem Hausanschlusskasten oder bei einer Freileitung direkt durch Abgriffklemmen an der Leitung erfolgen.

Bild 6.1 Anschluss an eine Kabelnetzstation
Foto: Stadtwerke Witten GmbH, Witten

Die Stromversorgungseinrichtungen müssen neben dem Stellplatz für das Zelt oder für Freizeitfahrzeuge, Caravans oder Motorcaravans installiert sein. Dabei spielt die Entfernung von der Versorgungseinrichtung zum Stellplatz eine große Rolle, damit Gefahren, die durch lange Verbindungsleitungen entstehen, vermieden werden. Bei einem Bemessungsstrom von 16 A ist ein Mindestquerschnitt von 2,5 mm^2 Cu erforderlich. Mit der Festlegung des Mindestquerschnitts und der Begrenzung der Leitungslänge wird ein zu großer Spannungsfall vermieden. Gleichzeitig kann dadurch gewährleistet werden, dass die vorgeschalteten Überstromschutzorgane im Kurzschlussfall abschalten. Die Verlängerungsleitungen dürfen max. 25 m lang sein (**Bild 6.2**), außerdem dürfen max. vier Steckdosen (Schutzart IP44) in einem

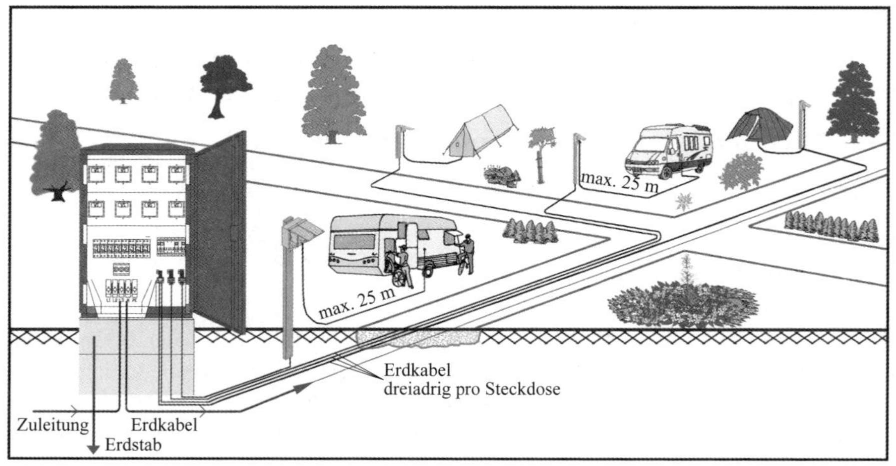

Bild 6.2 Schematische Darstellung der Versorgung von Stellplätzen –
a) Verteilerschrank mit Zwischenzählern und Fehlerstromschutzeinrichtungen (RCDs) sowie Abgangsklemmen, b) Steckdosensäule ohne Fehlerstromschutzeinrichtungen (RCDs) direkt am Stellplatz
Quelle: Walther-Werke – Ferdinand Walther GmbH, Eisenberg

Verteiler bzw. in einem Gehäuse zusammengefasst werden. Es muss darauf geachtet werden, dass keine zusätzlichen Verlängerungsleitungen eingesetzt werden, denn mit jedem zusätzlichen Steckkontakt erhöht sich der Gesamtwiderstand der Zuleitung. Hierdurch kann Korrosion an den Steckkontakten verursacht werden, die wiederum unzulässig hohe Temperaturen an den Steckvorrichtungen entstehen lassen kann.

Die Verteiler und Anschlusssäulen können zur Verbrauchsabrechnung mit Zählern und/oder Münzzählern kombiniert werden. Die Hersteller bieten verschiedene Stromverteiler und Energiesäulen für die Stromversorgung an (siehe Kapitel 9).

Die Versorgungsspannung darf max. 230 V Wechselspannung und max. 400 V bei Drehstrom betragen. Je nach vorgesehener Leistungsinanspruchnahme sind für Einphasenwechselstromanschlüsse nur dreipolige Industriesteckvorrichtungen (PE-Kontakt in 6h-Stellung mit blauer Kennzeichnung) mit einer Bemessungsspannung bis 250 V und einem Bemessungsstrom von 16 A vorzusehen. Bei größeren Leistungen können Drehstromanschlüsse mit fünfpoligen Industriesteckvorrichtungen (rote Kennzeichnung) eingesetzt werden (siehe Kapitel 9).

Für die Stromversorgung eines jeden Stellplatzes muss mindestens eine Steckdose mit einer eigenen Überstromschutzeinrichtung und einer eigenen vorgeschalteten Fehlerstromschutzeinrichtung (RCD) mit einem Bemessungsdifferenzstrom von $I_{\Delta n} \leq 30$ mA vorgesehen werden. Durch die Fehlerstromschutzeinrichtung (RCD) müssen alle aktiven Leiter einschließlich des Neutralleiters abgeschaltet werden können.

Bild 6.3 Beispiel einer typischen Kombination für Campingplätze:
vier Steckdosen, vier Überstrom- und vier Fehlerstromschutzeinrichtungen (RCDs)
Foto: Mennekes Elektrotechnik GmbH & Co. KG, Kirchhundem

6.2 Kabel oder Freileitung

Die elektrische Versorgung eines Campingplatzes wird in der Regel durch Kabel, die entsprechend im Erdreich eingebracht sind, durchgeführt. Dabei sollten die Kabel in einer Tiefe von mindestens 0,5 m (nach DIN VDE 0100-708 als minimale Tiefenangabe) verlegt werden. Die Verlegetiefe kann unter der Bedingung, dass zusätzlich mechanischer Schutz für die Kabel vorgesehen ist, davon abweichen. Da auf den Campingplätzen jedoch auch zusätzliche mechanische Beanspruchungen herrschen, sollte die Elektrofachkraft auf eine gute Abdeckung durch das Erdreich achten.

Campingplätze können auch an eine Freileitung angeschlossen werden. Wird an eine Freileitung angeklemmt, so sind DIN EN 50341-1 (**VDE 0210-1**) „Freileitungen über AC 1 kV" für Mittelspannung und DIN VDE 0211 „Bau von Starkstrom-Freileitungen mit Nennspannungen bis 1 000 V" zu berücksichtigen. Masten der Freileitungen müssen so beschaffen und aufgestellt sein, dass sie den durch den Camperbetrieb erhöhten mechanischen Beanspruchungen genügen, d. h., sie sind z. B. gegen das Anfahren durch schwere Fahrzeuge oder andere mechanische Beschädigungen zu schützen.

Bild 6.4 Anschluss an eine Freileitung
Foto: Westnetz GmbH, Siegen

Befinden sich Freileitungen auf dem Gelände eines Campingplatzes, so sind besondere Vorsichtsmaßnahmen zu ergreifen. Masten und andere Befestigungsmöglichkeiten für oberirdisch verlegte Kabel und Leitungen müssen auf Campingplätzen so geschützt werden, dass durch evtl. Bewegungen von Fahrzeugen eine Beschädigung ausgeschlossen werden kann. Errichtungs- und Montagearbeiten für Zelte, Vorzelte, Mobilheime, Caravans im Bereich von Freileitungen sind so durchzuführen, dass der Bestand und die Betriebssicherheit der Anlagen während und nach der Ausführung der Arbeiten gewährleistet sind. Besonders ist auf die Einhaltung der notwendigen festgelegten Schutzabstände zu achten (**Tabelle 6.1**), insbesondere beim Transport und der Lagerung von Materialien und dem Einsatz von Maschinen wie Rasenmähern, Baggern, Kränen, Gerüsten, Leitern und großen Fahrzeugen.

Netz-Nennspannung	Schutzabstand in Luft von unter Spannung stehenden Teilen ohne Schutz gegen direktes Berühren
bis 1 000 V	1 m
über 1 kV bis 110 kV	3 m
über 110 kV bis 220 kV	4 m
über 220 kV bis 380 kV	5 m

Tabelle 6.1 Schutzabstände von Freileitungen bei Arbeiten auf Campingplätzen

Damit die in der Tabelle 6.1 genannten Schutzabstände in keinem Fall unterschritten werden, sollten bei unumgänglicher Annäherung an den Schutzbereich Maßnahmen getroffen werden:

- fachkundige Aufsicht, die die Bewegungen der Geräte überwacht und die Verantwortung für die Sicherheit übernimmt,
- Aufstellen von Absperrungen,
- Aufstellen von Höhenbegrenzungen vor und hinter der Freileitung (Schutzgerüst),
- Begrenzung des Schwenkbereichs von Kränen.

Zur Verlegung der Anschlusskabel sollte eine Trasse zur Verfügung stehen, die eine Überdeckung der Kabel von mindestens 0,7 m (Minimalforderung DIN VDE 0100-708 von 0,5 m) ermöglicht. So fordert auch die DGUV-Information 203-006, dass an Stellen, an denen die Anschlussleitung mechanisch besonders beansprucht werden kann, sie geschützt zu verlegen ist durch:

- Verlegung im Erdreich,
- Verlegung in einer Kabelbrücke, einem Schutzrohr oder unter einer anderen tragfähigen Abdeckung,
- hochgelegte Verlegung.

Kabel unterhalb von Fahrbahnen sollten in Kabelschutzrohren geführt werden. Kabel dürfen nicht überbaut werden, damit sie im Störungsfall zugänglich bleiben. Kabelkanäle und Wanddurchbrüche sind mit schwer entflammbaren Stoffen so abzudichten, dass auslaufende Isolierflüssigkeit nicht nach außen und nicht ins Erdreich eindringen kann und andererseits Kleintiere nicht ins Innere gelangen können. Die für Kabeleinführungen erforderlichen Wanddurchlässe müssen mit Rücksicht auf die zulässigen Biegeradien der Kabel mit den Netzbetreibern abgestimmt werden, denn die Biegungen können sich sehr nachteilig auf das Kabel auswirken, da z. B. der äußere Bereich des Kabels gestreckt und der innere Bereich gestaucht werden könnten. Dadurch können Schäden an den Aufbauelementen der Kabel entstehen, die sich stark mindernd auf die Lebensdauer der Kabel auswirken und zu Störungen führen.

Fehlen ortsfeste Übergabepunkte zum öffentlichen Verteilungsnetz der Netzbetreiber, können Ersatzstromerzeuger zur netzunabhängigen Stromversorgung der Campingplätze eingesetzt werden (siehe Kapitel 13).

6.3 Netzarten, Netzsysteme, Art der Erdverbindung

Allgemeine Erläuterungen

Netze werden nach der Art der Erdverbindung, nach der Spannung (Gleich- oder Wechselspannung) und der Anzahl der aktiven Leiter unterschieden. Beschreibung eines Stromversorgungssystems geschieht durch:

- Anzahl der Außenleiter (Zwei-, Drei- oder Vier-Leiter-Netze);
- weitere Leiter, wie Schutzleiter, Neutralleiter, PEN-Leiter, Mittelleiter;
- Spannung und Stromart;
- Frequenz.

Für nach „Art der Erdverbindung" sowie „Erdung der zu schützenden Körper" ist auf internationaler Ebene eine einheitliche Kennzeichnung (durch die Angabe von bestimmten, festgelegten Buchstaben) erarbeitet worden. Alle im Niederspannungsbereich vorkommenden Netzarten können in diesem System eingeordnet werden. Die Art der Erdung (Schutzsystem) beschreibt:

- die Erdungsverhältnisse der Stromquelle,
- die Erdungsverhältnisse der Körper, der Betriebs- und Verbrauchsmittel,
- die Ausführung des Neutralleiters und des Schutzleiters in Anlagen, in denen der Schutzleiter mit dem Betriebserder des Netzes verbunden ist.

Aus der Kombination der Art der Erdung und den Schutzeinrichtungen entsteht die Kennzeichnung der Schutzmaßnahmen gegen gefährliche Körperströme sowie der Schutz durch Abschaltung oder Meldung bzw. Schutz durch automatische Abschaltung der Stromversorgung oder Meldung.
Der erste Buchstabe: Erdungsverhältnisse der Stromquelle:

- T direkte Erdung eines Netzpunkts mit der Erde,
- I Isolierung aller aktiven Teile von Erde oder Verbindung eines Punkts mit Erde über eine hochohmige Impedanz (z. B. Isolationsüberwachungseinrichtung).

Der zweite Buchstabe: Erdungsverhältnisse der Körper der Betriebs- und Verbrauchsmittel zur Erde:

- T direkte Erdung, unabhängig von der möglicherweise bestehenden Erdung eines Punkts der Stromquelle (des Versorgungssystems),
- N Verbindung mit dem Betriebserder des Netzes; in Wechsel- und Drehstromnetzen ist das üblicherweise der geerdete Neutralpunkt (Sternpunkt).

Weitere Buchstaben geben Auskunft über die Anordnung des Neutralleiters und des Schutzleiters:

- S Neutralleiter und Schutzleiter sind getrennt (separat),
- C Neutralleiter und Schutzleiter sind in einem Leiter kombiniert.

Merke: Entsprechend ihrer Definition beschreiben die Kurzzeichen die Erdverbindung der Stromquelle (erster Buchstabe) und die Erdverbindung der Körper der Betriebs- und Verbrauchsmittel (zweiter Buchstabe).

Die in der Installationspraxis am häufigsten angewendeten TN- und TT-Systeme unterscheiden sich aufgrund derselben Erdverbindung der Stromquellen im Netz nicht, d. h., der erste Buchstabe weist in beiden Fällen auf die direkte Erdung der Stromquelle hin, somit unterscheiden sich diese Systeme lediglich in der Verbraucheranlage. Beim TN-System wird der Schutzleiter der Verbraucheranlage mit dem Betriebserder des Netzes verbunden. Dies geschieht üblicherweise durch den Potentialausgleichsleiter zwischen der Potentialausgleichsschiene und dem PEN-Leiter des Netzes am Hausanschlusskasten oder am Eingang der Verbraucheranlage. Beim TT-System entfällt diese Verbindung. Der Schutzleiter der Verbraucheranlage wird direkt geerdet, ohne Verbindung zum Betriebserder des Netzes. Da es im Netz also keine Unterschiede zwischen dem TN- und dem TT-System gibt, ist es folglich auch nicht richtig bzw. zumindest irreführend, vom TN-Netz oder TT-Netz zu sprechen oder die früher häufige Bezeichnung „Netzform“ anstelle von „Art der Erdverbindung“ zu verwenden. Nicht der Netzaufbau wird durch die Art der Erdung beschrieben, sondern das TN-, TT- und IT-System kennzeichnen die Schutzmaßnahmen durch Abschaltung oder Meldung bzw. den Schutz durch automatische Abschaltung der Stromversorgung oder Meldung (aktuelle Bezeichnung nach DIN VDE 0100-410). Zur genauen Bezeichnung der Schutzmaßnahmen sind die Schutzeinrichtungen noch zu ergänzen, z. B. TT-System mit Fehlerstromschutzeinrichtungen (RCDs).

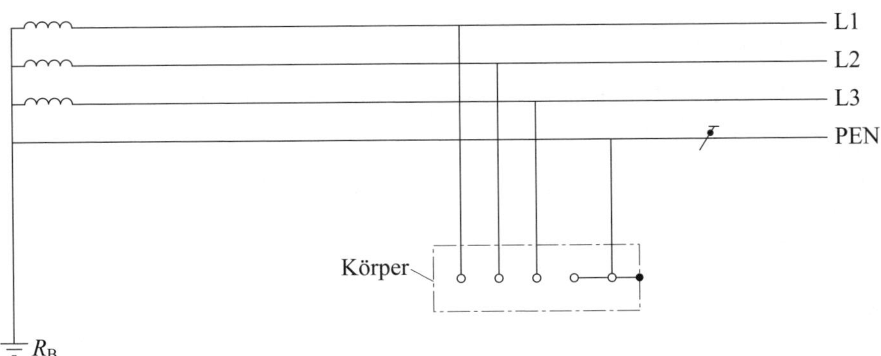

Bild 6.5 TN-C-System

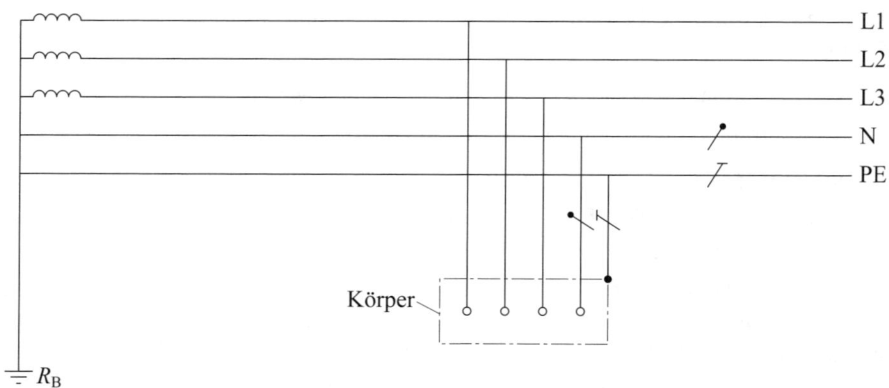

Bild 6.6 TN-S-System

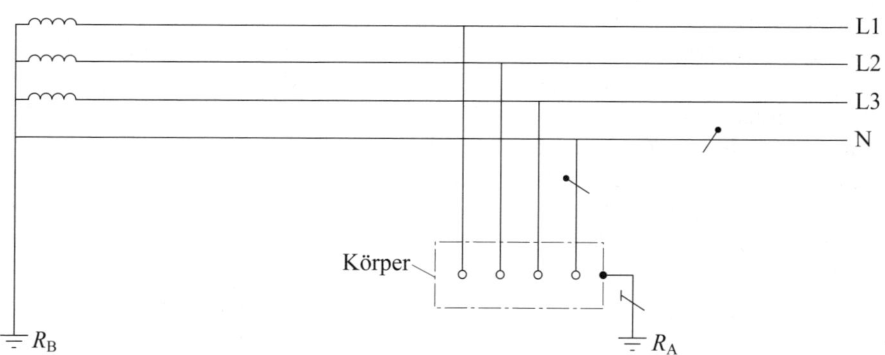

Bild 6.7 TT-System

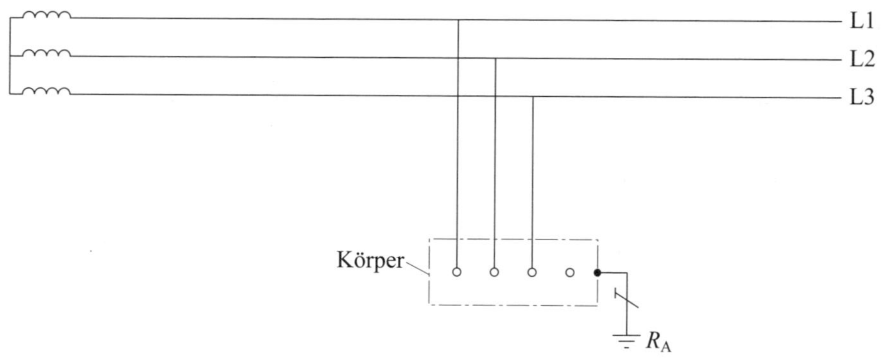

Bild 6.8 IT-System

Anforderungen an die Netzsysteme auf Campingplätzen und Caravans

In den Fällen, in denen die Anlage auf Campingplätzen aus einem TN-System versorgt wird, darf nur ein TN-S-System angewendet werden, d. h., für die Endversorgung eines Caravans, eines Motorcaravans, eines Zelts oder eines Parkwohnheims darf kein PEN-Leiter verwendet werden, sondern Neutralleiter und Schutzleiter sind im gesamten System getrennt zu führen.

Merke: Zu Netzsystemen auf Campingplätzen: Bei Anwendung des TN-Systems ist in den Endstromkreisen der Stromversorgung für die Stellplätze nach DIN VDE 0100-708 nur das TN-S-System zulässig. Im TN-S-System sind Neutralleiter und Schutzleiter im gesamten System getrennt geführt.

Anwendung TN-S-System auf Campingplätzen

- Unterbrechung des Schutzleiters bringt keine Gefahr.
- Unfall wird unwahrscheinlich, weil zwei Fehler (Unterbrechung und Körperschluss) gleichzeitig eintreten müssten.
- Schutz gegen Brandgefahr wird erhöht, da der Neutralleiter gegen Erde isoliert verlegt ist und somit der Betriebsstrom nicht über Erde zurückfließen kann.
- Die Verbraucheranlage lässt sich schneller auf ein anderes System, z. B. TT-System, umstellen.
- RCDs können im TN-S-System normalerweise ohne Einschränkungen und ohne Betrachtung der Schleifenimpedanz eingesetzt werden, ohne dass die Abschaltzeiten für die automatische Abschaltung im Fehlerfall überschritten werden.

Weitere Details zu den Schutzmaßnahmen siehe Kapitel 7.

6.4 Anschluss an Schukosteckdosen

Der direkte Anschluss von Caravans bzw. der Stellplätze für Wohnwagen oder Zelte an eine vorhandene „normale“ Schukosteckdose in einem an den Campingplatz angrenzenden Gebäude ist *nicht* zulässig. Die Stromversorgung auf Campingplätzen muss immer über einen Stromverteiler für Campingplätze erfolgen, die entsprechend mit Industriesteckvorrichtungen (CEE), Überstrom- und Fehlerstromschutzeinrichtungen (RCDs) ausgerüstet sind (siehe Kapitel 9).

Merke: Einspeisung auf dem Campingplatz nach DIN VDE 0100-708. Ein Stellplatz und damit die elektrische Versorgung eines Zelts, Wohnwagens, Caravans darf nur über eine Steckvorrichtung nach DIN EN 60309-2 (**VDE 0623-2**) mit der Mindestschutzart IP44 und mit entsprechenden Schutzgeräten installiert werden (siehe Kapitel 9).

Empfehlungen kurz gefasst: Anschluss

- Die VDE-Anwendungsregel VDE-AR-N 4100 (TAR Niederspannung) und die TAB regeln den Anschluss des Campingplatzes an das öffentliche Niederspannungsnetz.
- Frühzeitige Abstimmung über die zu errichtenden elektrischen Anlagen des Campingplatzes mit dem Netzbetreiber.
- Anschlüsse nur über Industriesteckvorrichtungen (CEE) nach DIN EN 60309-2 (**VDE 0623-2**).
- Leitungstyp: H07RN-F oder gleichwertig.
- Beim Anschluss an Freileitungen: Schutzabstände beim Rangieren von Großfahrzeugen beachten.
- Beim Anschluss an Kabel: Anschlusskabel, Überdeckung von mindestens 0,5 m und geschützt verlegen.
- Netzsysteme auf Campingplätzen: Bei Anwendung eines TN-Systems ist nur das TN-S-System zulässig.
- Anschlüsse an Steckdosen von vorhandenen Gebäudeinstallationen sind nicht zulässig.

7 Schutzmaßnahmen, Grundlagen für die elektrische Stromversorgung von Campingplätzen und Caravans

Personen und Sachen müssen auf Campingplätzen und in Caravans vor schädigenden Einwirkungen durch elektrischen Strom geschützt werden. Dazu sind Maßnahmen erforderlich, die den Fehlern, Mängeln und Schädigungen entgegenwirken können oder die die negativen Einflüsse erst gar nicht eintreten lassen.

Um der Elektrofachkraft auf dem Campingplatz oder dem Nutzer einen Überblick über die Schutzmaßnahmen zu geben, die eine wichtige Funktion bei der Errichtung und dem Betrieb elektrischer Anlagen und Betriebsmittel erfüllen, werden weitestgehend alle Schutzmaßnahmen nachfolgend angesprochen, klar gegliedert und für Campingplätze und Caravans relevante Punkte gesondert erläutert.

Merke: Schutz ist die Verringerung des Risikos durch geeignete Vorkehrungen, die entweder die Eintrittshäufigkeit oder den Umfang des Schadens oder beides verringern.

7.1 Schutz gegen elektrischen Schlag

Als Schutz gegen elektrischen Schlag werden alle Mittel und Maßnahmen bezeichnet, die verhindern, dass ein gefährlicher Strom den Körper eines Menschen (siehe Kapitel 1.1 und Kapitel 1.2) oder eines Tiers durchfließt. Er wird dann als gefährlich angesehen, wenn dabei ein schädigender Effekt (elektrischer Schlag) auftritt. Bei ordnungsgemäßer Herstellung, Errichtung und bei bestimmungsgemäßer Verwendung dürfen elektrotechnische Erzeugnisse, elektrische Anlagen, Betriebsmittel und Verbrauchsmittel auf Campingplätzen und in Caravans keine Gefahren für Personen durch die Nutzung entstehen.

DIN EN 61140 (**VDE 0140-1**) „Schutz gegen elektrischen Schlag – Gemeinsame Bestimmungen für Anlagen und Betriebsmittel" ist eine Sicherheitsgrundnorm für den Schutz von Personen und Nutztieren. Sie legt grundsätzliche Prinzipien für die Anforderungen an elektrische Anlagen und für Betriebsmittel fest. Die Grundregel ist, dass gefährliche aktive Teile nicht berührbar sein dürfen und berührbare leitfähige Teile weder unter normalen Bedingungen noch unter Einzelfehlerbedingungen zu gefährlichen aktiven Teilen werden dürfen. Alternativ kann der Schutz gegen elektrischen Schlag durch eine verstärkte Schutzvorkehrung vorgesehen werden.

Das Konzept der Schutzmaßnahmen gegen elektrischen Schlag beruht auf dem Prinzip der zweifachen Sicherheit und ist bei besonderer Gefährdung, wie es auf Campingplätzen der Fall sein kann, durch eine dritte Schutzebene zu ergänzen.

Zu unterscheiden ist:

- Basisschutz (Schutz gegen direktes Berühren),
- Fehlerschutz (Schutz bei indirektem Berühren),
- Zusatzschutz (Schutz bei direktem Berühren).

In **Bild 7.1** wird der Schutz gegen elektrischen Schlag in verschiedenen Ebenen dargestellt.

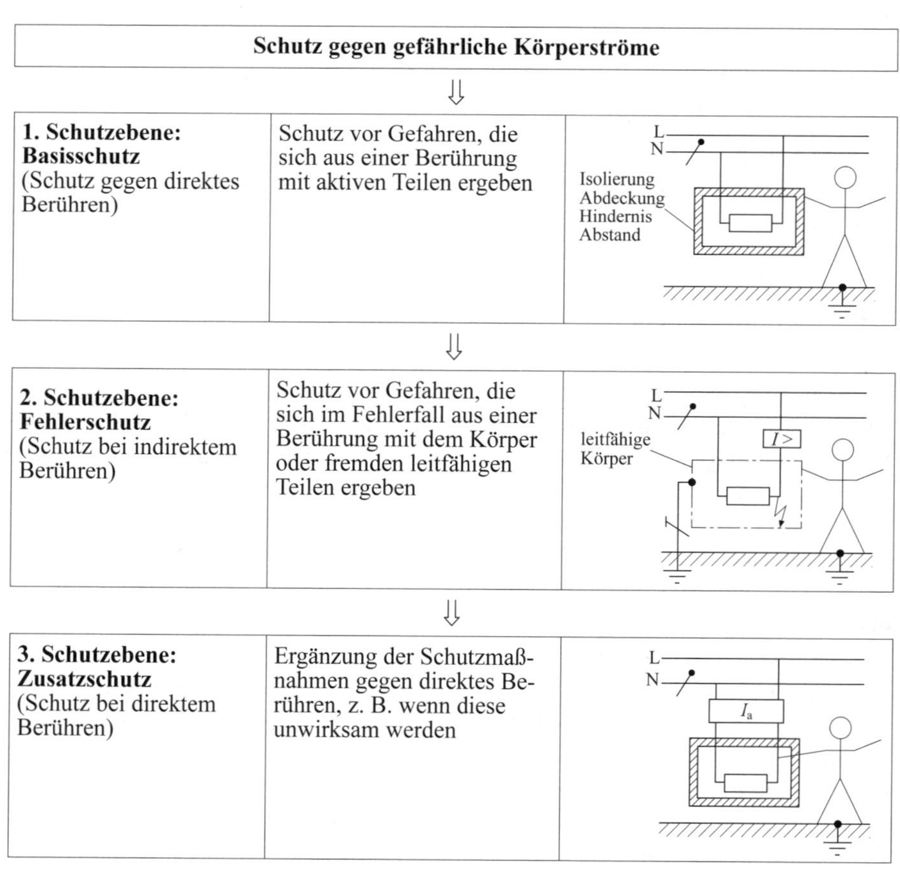

Schutz gegen gefährliche Körperströme		
1. Schutzebene: Basisschutz (Schutz gegen direktes Berühren)	Schutz vor Gefahren, die sich aus einer Berührung mit aktiven Teilen ergeben	L, N; Isolierung, Abdeckung, Hindernis, Abstand
2. Schutzebene: Fehlerschutz (Schutz bei indirektem Berühren)	Schutz vor Gefahren, die sich im Fehlerfall aus einer Berührung mit dem Körper oder fremden leitfähigen Teilen ergeben	L, N; $I >$; leitfähige Körper
3. Schutzebene: Zusatzschutz (Schutz bei direktem Berühren)	Ergänzung der Schutzmaßnahmen gegen direktes Berühren, z. B. wenn diese unwirksam werden	L, N; I_a

Bild 7.1 Definition des Schutzes gegen elektrischen Schlag in drei Schutzebenen

Merke: Wichtig ist, dass nach DIN VDE 0100-410 eine Schutzmaßnahme bestehen muss aus:

- einer geeigneten Kombination aus zwei unabhängigen Schutzvorkehrungen, einer Basisschutzvorkehrung und einer Fehlerschutzvorkehrung oder
- einer verstärkten Schutzvorkehrung (z. B. verstärkte Isolierung), die den Basisschutz und den Fehlerschutz bewirkt.
- Sind äußere Einflüsse vorhanden, wie dies z. B. auf Campingplätzen bzw. im Freien in der Regel der Fall ist, muss ein zusätzlicher Schutz vorgesehen werden (siehe Kapitel 7.1.2.6).

Anmerkung: Die Norm DIN VDE 0100-410 aus dem Jahr 2007 wurde überarbeitet und durch die Norm DIN VDE 0100-410:2018-10 ersetzt. In der jetzt gültigen Norm aus dem Jahr 2018 sind die Anforderungen an die elektrischen Anlagen und Betriebsmittel erweitert bzw. geändert worden. In diesem Kapitel 7 bzw. in anderen Kapiteln werden Hinweise zu den geänderten Anforderungen angegeben. Die Inhalte der Norm DIN VDE 0100-739:1989-06 (zurückgezogen) sind in DIN VDE 0100-410:2018-10 eingearbeitet.

Anwendungsbereich der DIN VDE 0100-410:2018-10:

Elektrische Anlagen in: Wohnungen, Gewerbeanlagen, öffentlichen Gebäuden, Industrieanlagen, landwirtschaftlichen und gartenbaulichen Betrieben, Fertighäusern, **Caravans und Campingplätzen** und ähnlichen Bereichen, Baustellen, Ausstellungen, Messen, Beleuchtungsanlagen im Freien und ähnliche Anlagen, medizinisch genutzten Bereichen, beweglichen oder transportablen elektrischen Anlagen, Photovoltaikanlagen und Niederspannungsstromerzeugungsanlagen.

Für einige der genannten Einrichtungen, Betriebsstätten und Anlagen besonderer Art gelten zusätzlich zu den Anforderungen nach DIN VDE 0100-410:2018-10 anwendungsspezifische Anforderungen, die in den Normenteilen der DIN VDE 0100, Gruppe 700 ergänzend geregelt sind, konkret für Campingplätze und Caravans DIN VDE 0100-708:2010-02 und DIN VDE 0100-721:2019-10.

Allgemeine Anforderungen nach Abschnitt 410.3.3 der DIN VDE 0100-410:2018-10 sind zwar nicht neu, sondern ebenso in der DIN VDE 0100-410:2007-06 (zurückgezogen) enthalten, werden aber bewusst, wegen der Wichtigkeit hervorgehoben genannt.

Allgemeine Anforderungen

In jeder Anlage, auch in jedem Teil einer Anlage **muss eine** oder **dürfen mehrere** Schutzmaßnahmen angewendet werden. Dringend müssen dabei die Bedingungen der äußeren Einflüsse berücksichtigt werden.

Folgende Schutzmaßnahmen sind nach DIN VDE 0100-410:2018-10 allgemein erlaubt:

- Schutz durch automatische Abschaltung der Stromversorgung,
- Schutz durch doppelte oder verstärkte Isolierung,
- Schutz durch Schutztrennung für die Versorgung eines Verbrauchsmittels,
- Schutz durch Kleinspannung mittels SELV oder PELV,

Grundsätzlich sind diese Schutzmaßnahmen auch auf Campingplätzen und in Caravans zu verwenden, es gelten jedoch nach DIN VDE 0100-708:2010-02 und DIN VDE 0100-721:2019-10 einige Ergänzungen, Einschränkungen bzw. Veränderungen:

Für **spezielle Anlagen und Orte** besonderer Art müssen auch besondere Schutzmaßnahmen, die jeweils in DIN VDE 0100 der Gruppe 700 genannt sind, angewendet werden, z. B. auf Campingplätzen und in Caravans, die **DIN VDE 0100-708: 2010-02 und DIN VDE 0100-721:2019-10**.

Die Anwendung weiterer Schutzmaßnahmen/Schutzvorkehrungen[*)] sind **abhängig vom Nutzer** und seiner jeweiligen **Qualifikation**:

- Schutz durch Hindernisse,
- Schutz durch Anordnung außerhalb des Handbereichs

dürfen nur in Anlagen angewendet werden, die nur zugänglich sind für Elektrofachkräfte oder elektrotechnisch unterwiesenen Personen oder Personen die von Elektrofachkräften oder elektrotechnisch unterwiesenen Personen beaufsichtigt werden.

- Schutz durch nicht leitende Umgebung,
- Schutz durch erdfreien örtlichen Schutzpotentialausgleich,
- Schutz durch Schutztrennung für die Versorgung von mehr als einem Verbrauchsmittel

dürfen nur angewendet werden, wenn die Anlagen unter der Überwachung durch Elektrofachkräfte oder elektrotechnisch unterwiesenen Personen stehen und somit Änderungen an den Anlagen in den Örtlichkeiten ausgeschlossen werden können.

Auf **Campingplätzen und in Caravans** gilt nach DIN VDE 0100 Gruppe 700, dass diese o. g. Schutzvorkehrungen bei der Errichtung der elektrischen Anlagen und Betriebsmittel **nicht zulässig** sind.

*) Schutzvorkehrungen können als Bestandteile der Schutzmaßnahmen verstanden werden, d. h., die Schutzvorkehrung ist die Durchführung/Ausführung bzw. die Einzelmaßnahme einer Schutzmaßnahme.

7.1.1 Basisschutz – Schutz gegen direktes Berühren

Als Schutz gegen direktes Berühren, der auch als Basisschutz bezeichnet wird, gelten alle Maßnahmen zum Schutz von Personen und Nutztieren vor Gefahren, die sich aus einer Berührung mit aktiven Teilen, also mit den während des Betriebs dauernd unter Spannung stehenden Teilen elektrischer Betriebsmittel, ergeben. Dabei handelt es sich um einen vollständigen Schutz, wenn absichtliches oder unabsichtliches Berühren spannungsführender Teile ausgeschlossen ist. Ein teilweiser Schutz ist lediglich ein Schutz gegen unabsichtliches und damit zufälliges Berühren aktiver Teile. Er ist nur da zulässig, wo elektrotechnische Laien keinen Zugang haben, z. B. in abgeschlossenen elektrischen Betriebsstätten.

Merke: Basisschutz: Schutz vor Gefahren, die sich aus einer Berührung mit aktiven Teilen ergeben. Der Mensch wird durch Maßnahmen/Vorkehrungen davor geschützt, aktive Teile direkt berühren zu können.

Der Basisschutz besteht also aus einer Schutzvorkehrung gegen das Berühren aktiver Teile unter normalen Betriebsbedingungen.

Änderungen der Bezeichnungen in der neuen DIN VDE 0100-410:2018-10 zur alten DIN VDE 0100-410:2007-06 (zurückgezogen)

Anmerkung: Nach der neuen DIN VDE 0100-410:2018-10 stehen die Begriffe „Basisschutz“ und „Fehlerschutz“ für sich allein, im Gegensatz zu der alten Norm, in der immer die Zusatzbezeichnungen (z. B. in Klammern) genannt worden sind:

- Basisschutz (Schutz gegen direktes Berühren),
- Fehlerschutz (Schutz bei indirektem Berühren).

In diesem Buch werden die Zusatzbezeichnungen noch weiterhin genannt:

Schutzmaßnahme	DIN VDE 0100-410:2007-06 (zurückgezogen)	DIN VDE 0100-410:2018-10
Basisschutz	Schutz gegen direktes Berühren – Basisschutz	Basisschutz
Fehlerschutz	Schutz bei indirektem Berühren – Fehlerschutz	Fehlerschutz

7.1.1.1 Schutz durch Isolierung

Der gebräuchlichste Schutz gegen direktes Berühren ist die Isolierung. Aktive Teile werden vollständig mit einer Isolierung umgeben, die nur durch Zerstörung entfernt werden kann und die den thermischen und mechanischen Beanspruchungen auf dem Campingplatz dauerhaft standhält. Wenn zu erwarten ist, dass diese Isolierung den mechanischen Beanspruchungen nicht standhalten kann, müssen weitere Maßnahmen ergriffen werden. Lackisolierungen und andere Farbanstriche sind als elektrotechnische Isolierung nicht geeignet. Weitere Details zur Schutzmaßnahme „doppelte oder verstärkte Isolierung“ siehe Kapitel 7.1.2.3.

7.1.1.2 Schutz durch Abdeckung oder Umhüllung

Ein vollständiger Schutz kann auch durch Abdeckungen oder Umhüllungen erreicht werden. Die aktiven Teile müssen hinter Abdeckungen angeordnet oder von Umhüllungen umgeben sein. Die Abdeckungen müssen der Schutzart IP2X (fingersicher) und bei horizontalen Flächen IP4X (drahtsicher) entsprechen sowie den Umgebungsbedingungen angepasst ausreichende Festigkeit aufweisen. Abdeckungen und Umhüllungen dürfen nur mit Werkzeug oder einem Schlüssel entfernt werden können. Außerdem darf dies nur möglich sein:

- nach Ausschalten der Spannung an allen aktiven Teilen,
- bei vorhandener Zwischenabdeckung, mindestens der Schutzart IP2X.
- Verbleiben hinter der Abdeckung oder Umhüllung nach dem Abschalten an den Betriebsmitteln gefährliche elektrische Ladungen, ist ein Warnhinweis erforderlich, sofern die Spannung statischer Ladungen nicht innerhalb von 5 s auf DC 120 V nach dem Abschalten absinkt.

Befindet sich hinter der Abdeckung ein Betätigungselement in der Nähe berührungsgefährlicher Teile, so ist DIN EN 61140 (**VDE 0140-1**) zu beachten. Die Abdeckungen müssen hinreichend fest und zuverlässig angebracht, die Abschrankungen müssen geeignet sein. Der Schutz ist nach Art, Umfang und Dauer der Arbeiten sowie nach der Qualifikation der Arbeitskräfte auszuführen.

Schutz durch Basisschutz unter besonderen Bedingungen: Hindernisse und Anordnungen außerhalb des Handbereichs. Der Schutz durch Hindernisse und der Schutz durch Anordnung außerhalb des Handbereichs darf nach DIN VDE 0100-708 auf Campingplätzen nicht angewendet werden, daher wird auf Erläuterungen zu diesen Schutzmaßnahmen an dieser Stelle verzichtet.

7.1.1.3 Schutz durch Abstand

Beim Schutz durch Abstand können aktive Teile aufgrund der Entfernung nicht berührt werden. Als Beispiel sind die Freileitung, die Fahrleitung oder Schleifleitungen zu nennen. Durch Abstand wird ein teilweiser Schutz gegen direktes Berühren aktiver Teile sichergestellt. Der Schutz durch Abstand (früherer Begriff) ist seit DIN VDE 0100-410:2007-06 (zurückgezogen) ersetzt als Basisschutz (Schutz gegen direktes Berühren) durch Schutz durch Hindernisse und Schutz durch Anordnung außerhalb des Handbereichs (siehe Kapitel 7.1.1.2). Diese Schutzmaßnahmen dürfen jedoch nach DIN VDE 0100-410 nur unter besonderen Bedingungen (auch nach der neuen DIN VDE 0100-410:2018-10), und zwar nur in elektrischen Betriebsstätten und in Anlagen angewendet werden, zu denen nur Elektrofachkräfte oder elektrotechnisch unterwiesene Personen bzw. Personen, die von Fachkräften beaufsichtigt werden, Zugang haben. Auf Campingplätzen ist dies nur dann anwendbar, wenn es sich um Abstände zu vorhandenen auf dem Gelände befindlichen Freileitungen handelt.

7.1.2 Fehlerschutz – Schutz bei indirektem Berühren

Der Schutz bei indirektem Berühren ist der Schutz von Personen und Nutztieren vor Gefahren, die sich im Fehlerfall aus einer Berührung mit Körpern der Betriebsmittel oder fremden leitfähigen Teilen ergeben können.

Merke: Der Fehlerschutz – Schutz bei indirektem Berühren, ist eine Schutzmaßnahme, die unabhängig vom Basisschutz ist und stellt einen Schutz gegen elektrischen Schlag unter den Bedingungen eines Einzelfehlers, z. B. beim Versagen des Basisschutzes dar.

Alterungserscheinungen oder mechanische und thermische Beanspruchungen, wie sie auf Campingplätzen möglich sind, können zum Versagen des Basisschutzes führen und verursachen Isolationsfehler, die die Körper elektrischer Betriebsmittel, also die leitfähigen Gehäuseteile oder andere fremde leitfähige Teile, unter Spannung setzen können.

Vor den dadurch entstehenden Gefahren zu schützen ist Aufgabe der Schutzmaßnahmen bei indirektem Berühren. Da sie im Fehlerfall wirksam werden müssen, wird der Schutz bei indirektem Berühren auch als Fehlerschutz oder nach dem Basisschutz als zweite Schutzebene bezeichnet.

Die Schutzmaßnahmen bei indirektem Berühren, Fehlerschutz lassen sich einteilen in:

- Schutzmaßnahmen mit Schutzleiter (netzabhängig),
- Schutzmaßnahmen ohne Schutzleiter (netzunabhängig).

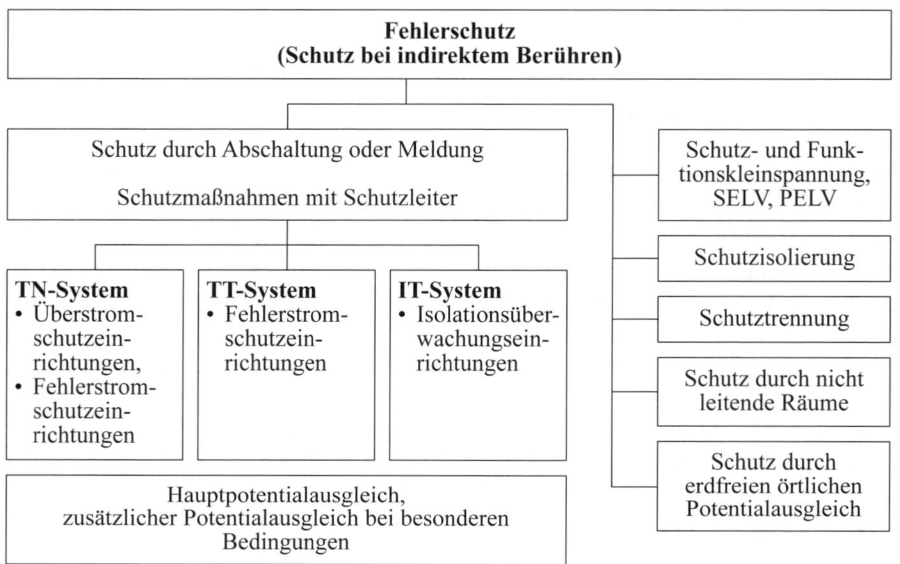

Bild 7.2 Fehlerschutz (Schutz bei indirektem Berühren)

Als Schutz bei indirektem Berühren sind in allen elektrischen Anlagen Maßnahmen vorzusehen, die nach dem Auftreten von Fehlern gefährliche Berührungsspannungen *verhindern* oder sie in vorgegebenen Zeiten *abschalten.*

Maßnahmen, die gefährliche Berührungsspannungen *verhindern*:

- Schutzkleinspannung (SELV/PELV),
- Funktionskleinspannung (FELV),
- Schutzisolierung,
- Schutztrennung,
- Schutz durch nicht leitende Räume,
- Schutz durch erdfreien örtlichen Potentialausgleich.

Der Schutz durch nicht leitende Räume bzw. Schutz durch erdfreien örtlichen Potentialausgleich und Schutz durch Schutztrennung für die Versorgung von mehr als einem elektrischen Verbrauchsmittel, sind zwar in DIN VDE 0100-410:2018-10 beschrieben, dürfen jedoch nach DIN VDE 0100 Gruppe 700 nicht auf Campingplätzen und in Caravans eingesetzt werden. Bei elektrischen Anlagen von Caravans und Motorcaravans sind die Schutzmaßnahmen Schutz durch automatische Abschaltung im Fehlerfall und Schutz durch Kleinspannung mittels SELV und PELV zulässig.

Die Schutzmaßnahme Schutz durch Schutztrennung darf ausschließlich bei Rasiersteckdosen angewendet werden.

7.1.2.1 Schutz durch Abschaltung oder Meldung

Die am häufigsten angewendete Schutzmaßnahme in elektrischen Anlagen (netzabhängig, mit Schutzleitern) ist der Schutz durch automatische Abschaltung der Stromversorgung.

Maßnahmen, die gefährliche Berührungsspannungen in vorgegebenen Zeiten abschalten: Eine solche Maßnahme erfordert eine Koordination der Netzsysteme „Art der Erdung" (siehe Kapitel 6.3) mit den Schutzeinrichtungen, die den fehlerbehafteten Stromkreis abschalten. Charakteristisch für diese Schutzmaßnahme ist, dass in der Installationsanlage immer ein Schutzleiter mitgeführt werden muss, an den die Körper aller Betriebs- und Verbrauchsmittel anzuschließen sind, und in allen Fällen ein Potentialausgleich herzustellen ist.

Im Allgemeinen werden deshalb in diesen elektrischen Anlagen Schutzmaßnahmen durch automatische Abschaltung der Stromversorgung vorgesehen. Der Schutz durch automatische Abschaltung der Stromversorgung gewährleistet nach dem Auftreten von Fehlern, dass gefährliche Berührungsspannungen rechtzeitig abgeschaltet und dadurch Gefahren vermieden werden.

Um dieses Ziel zu erreichen, sind bei allen Schutzleiterschutzmaßnahmen nachstehende Bedingungen zu erfüllen:

- Die Körper der Betriebs- und Verbrauchsmittel sind an einen Schutzleiter anzuschließen.
- Die dauernd zulässige Berührungsspannung beträgt bei Wechselspannung U_L = 50 V und bei Gleichspannung U_L = 120 V. Werden diese Werte im Fehlerfall überschritten, muss die Schutzeinrichtung den zu schützenden Teil der Anlage rechtzeitig ausschalten.
- Die Ausschaltzeit/Abschaltzeit darf 0,1 s; 0,2 s; 0,4 s bzw. 5 s nicht überschreiten; die Zeit ist abhängig von der Höhe der Spannung U_0 (Nennspannung gegen Erde) sowie der Art der Stromkreise (Endstromkreis oder Verteilerstromkreis).
- Die Schutzmaßnahmen werden durch die Art der Erdverbindung (siehe Kapitel 6.3) und durch eine Koordination der Art der Erdverbindung und der Eigenschaften von Schutzleiter und Schutzeinrichtung bestimmt.
- In jedem Gebäude ist die Verbindung mit dem Hausanschluss oder mit vergleichbaren Versorgungseinrichtungen herzustellen, ein Schutzpotentialausgleich.

Merke: Schutzmaßnahme: Automatische Abschaltung der Stromversorgung erfordert eine Koordination der Netzsysteme „Art der Erdverbindung“ mit den Schutzeinrichtungen. Wichtig für die Schutzmaßnahme durch automatische Abschaltung der Stromversorgung im Fehlerfall im TN- und TT-System sind die Abschaltzeiten, d. h. die geforderten Abschaltzeiten nach DIN VDE 0100-410 dürfen nicht überschritten werden. In der neuen DIN VDE 0100-410:2018-10 ist die dort enthaltene Tabelle 41.1 überarbeitet/ergänzt/erweitert worden.

Änderungen in der DIN VDE 0100-410:**2018-10**

Abschaltzeiten: Die Werte der Tabelle 41.1 für die max. Abschaltzeiten wurden verändert:

- Die Abschaltzeit in TN-Gleichstromsystemen im Nennspannungsbereich von 120 V bis 230 V ist von **5 s auf 1 s gesenkt**.
- In der Norm aus dem Jahr 2007 galten die Abschaltzeiten nach Tabelle 41.1 für Endstromkreise mit einem Nennstrom bis 32 A, nach der neuen Norm aus dem **Jahr 2018** gelten die **Abschaltzeiten auch für Endstromkreise bis einschließlich 63 A**.
- Die Abschaltzeiten gelten **für Endstromkreise bis 63 A** mit einer oder mehreren **Steckdosen**[*)] und auch für **Endstromkreise bis 32 A für fest angeschlossene Verbrauchsmittel**.

Anforderungen für **Steckdosen in Endstromkreisen** für die Versorgung ortsveränderlicher Betriebsmittel für den **Außenbereich**; der Bemessungsstrom für Steckdosen im Innenraum von bisher 20 A ist auf 32 A[*)] erhöht, d. h. an den Wert angepasst, der bisher nur für Steckdosen im Außenbereich galt (DIN VDE 0100-410:2018-10, Abschnitt 411.3.3).

Die Abschalteinrichtungen müssen zum Trennen der Außenleiter geeignet sein, d. h. Forderung nach **Trennereigenschaften** für die Abschaltung im Fehlerfall:

Schutzeinrichtungen für die automatische Abschaltung müssen zum **Trennen** geeignet sein, d. h. sie müssen die Anforderungen der Normenreihe DIN EN 60269 (**VDE 0636**) erfüllen. Eine Abschaltung mit den Außenleitern ist jedoch auch zulässig, z. B. mit einer Fehlerstromschutzeinrichtung (RCD).

Maßnahmen (nach DIN VDE 0100-410:2018-10, Anhang D), wenn die **Abschaltzeit nicht erreicht** werden kann, weil

- elektronische Geräte mit begrenzendem Kurzschlussstrom installiert sind oder
- die geforderte Abschaltzeit durch Schutzeinrichtung nicht erreicht wird,

dann sind folgende Maßnahmen anwenden, die an der Fehlerstelle anliegende Spannungen auf unter AC 50 V oder DC 120 V begrenzen:

- Spannung an den Ausgangsklemmen der Erzeugungseinheit bzw. des Leistungshalbleiters ist innerhalb der nach DIN VDE 0100-410:2018-10, Tabelle 41.1 vorgeschriebenen Abschaltzeit auf höchstens AC 50 V/DC 120 V gesunken und innerhalb 5 s erfolgt die Abschaltung.
- Durch zusätzlichen Schutzpotentialausgleich ist die Spannung zwischen gleichzeitig berührbaren leitfähigen Teilen auf höchstens AC 50 V/ DC 120 V zu begrenzen.

Forderung in der neuen DIN VDE 0100-410:2018-10:

Ab Gültigkeitszeitpunkt dieser Norm ist auch für Beleuchtungsstromkreise in Wohnungen verbindlich der Einsatz von Fehlerstromschutzeinrichtungen (RCDs) gefordert.

Empfehlung eines **Fundamenterders für TN-Systeme:**

Die Errichtung eines Fundamenterders nach DIN 18014 in TN-Systemen sollte in **allen** Gebäuden errichtet werden. Ein Wert für einen Erdungswiderstand ist nicht vorgeschrieben. Diese Anforderung ist zwar im normativen Text aufgenommen, aber mit dem Hinweis, dass es sich um eine Empfehlung handelt. In DIN VDE 0100-540:2012-06 wird allerdings gefordert, dass der Schutzleiter am Hausanschlusskasten mit der Haupterdungsschiene und diese mit dem Fundamenterder zu verbinden ist.

Anforderungen zum **Schutz durch Schutzpotentialausgleich:** Rohrleitungen von Gas-, Wasser- und Fernwärmesystemen, die von außen in ein Gebäude geführt werden, müssen nah an der Eintrittsstelle miteinander verbunden werden, so auch fremde leitfähige Teile der Gebäudekonstruktion aus Beton.

Veränderung bei Schutzmaßnahme **„doppelte oder verstärkte Isolierung“:** Bei alleiniger Anwendung dieser Maßnahme muss nachgewiesen werden, dass keine Änderung durchgeführt werden kann, die die Wirksamkeit der Schutzmaßnahme negativ beeinträchtigt. Daher darf die Schutzmaßnahme nach DIN VDE 0100-410:2018-10, Abschnitt 412.1.2 nicht für Stromkreise mit Steckdosen mit einem Erdungskontakt angewendet werden.

*) Anmerkung: Steckdosen mit einem Bemessungsstrom nicht größer als 32 A können von der Forderung ausgenommen werden, wenn eine Gefährdungsbeurteilung nach BetrSichV zu dem Schluss kommt, dass eine allgemeine Verwendung dieser Steckdosen ausgeschlossen werden kann, d. h. es sind nur solche Steckdosen gemeint, die für Laien allgemein zugänglich und verwendet werden können.

Als Netzsysteme sind nach dem Übergabepunkt gemäß DIN VDE 0100-410 TN-C-, TN-S-, TT- und IT-Systeme zulässig. In Kombination mit den Schutzeinrichtungen sind folgende Abschaltzeiten bei den Netzsystemen einzuhalten:

- TN-System: Endstromkreise mit max. 32 A: **0,2 s** bei AC 230 V < U_0 ≥ AC 400 V; bei Verteilerstromkreisen und Endstromkreisen > 32 A: max. **5 s**.
- Auf dem Campingplatz ist bei der Verwendung des TN-Systems nur das TN-S-System zulässig, d. h., PEN-Leiter dürfen in den Endstromkreisen nicht verwendet werden. Außerdem sollten im TN-System zur Gewährleistung einer sicheren Erdverbindung und einer sicheren Abschaltung möglichst alle Verteiler zusätzlich geerdet werden (wichtig für den Überspannungsschutz, siehe Kapitel 9 und Kapitel 11).
- TT-System: Endstromkreise mit max. 32 A: **0,07 s** bei AC 230 V < U_0 ≥ AC 400 V; bei Verteilerstromkreisen und Endstromkreisen > 32 A: max. **1 s**.
- IT-System: Der Vorteil des IT-Systems ist es, dass im Fehlerfall (Körperschluss oder Erdschluss) die Versorgung zunächst noch weiterbetrieben werden kann. Daher ist das IT-System besonders dort einzusetzen, wo eine hohe Zuverlässigkeit an die Stromversorgung gestellt ist. Eine automatische Abschaltung erfolgt erst, wenn während des Betriebs mit dem ersten Fehler ein zweiter Fehler eintritt. Daher ist es empfehlenswert, den ersten Fehler möglichst bald nach seinem Auftreten und nach der Meldung zu beseitigen. Die automatische Abschaltung der Stromversorgung beim zweiten Fehler muss entweder durch Überstromschutzeinrichtungen oder durch Fehlerstromschutzeinrichtungen (RCDs) erfolgen. Wenn dann abgeschaltet wird, sind auch im IT-System entsprechende Abschaltzeiten einzuhalten, und zwar entweder die o. g. Abschaltzeiten des TN-Systems oder des TT-Systems. Es gelten die o. g. Abschaltzeiten des TN-Systems, wenn die Körper über einen Schutzleiter verbunden und gemeinsam geerdet sind (Ausnahme: Der Sternpunkt des Transformators muss betriebsmäßig nicht geerdet sein.). Es gelten die o. g. Abschaltzeiten des TT-Systems, wenn die Körper einzeln oder in Gruppen geerdet sind. (Ausnahme: Der Sternpunkt des Transformators muss betriebsmäßig nicht geerdet sein.).

7.1.2.2 Schutzerdung und Schutzpotentialausgleich

Die Schutzerdung ist nach DIN VDE 0100-200 die Erdung eines Punkts oder mehrerer Punkte eines Netzes oder einer Anlage oder eines Betriebsmittels zum Zwecke der elektrischen Sicherheit. Körper müssen nach Art der Erdverbindung mit einem Schutzleiter unter den Bedingungen für das jeweilige System verbunden werden (siehe Kapitel 6.3).

Schutzpotentialausgleich: Der Ausgleich ist das Beseitigen von Potentialunterschieden zwischen Körpern von elektrischen Anlagen und Betriebsmitteln sowie fremden leitfähigen Teilen und zwischen den Rohrleitungen und Gebäudeteilen untereinander. Im Zusammenhang mit dem Schutz gegen elektrischen Schlag, also zum Sicherheitszweck, wird der Potentialausgleich Schutzpotentialausgleich genannt, er heißt Funktionspotentialausgleich, wenn er betrieblichen Zwecken dient.

Schutzpotentialausgleich über die Haupterdungsschiene

Ziel: Der Schutzpotentialausgleich soll bei einem Körperschluss die Berührungsspannung, die je nach Art der Erdverbindung (TN-/TT-/IT-System) und trotz Abschaltung im Fehlerfall zu hoch sein kann, reduzieren, damit in der Zeit bis zur Abschaltung keine Körperströme entstehen.
Aufgabe: • Wirkung der automatischen Abschaltung im Fehlerfall verstärken, • die verbleibende Gefährdung durch die Abschaltung verringern. → Um diese Aufgabe erfüllen zu können, muss die Haupterdungsschiene verbunden werden mit • Schutzleiter im Gebäude, • Schutzleiter des einspeisenden Netzes (im TN-System), • alle leitfähigen Teile, die von außen in das Gebäude führen und die das elektrische Potential der Bezugserde einführen können, wie Fundamenterder, metallene Rohrleitungen von Versorgungssystemen metallene Mäntel von Kabeln, metallene Verstärkungen aus Beton bzw. Stahl.
Wirkungsweise: Über die Haupterdungsschiene verursacht der Potentialausgleich, dass das Potential der Bezugserde nicht in das Innere des Gebäudes gelangt, d. h. eine mögliche Berührungsspannung wird reduziert.
Forderung: Der Schutzpotentialausgleich über die Haupterdungsschiene wird grundsätzlich in jedem Gebäude gefordert.
In Caravans: Nach DIN VDE 0100-721:2019-10 müssen metallene Rahmenteile oder am Rahmen befestigte Konstruktionsteile mit der Haupterdungsschiene innerhalb des Caravans verbunden sein.

Tabelle 7.1 Ziel, Aufgabe und Wirkungsweise des Schutzpotentialausgleichs über die Haupterdungsschiene

7.1.2.3 Schutzmaßnahme doppelte oder verstärkte Isolierung

Durch eine zusätzliche Isolierung zur Basisisolierung oder durch eine verstärkte Isolierung (frühere Benennung: Schutzisolierung) wird das Auftreten gefährlicher Spannungen an den berührbaren Teilen elektrischer Betriebsmittel infolge eines Fehlers in der einfachen Basisisolierung verhindert.

Schutzmaßnahme: „doppelte oder verstärkte Isolierung" ist nach Abschnitt 412 der DIN VDE 0100-410:2018-10 eine Schutzmaßnahme in der

- der Basisschutz durch eine Basisisolierung vorgenommen wird und der Fehlerschutz durch eine zusätzliche Isolierung,
- der Basisschutz und Fehlerschutz durch eine verstärkte Isolierung zwischen aktiven Teilen und berührbaren Teilen vorgesehen ist.

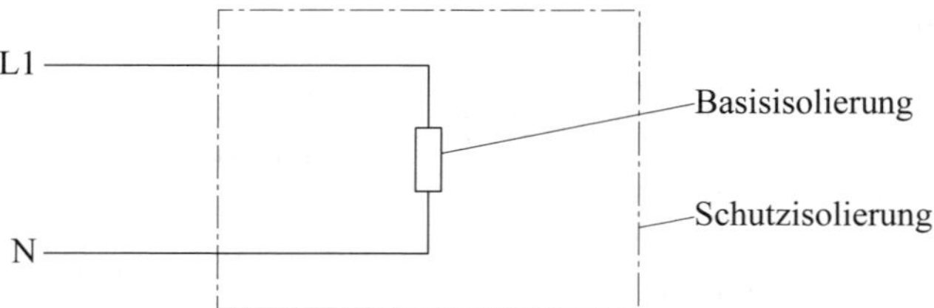

Bild 7.3 Prinzip der Schutzisolierung

Die doppelte oder verstärkte Isolierung wird unmittelbar und ausschließlich durch die Ausführung der Betriebsmittel sichergestellt. Die Betriebsmittel werden u. a. als Werkzeuge, Leuchten usw., aber auch als Installationsmaterial in Form von Leitungen, Schaltern, Verteilungen, Zählertafeln eingesetzt. Verwirklicht wird die Schutzmaßnahme durch die Verwendung von Betriebsmitteln der Schutzklasse II, die das Symbol der Schutzisolierung ⧈ tragen. Kabel und Leitungen gelten als schutzisoliert, wenn sie in ihren Normen so bezeichnet sind, auch wenn für sie das Symbol ⧈ nicht verwendet wird:

- durch den Einsatz von Betriebsmitteln, die neben ihrer Basisisolierung eine zusätzliche Isolierung haben, die dasselbe Maß an Sicherheit gewährleistet wie schutzisolierte Geräte und dieselben Anforderungen erfüllen;
- durch Betriebsmittel mit einer verstärkten Isolierung an Stellen, wo zunächst keine Isolierung vorgesehen war, wenn ein Maß an Sicherheit erreicht wird, das den schutzisolierten Betriebsmitteln gleichwertig ist und dieselben Anforderungen erfüllen.

Weitere Anforderungen an die Schutzmaßnahme doppelte oder verstärkte Isolierung:

- Körper der Betriebsmittel, die von ihren aktiven Teilen nur durch die Basisisolierung getrennt sind, müssen von einer isolierenden Umhüllung mindestens in der Schutzart IP2X umschlossen sein.
- Die Isolierstoffumhüllungen müssen den auftretenden mechanischen, elektrischen und thermischen Beanspruchungen standhalten.
- Prüfung der Isolierstoffumhüllung 1 min mit 4 000 V bei Betriebsmitteln mit Nennspannung bis 500 V.
- Durch die Isolierstoffumhüllung dürfen keine leitfähigen Teile geführt werden, die eine Spannung nach außen verschleppen können.
- Isolierstoffumhüllungen dürfen nur mit Werkzeug entfernbar sein. Dahinterliegende Betätigungselemente in der Nähe berührungsgefährlicher Teile sind nach DIN EN 50274 (**VDE 0660-514**) anzuordnen.
- Beim Entfernen der Umhüllungen ohne Werkzeug müssen die dahinterliegenden leitfähigen Teile durch eine zweite, ausreichend feste, isolierende Verkleidung abgedeckt werden.
- Leitfähige Teile innerhalb der Umhüllung dürfen nicht an den Schutzleiter angeschlossen werden. Abweichungen sind nur zulässig, wenn sie in den jeweiligen Gerätebestimmungen festgelegt sind.
- Bei Verwendung von Betriebsmitteln der Schutzklasse II (Betriebsmittel mit doppelter oder verstärkter Isolierung) muss der Schutzleiter mitgeführt werden.
- Bei alleiniger Anwendung dieser Maßnahme muss nachgewiesen werden, dass keine Änderung an den Anlagen durchgeführt werden kann (z. B. Überwachung), die die Wirksamkeit der Schutzmaßnahme negativ beeinträchtigt. Daher darf die Schutzmaßnahme nach DIN VDE 0100-410:2018-10, Abschnitt 412.1.2 nicht für Stromkreise mit Steckdosen mit einem Erdungskontakt angewendet werden.

Merke: Der Schutz durch doppelte oder verstärkte Isolierung besteht darin, dass der Basisisolierung zum Schutz gegen direktes Berühren zusätzlich eine weitere Isolierung hinzugefügt oder die Basisisolierung so verstärkt wird, dass eine gleichwertige Schutzwirkung gegeben ist, wie bei einer doppelten Isolierung.

Änderung in **DIN VDE 0100-410:2018-10** zur Schutzmaßnahme: **„doppelte und verstärkte Isolierung“**: Abschnitt 412.2.4.1 **Kabel- und Leitungsanlagen** ist neu überarbeitet.

Kabel- und Leitungsanlagen sind grundsätzlich entsprechend den äußeren und elektrischen Betriebsbeanspruchungen nach DIN VDE 0100-520 und DIN VDE 0298-4 auszuwählen, die Schutzklasse II muss im Verlauf der Leitungs- oder Kabeltrasse erhalten bleiben. Zwei Möglichkeiten der Verlegung sind normgerecht:

- Die Kabel und Leitungen verfügen über eine Basisisolierung. Werden sie in geschlossenen oder in zu öffnenden Kabel-/Leitungskanälen verlegt, so dient der Installationskanal als zweite Isolierung zur Basisisolierung und sind somit durch die Umhüllung des Kanals zur Schutzklasse II zu zählen.
- Kabel und Leitungen sind so ausgewählt, dass sie mit einer doppelten oder verstärkten Isolierung versehen sind und damit den elektrischen, thermischen und mechanischen Beanspruchungen und Umgebungsbedingungen nach der Schutzklasse II entsprechen.

7.1.2.4 Schutz durch Kleinspannung SELV und PELV

Mit dieser Schutzmaßnahme wird der Schutz gegen direktes Berühren und auch der Schutz bei indirektem Berühren gewährleistet. Die Schutzwirkung von SELV (Safety Extra-Low Voltage: Stromkreis und Körper sind ungeerdet) und PELV (Protection Extra-Low Voltage: Stromkreis und Körper dürfen geerdet werden) beruht auf der geringen Nennspannung der Stromkreise bis max. 50 V Wechselspannung oder 120 V Gleichspannung (oberschwingungsfrei) und auf sicherer Trennung der Stromkreise von anderen Versorgungssystemen.

Merke: Die Schutzmaßnahmen SELV (früher: Schutzkleinspannung) und PELV (früher: Funktionskleinspannung mit sicherer Trennung) stellen gleichzeitig den Basisschutz und den Fehlerschutz sicher durch

- Verwendung kleiner Spannungen,
- sichere Erzeugung der Spannung (Sicherheitstransformatoren, Motorgeneratoren, Generatoren, galvanische Elemente, elektronische Betriebsmittel),
- sichere Trennung zu Stromkreisen höherer Spannung,
- sichere Trennung von SELV- und PELV-Stromkreisen untereinander,
- Verwendung geeigneter Steckvorrichtungen.

SELV und PELV unterscheiden sich voneinander durch die Trennung ihrer Stromkreise von Erde bzw. vom Potential des Schutzleiters. Aktive Teile des SELV-Stromkreises dürfen in Gegensatz zu PELV-Stromkreisen nicht geerdet werden. Auch die Erdung der Körper der Betriebsmittel ist nicht zulässig.

Auf Campingplätzen: Stromkreise mit Steckdosen mit $I_n \leq 32$ A und fest angeschlossenen, in der Hand gehaltenen elektrischen Verbrauchsmitteln müssen entweder durch Fehlerstromschutzeinrichtungen (RCDs) mit einem Bemessungsdifferenzstrom ≤ 30 mA (siehe Kapitel 8), durch Schutztrennung mit einem Verbrauchsmittel oder mit Schutz durch Kleinspannung mittels SELV oder PELV (siehe Kapitel 7.1.2.4) geschützt werden. Bei SELV oder PELV muss auf jeden Fall der Basisschutz (Schutz gegen direktes Berühren) unabhängig von der Höhe der Nennspannung gegeben sein, d. h. der Schutz gegen direktes Berühren muss vorgesehen werden entweder durch:

- Abdeckung oder Umhüllung mindestens in Schutzart IP2X, besser IP4X oder
- Isolierung, die nur durch Zerstörung entfernt werden kann und einer Prüfspannung von AC 500 V Effektivwert für 1 min standhält.

Merke: Die Anwendung der Kleinspannung bietet einen sehr guten Schutz gegen elektrischen Schlag (Basisschutz und Fehlerschutz sind gut erfüllt). Daher werden Kleinspannungen auch im Camperbereich sehr intensiv eingesetzt. Die Schutzmaßnahme Schutz durch Kleinspannung gilt sowohl für Verbrauchsmittel als auch für Erzeugungsanlagen zur unterstützenden oder autarken Stromversorgung. Kleinspannungsquellen dürfen eine Spannung von 48 V (DC und AC) nicht überschreiten. Zulässig sind folgende Stromquellen: die elektrische Anlage des Zugfahrzeugs, eine Hilfsbatterie im Caravan, ein vom Netz gespeister Transformator mit Gleichrichter in Übereinstimmung mit DIN EN 60335-1 (**VDE 0700-1**) und DIN EN 61558-2-6 (**VDE 0570-2-6**), einen Gleichspannungsgenerator oder eine Photovoltaikstromversorgungsanlage.

Leider kann diese Maßnahme durch die geringe Spannung nur bei relativ geringen Leistungen angewendet werden. Deshalb muss neben der Kleinspannung auf Campingplätzen für die Versorgung von Verbrauchsmitteln mit höheren Leistungen auch die „normale Spannung“ mit dann anderen Schutzmaßnahmen eingesetzt werden.

7.1.2.5 Schutz durch Schutztrennung

Schutztrennung mit nur einem Verbrauchsmittel: Die Anwendung der Schutztrennung ist in DIN VDE 0100-410 geregelt. Danach darf im Regelfall nur ein Verbrauchsmittel an einen Trenntransformator oder an eine Sekundärwicklung eines Transformators angeschlossen werden. Der Schutz der Schutztrennung besteht darin, dass nur ein *einziges* elektrisches Verbrauchsmittel (nicht Betriebsmittel) hinter der Stromquelle mit einfacher Trennung zu anderen Stromkreisen und Erde genutzt werden darf. Der Basisschutz und der Fehlerschutz werden erfüllt. Bei der Versorgung nur *eines* elektrischen Verbrauchsmittels kann weder bei einem Fehler noch bei einem zweiten Körperschluss eine Gefährdung eintreten. Daher ist die Schutzmaßnahme Schutztrennung mit nur *einem* Verbrauchsmittel eine hervorragende Maßnahme, die auch bei der Nutzung durch elektrotechnische Laien gut verwendet werden kann. Dies gilt auch beim Betrieb von Ersatzstromerzeugern (siehe Kapitel 13) mit der Schutzmaßnahme Schutztrennung.

Auf Campingplätzen: Da es sich bei Campingplätzen um Bereiche mit erhöhter elektrischer Gefährdung handelt, ist die Schutztrennung mit einem Verbraucher eine besonders geeignete Schutzmaßnahme, die gut für den Einsatz durch elektrotechnische Laien geeignet ist. Voraussetzung ist allerdings eine umfassende Unterweisung der Anwender über die möglichen Gefahren bei unsachgemäßer Handhabung der so geschützten Verbrauchsmittel, denn es ist das Nachschalten eines Verteilers zum Anschluss von mehreren Verbrauchsmitteln nicht erlaubt. Der hohe Schutzwert wird reduziert, wenn mehrere Verbrauchsmittel angeschlossen würden. Daher gehört die Maßnahme Schutztrennung mit mehr als einem Verbrauchsmittel, also mit mehreren Verbrauchsmitteln, nicht zu den allgemein erlaubten Schutzmaßnahmen, sondern sie gehört der Gliederung nach zu den Schutzvorkehrungen, die nur angewendet werden dürfen, wenn die Anlage durch Elektrofachkräfte oder elektrotechnisch unterwiesene Personen überwacht wird. Dies wird auf Campingplätzen in der Regel nicht zutreffen.

Merke: Der Grundgedanke der Schutzmaßnahme Schutz durch Schutztrennung besteht darin, dass das Gerät vom speisenden, geerdeten Netz vollständig durch einen Trenntransformator getrennt ist, der zwei elektrisch voneinander getrennte Wicklungen haben muss.

Die Schutzmaßnahme Schutztrennung ist in Caravans ausschließlich bei Rasiersteckdosen zulässig.

7.1.2.6 Zusätzlicher Schutz für Endstromkreise für den Außenbereich

In DIN VDE 0100-410:2007-06 (zurückgezogen) war ein zusätzlicher Schutz für Steckdosen und für Endstromkreise für den Außenbereich geregelt. Danach mussten Steckdosen mit einem zusätzlichen Schutz durch eine Fehlerstromschutzeinrichtung (RCD) mit einem Bemessungsdifferenzstrom von höchstens 30 mA geschützt werden, und zwar für Schutzkontaktsteckdosen mit Bemessungsströmen bis 20 A. In der neuen DIN VDE 0100-410:2018-10 sind die Anforderungen für Steckdosen in Endstromkreisen und für die Versorgung von ortsveränderlichen Betriebsmitteln für den Außenbereich überarbeitet. Die Anforderungen, Steckdosen im Außenbereich mit einer Fehlerstromschutzeinrichtung (RCD) mit einem Bemessungsdifferenzstrom von höchstens 30 mA zu versehen ist für Steckdosen bis einschließlich 32 A ausgeweitet worden, dies gilt auch für Endstromkreise mit fest angeschlossenen ortsveränderlichen Betriebsmitteln. Diese Anforderung wird durch eine Anmerkung in DIN VDE 0100-410:2018-10, Abschnitt 411.3.3 begleitet: *„Steckdosen mit einem Bemessungsstrom nicht größer als 32 A können hiervon ausgenommen werden, wenn im Rahmen einer Gefährdungsbeurteilung nach Betriebssicherheitsverordnung (BetrSichV) Maßnahmen festgelegt werden, die eine allgemeine Verwendung dieser Steckdosen dauerhaft ausschließen."* Das bedeutet, der Betreiber/Unternehmer muss im Rahmen der Gefährdungsbeurteilung entscheiden, wie das Risiko einzuschätzen ist und entsprechend entscheiden, welche Maßnahmen einzusetzen sind. Auf Campingplätzen ist der zusätzliche Schutz für Endstromkreise für den Außenbereich relevant.

Merke: Endstromkreise sind Stromkreise, die dafür vorgesehen sind, elektrische Verbrauchsmittel oder Steckdosen unmittelbar mit elektrischer Energie zu versorgen.

Die Endstromkreise für im Außenbereich verwendete tragbare Betriebsmittel mit einem Bemessungsstrom bis einschließlich 32 A müssen zusätzlich mit einer Fehlerstromschutzeinrichtung (RCD) mit einem Bemessungsdifferenzstrom ≤ 30 mA geschützt werden. Diese Forderung gilt nicht nur für tragbare Betriebsmittel der Schutzklasse I, sondern auch für Verbrauchsmittel der Schutzklasse II (Betriebsmittel mit doppelter und verstärkter Isolierung, früher schutzisoliert). Diese Anforderung gilt immer. Es wird kein Unterschied gemacht zur Anwendung der Betriebsmittel durch elektrotechnische Laien oder Elektrofachkräfte, d. h., auf dem Campingplatz muss der zusätzliche Schutz durch Fehlerstromschutzeinrichtungen (RCDs) immer berücksichtigt werden. Diese zusätzliche Anforderung gilt auch dann, wenn die verwendeten tragbaren Betriebsmittel über Steckdosen angeschlossen sind, die im Innenbereich angebracht sind, das Betriebsmittel aber im Außenbereich, also im Freien verwendet wird.

7.2 Schutz gegen Berührung, Fremdkörper und Wasser

7.2.1 IP-Schutzarten

Der Schutz elektrischer Betriebsmittel gegen Berührung, Fremdkörper und Wasser wird durch die Schutzart festgelegt und durch ein alphanumerisches Kurzzeichen, den IP-Code, definiert. Die IP-Schutzarten geben den Umfang des Schutzes eines Betriebsmittels durch ein Gehäuse an. Das Kurzzeichen, das den Grad des Schutzes erkennen lässt, besteht aus den Kennbuchstaben IP (International Protection) und den daran angefügten Kennziffern. Während die Kennbuchstaben stets gleichbleibend sind, ändern sich die Kennziffern in Abhängigkeit von den jeweiligen Anforderungen an den Schutz.

Die Schutzarten legen Anforderungen fest für:

- Berührungsschutz,
- Schutz von Personen gegen Zugang zu gefährlichen Teilen,
- Fremdkörperschutz,
- Schutz des Betriebsmittels gegen Eindringen von festen Fremdkörpern,
- Wasserschutz,
- Schutz der Betriebsmittel gegen schädliche Einwirkungen durch das Eindringen von Wasser.

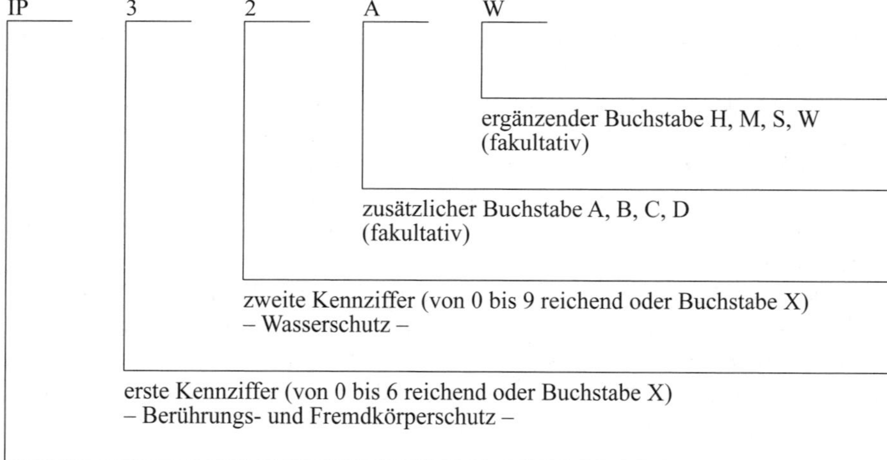

Bild 7.4 Beispiele zum IP-Code

Die Bedeutung der Kennziffern kann der **Tabelle 7.2** entnommen werden. Die erste Kennziffer stellt die Anforderungen an den Schutz des Gehäuses dar, und zwar in welcher Weise Personen Schutz gegen den Zugang zu gefährlichen Teilen geboten wird. Der Schutz muss sicherstellen, dass Teile des menschlichen Körpers weder direkt noch indirekt mit einem Gegenstand Zugang zu gefährlichen Stellen des jeweiligen elektrischen Betriebsmittels erhalten.

Kennziffer (Schutzgrad)	Erste Ziffer		Zweite Ziffer
	Berührungsschutz	**Fremdkörperschutz**	**Wasserschutz**
0	kein besonderer Schutz	kein besonderer Schutz	kein besonderer Schutz
1	geschützt gegen den Zugang zu gefährlichen Teilen mit dem Handrücken	geschützt gegen feste Fremdkörper 50 mm Durchmesser und größer	geschützt gegen Tropfwasser
2	geschützt gegen den Zugang zu gefährlichen Teilen mit einem Finger	geschützt gegen feste Fremdkörper 12,5 mm Durchmesser und größer	geschützt gegen Tropfwasser, wenn das Gehäuse bis zu 15° geneigt ist
3	geschützt gegen den Zugang zu gefährlichen Teilen mit einem Werkzeug	geschützt gegen feste Fremdkörper 2,5 mm Durchmesser und größer	geschützt gegen Sprühwasser
4	geschützt gegen den Zugang zu gefährlichen Teilen mit einem Draht	geschützt gegen feste Fremdkörper 1 mm Durchmesser und größer	geschützt gegen Spritzwasser
5	geschützt gegen den Zugang zu gefährlichen Teilen mit einem Draht	staubgeschützt	geschützt gegen Strahlwasser
6	geschützt gegen den Zugang zu gefährlichen Teilen mit einem Draht	staubgeschützt	geschützt gegen starkes Strahlwasser
7			geschützt gegen die Wirkungen beim zeitweiligen Untertauchen in Wasser
8			geschützt gegen die Wirkungen beim dauernden Untertauchen in Wasser
9			geschützt gegen Hochdruck und hohe Strahlwassertemperaturen

Tabelle 7.2 IP-Schutzarten

Gleichzeitig gibt die erste Ziffer den Grad der Anforderung wieder, inwieweit das Gehäuse dem Betriebsmittel Schutz gegen das Eindringen von festen Fremdkörpern gewährt. Zusammenfassend bezeichnet die erste Kennziffer den Schutzgrad gegen den Zugang zu gefährlichen Teilen und gegen feste Fremdkörper (frühere Bezeichnung aus der DIN 40050:1980-07 (zurückgezogen) Berührungs- und Fremdkörperschutz).

Die zweite Kennziffer bezeichnet den Schutzgrad gegen Wasser (siehe Tabelle 7.2). Schädliche Einwirkungen durch das Eindringen von Wasser sollen verhindert werden.

Die Kennziffern können nach DIN EN 60529 (**VDE 0470-1**) „Schutzarten durch Gehäuse (IP-Code)“ noch durch die Verwendung weiterer Buchstaben ergänzt werden.

Der *zusätzliche* Buchstabe hat eine Bedeutung für den Schutz von Personen und macht eine Aussage über den Schutz gegen den Zugang zu gefährlichen Teilen:

- Buchstabe A: Schutz gegen Berühren gefährlicher Teile mit dem Handrücken,
- Buchstabe B: Schutz gegen Berühren gefährlicher Teile mit den Fingern,
- Buchstabe C: Schutz gegen Berühren gefährlicher Teile mit Werkzeug über 2,5 mm Durchmesser und über 100 mm Länge,
- Buchstabe D: Schutz gegen Berühren gefährlicher Teile mit Draht über 1 mm Durchmesser und über 100 mm Länge.

Der *ergänzende* Buchstabe hat eine Bedeutung für den Schutz des Betriebsmittels und gibt ergänzende Informationen:

- Buchstabe H: Hochspannungsgeräte,
- Buchstabe M: Schutz vor schädlicher Wirkung durch Eintritt von Wasser während des Betriebs beweglicher Teile,
- Buchstabe S: Schutz vor schädlicher Wirkung durch Eintritt von Wasser bei Stillstand beweglicher Teile,
- Buchstabe W: Schutz vor bestimmten Wetterbedingungen.

Für die Anwendung des IP-Kurzzeichens weitere Hinweise:

Unterschied der Kennziffer „O" (kein besonderer Schutz gefordert) bzw. „X" (der Schutzgrad ist freigestellt)

Beispiele

IPX3 bedeutet: Berührungs- und Fremdkörperschutz ist freigestellt; Wasserschutz: geschützt gegen Sprühwasser.

IP5X bedeutet: Berührungs- und Fremdkörperschutz; geschützt gegen den Zugang mit einem Draht/staubgeschützt; Wasserschutz ist freigestellt.

Staubgeschützt (Kennziffer 5) bedeutet: Staub darf nur in so begrenztem Umfang eindringen, dass ein zufriedenstellender Betrieb des Geräts gewährleistet ist und die Sicherheit nicht beeinträchtigt wird.

Wasserschutz (bis zur Kennziffer 6) bedeutet: dass auch die Anforderungen für alle niedrigen Kennziffern erfüllt sind, z. B. IPX6 erfüllt gleichzeitig IPX1/IPX2/IPX3/IPX4/IPX5. Dies gilt aber nicht bei IPX7 oder IPX8, d. h., IPX8 erfüllt nicht gleichzeitig die Forderung nach IPX4 oder IPX6. Soll beides bei dem jeweiligen Gerät erreicht werden, so müssen auch beide Bezeichnungen verwendet werden, also eine Doppelkennzeichnung, z. B.: IPX6/IPX8. (Anmerkungen: Zusätzliche und/

oder ergänzende Buchstaben dürfen ersatzlos entfallen. Werden mehrere zusätzliche bzw. ergänzende Buchstaben verwendet, so gilt die alphabetische Reihenfolge. Die genannten Schutzarten gelten für Betriebsmittel und auch für elektrische Anlagen.)

Je nach Notwendigkeit variieren die Forderungen an die jeweiligen Schutzgrade. Abdeckungen und Umhüllungen in der Elektroinstallation sind grundsätzlich nach der Schutzart IP2X auszulegen. Horizontale Oberflächen, die eine Anlage nach oben hin abdecken, müssen jedoch mindestens der Schutzart IP4X genügen. Das bedeutet, Einführungen von Leitungen dürfen nach Fertigstellung der Anlage ebenfalls keine größeren Spalten bzw. Löcher als 1 mm aufweisen. Außerdem dürfen Abdeckungen und Umhüllungen nur mit entsprechendem Werkzeug (oder Schlüsseln) entfernt werden können, oder es muss sichergestellt sein, dass vor dem Entfernen das Abschalten der Spannung an allen aktiven Teilen zwangsweise erfolgt. (Anmerkung: Eine weitere Ausnahme von der „Werkzeugforderung" ist dann zulässig, wenn nach Entfernen der Abdeckung sich dort eine weitere „Zwischenabdeckung" wenigstens der Schutzart IP2X befindet.)

IK-Code: Zusätzlich zum IP-Code ist der IK-Code nach DIN EN 50102 (**VDE 0470-100**) festgelegt. Der IK-Code ist ein Maß für die Widerstandsfähigkeit von Gehäusen elektrischer Betriebsmittel gegen mechanische Beanspruchung. Diese Norm legt die Klassifizierung der Schlagfestigkeit eines Gehäuses fest, also den Grad der mechanischen Beanspruchung bzw. Energieeinwirkung auf das Gehäuse von außen. Gerade in Umgebungen, in denen mit der Gefahr von Beschädigungen zu rechnen ist, sollte das Gehäuse qualitativ hochwertig sein. **Tabelle 7.3** zeigt die Klassifizierungen nach DIN EN 50102 (**VDE 0470-100**).

IK-Code	IK00	IK01	IK02	IK03	IK04	IK05	IK06	IK07	IK08	IK09	IK10
Beanspruchungs-energie in J	unge-schützt	0,14	0,2	0,35	0,5	0,7	1,0	2,0	5,0	10,0	20,0

Tabelle 7.3 Beziehung zwischen IK-Code und Beanspruchungsenergie
Quelle: DIN EN 50102 (**VDE 0470-100**):1997-09, Tabelle 1

Für Betriebsmittel und für elektrische Anlagen in Betriebsstätten und Räumen besonderer Art, wie auf Campingplätzen und ähnlichen Bereichen, in Caravans, für Betriebsmittel und Beleuchtungsanlagen im Freien oder beim Einbau elektrischer Betriebsmittel bzw. Verbrauchsmittel in Möbeln oder Einrichtungsgegenständen, sind Schutzarten teilweise für den speziellen Fall gesondert festgelegt. **Tabelle 7.4** gibt einen schnellen Überblick zu den verschiedenen Schutzarten.

Die in Tabelle 7.4 aufgelisteten IP- und IK-Schutzarten sind entweder in den aktuellen Normen als Anforderungen enthalten oder können als Empfehlungen, verstanden werden, da sie in dieser Bezeichnung in den aktuellen Normen nicht mehr gefordert sind.

DIN VDE 0100-708; DIN VDE 0100-713; DIN VDE 0100-714; DIN VDE 0100-721; DIN VDE 0100-737 und DIN EN IEC 61439-7 (VDE 0660-600-7)	IP-Schutzarten (nach DIN EN 60529 (**VDE 0470-1**))/IK-Stoß- und Schlagfestigkeit (nach DIN EN 50102 (**VDE 0470-100**))
DIN VDE 0100-708 Campingplätze, siehe auch Kapitel 9.4	Auftreten von Wasser (AD): Betriebsmittel mindestens IPX4, um gegen Spritzwasser (AD4) zu schützen; werden Betriebsmittel mit Hochdruckreiniger angespritzt, mindestens IPX5 (oder zusätzliches Gehäuse für die Betriebsmittel). Auftreten von festen Fremdkörpern (AE): Betriebsmittel mindestens IP4X, um gegen Eindringen von sehr kleinen Gegenständen (AE3) zu schützen. Mechanische Beanspruchung (AG): mittlere Beanspruchung AG2; Maßnahmen dazu: • Betriebsmittel und ihre Position so wählen, dass Beschädigung bei angemessener, vorhersehbarer Beanspruchung vermieden wird; • Errichten eines mechanischen Schutzes; • Schutz gegen äußere mechanische Beanspruchung, mindestens IK07. Steckdosen und Gehäuse: mindestens IP44
DIN VDE 0100-713 Möbel und Einrichtungsgegenstände, siehe auch Kapitel 18	Gerätedosen mindestens IP30 Steckdosen so befestigen und anordnen, dass der Nutzer leicht bedienen kann und Flüssigkeiten nicht hineingelangen können.
DIN VDE 0100-714 Beleuchtungsanlagen im Freien, siehe auch Kapitel 16	Auftreten von Wasser (AD): Sprühwasser AD3 Auftreten von festen Fremdkörpern (AE): AE2, kleine Fremdkörper Beleuchtungsanlagen: mindestens IP33 Andere Klassen dann berücksichtigen, wenn die örtlichen Verhältnisse dies erfordern, z. B. korrosive Stoffe oder intensive Sonneneinstrahlung.
DIN VDE 0100-721 Caravans, siehe auch Kapitel 10	Allgemein gilt für elektrische Betriebsmittel: Äußere Einflüsse sollten beachtet werden, die auf alle elektrischen Betriebsmittel der Caravans einwirken können. Kabel und Leitungen: • mechanischer Schutz gegen scharfe Kanten oder scheuernde Teile; • Schwingungen (AH) für elektrische Betriebsmittel verhindern; • Schutz der Durchführungen der Kabel und Leitungen durch Metallteile; • andere mechanische Beanspruchungen (A7): Befestigung Leitungen in Abständen 0,4 m (waagerecht), 0,25 m (senkrecht) Verlegung. Bei Kleinspannungsgleichstromanlagen: Anschluss sollte gegen Eindringen von Wasser, Fremdkörper, unabsichtliche Beschädigung geschützt werden. Orte und Räume, in denen mit Feuchtigkeit zu rechnen ist: IP44 Caravananschluss: Steckdosen und andere Installationsgeräte im Freien mindestens IP55

Tabelle 7.4 IP-Schutzarten für unterschiedliche Betriebsmittel und Verbrauchsgeräte auf dem Campingplatz in Caravans

DIN VDE 0100-737 **Elektrische Anlagen für feuchte und nasse Bereiche und Räume und Anlagen im Freien, siehe auch Kapitel 15**	Anlagen in feuchten und nassen Räumen: IPX1 geschützte Anlagen im Freien: IPX1 ungeschützte Anlagen im Freien: IPX3 Anlagen in Bereichen mit Strahlwasser: IPX4/IPX5
DIN EN IEC 61439-7 (VDE 0660-600-7) **Schaltgerätekombinationen,** **siehe auch Kapitel 14**	Schutz gegen Berührung aktiver Teile, gegen Eindringen fester Fremdkörper und Wasser: • Innenraumaufstellung: mindestens IP41, • Freiluftaufstellung: mindestens IP44. Die Schutzart muss bei angeschlossenen Versorgungsleitungen sichergestellt sein. Schutz gegen mechanische Einwirkungen der Schaltgerätekombinationen (SGK) nach DIN EN 50102 (**VDE 0470-100**): • SGK an Standorten mit eingeschränktem Zugang für Wandbefestigung: IK08 und für erdgesetzter SGK: IK10

Tabelle 7.4 (*Fortsetzung*) IP-Schutzarten für unterschiedliche Betriebsmittel und Verbrauchsgeräte auf dem Campingplatz in Caravans

Da einige Betriebsmittel/Verbrauchsmittel nur eine Kennzeichnung der Schutzart durch Symbole aufweisen (gemäß Normenreihe DIN 30600 (zurückgezogen)), sind in **Tabelle 7.5** einige Symbole zu den IP-Schutzarten dargestellt.

Symbol	Schutzgrad	Entspricht etwa IP..
ohne Symbol	kein Wasserschutz	IPX0
	tropfwassergeschützt	IPX1 und IPX2
	sprühwassergeschützt	IPX3
	spritzwassergeschützt	IPX4
	strahlwassergeschützt	IPX5
	wasserdicht	IPX6 und IPX7
__m	druckwasserdicht	IPX8
	staubgeschützt	IP5X
	staubdicht	IP6X

Tabelle 7.5 Schutzgrade durch Symbole

7.2.2 Schutzklassen

Die Schutzklassen machen eine Aussage darüber, welche Maßnahmen zum Schutz gegen elektrischen Schlag im Fehlerfall vorgesehen sind. Die Schutzklassen kennzeichnen den Schutz bei indirektem Berühren (Fehlerschutz).

Schutz-klasse	Schutz bei indirektem Berühren	Merkmale		Erläuterungen
		Betriebsmittel	Installation	
0	kein Schutz, Umgebung frei von Erdpotential, nicht leitende Räume	kein Schutzleiter-anschluss	kein Schutzleiter	in Deutschland nicht zulässig
I	Schutz durch Abschaltung, Schutzleiter-schutzmaßnahmen	Anschlussstelle für Schutzleiter, Körper mit Schutzleiter verbinden	Anschluss an Schutzleiter, auch bei beweglichen Anschlussleitungen	allgemein übliche Anwendung
II	Schutzisolierung	zusätzliche oder verstärkte Isolierung, keine Anschlussstelle für Schutzleiter	unabhängig von den Installationsbedingungen	häufige Anwendung bei Haushaltsgeräten und Elektrowerkzeugen
III	Schutzkleinspannung	Betriebsspannung $\leq$ Schutzkleinspannung, kein Schutzleiteranschluss	Versorgung mit Schutzkleinspannung (ELV) ungeerdet und von höherer Spannung sicher getrennt	Anwendung in Sonderfällen bei besonderer Gefährdung

Tabelle 7.6 Schutzklassen und ihre Merkmale in der Übersicht

Schutzklasse 0:

Der Schutz bei indirektem Berühren ist nicht vorgesehen. Die Körper der Betriebsmittel werden weder an den Schutzleiter der festen Installation angeschlossen noch sind sie wie bei der Schutzisolierung von außen unzugänglich. Beim Versagen der Basisisolierung muss der Schutz gegen gefährliche Berührungsströme durch die Umgebung z. B. frei von Erdpotential oder durch nicht leitende Räume gewährleistet sein. (Anmerkung: Betriebsmittel der Schutzklasse 0 sind in Deutschland nicht zugelassen (**Tabelle 7.6**). Für die Betriebsmittel der Schutzklasse 0 wird in den Normen empfohlen, sie in Zukunft aus der internationalen Normung auszuschließen. Sie sind nur deshalb z. B. in DIN EN 61140 (**VDE 0140-1**) genannt, weil diese Schutzklasse noch in wenigen Betriebsmittelnormen enthalten ist.)

Schutzklasse I:

Der Schutz bei indirektem Berühren wird durch den Anschluss der Körper an den Schutzleiter der festen Installation sichergestellt. Beim Versagen der Basisisolierung wird der fehlerhafte Stromkreis abgeschaltet. Es bleibt keine gefährliche Berührungsspannung bestehen. Beim Anschluss der Betriebsmittel über bewegliche Anschlussleitungen wird vorausgesetzt, dass der Schutzleiter mitgeführt und mit dem Körper des Betriebsmittels verbunden wird.

Schutzklasse II:

Der Schutz bei indirektem Berühren wird durch eine zweite, doppelte Isolierung oder durch eine verstärkte Isolierung sichergestellt, die den Bedingungen der Schutzisolierung entsprechen. Es besteht keine Anschlussmöglichkeit für den Schutzleiter. (Anmerkung: Ausnahmen müssen in den Gerätebestimmungen ausdrücklich zugelassen werden.)

Die Betriebsmittel der Schutzklasse II sind hinsichtlich ihres Schutzes bei indirektem Berühren unabhängig von den Installationsbedingungen. Man unterscheidet vollisolierte Betriebsmittel, bei denen auch die Körper in die Isolierung miteinbezogen werden, und metallgekapselte Betriebsmittel, bei denen die aktiven Teile gegenüber der Metallkapselung doppelt oder verstärkt isoliert sind.

Schutzklasse III:

Betriebsmittel der Schutzklasse III dürfen nur mit Spannungen betrieben werden, die die Bedingungen der Schutzkleinspannung (Begrenzung der Spannung auf Werte von ELV) erfüllen. Die Körper der Betriebsmittel werden weder mit dem Schutzleiter noch mit Erde verbunden. (Anmerkung: Ausnahmen nur nach den Gerätebestimmungen.)

7.3 Schutz durch Trennen und Schalten

Die Schutzmaßnahmen durch Trennen und Schalten sollen Gefahren an elektrischen Betriebsmitteln und elektrisch betriebenen Maschinen durch Ausschalten, Trennen oder Freischalten von Hand verhindern. Dabei handelt es sich um nicht automatische Vorgänge vor Ort oder durch Fern- und Nahbetätigung. Die Schutzmaßnahmen durch Trennen und Schalten ersetzen nicht den Schutz gegen gefährliche Berührungsströme, den Schutz gegen zu hohe Erwärmung oder andere in DIN VDE 0100 geforderte Maßnahmen.

7.4 Schutz gegen Überspannungen

Der Schutz gegen Überspannungen soll schädliche Einwirkungen durch atmosphärische Einflüsse verhindern, soweit dies unter wirtschaftlichen und betrieblichen Gesichtspunkten möglich ist (siehe Kapitel 11).

7.5 Schutz gegen zu hohe Erwärmung

Überströme können als Überlastströme in einem fehlerfreien Stromkreis oder als Kurzschlussströme durch einen Fehler entstehen. Entsprechend wird der Schutz gegen zu hohe Erwärmung in den Schutz bei Überlast und den Schutz bei Kurzschluss eingeteilt. Überstromschutzeinrichtungen schützen Leitungen, Kabel und Stromschienen gegen zu hohe Erwärmung, die durch Überströme hervorgerufen werden kann.

Schutz bei Überlast: Schutzeinrichtungen unterbrechen den Überlaststrom, bevor er eine für Leitungen, Kabel und Stromschienen schädliche Erwärmung verursacht. Dies ist sichergestellt, wenn die Schutzeinrichtungen den Querschnitten der Leitungen, Kabel und Stromschienen bestimmungsgemäß zugeordnet werden. Auf Campingplätzen ist darauf zu achten, dass an Steckdosenleisten oder Leitungsrollern (siehe Kapitel 9.6) nicht zu viele Verbrauchsgeräte (auf die Leistungsaufnahme der Geräte achten!) angeschlossen werden, damit die Zuleitung zur Steckdosenleiste oder zum Leitungsroller nicht überlastet wird.

Schutz bei Kurzschluss: Schutzeinrichtungen unterbrechen den Kurzschlussstrom, bevor für Leitungen, Kabel und Stromschienen sowie deren Umgebung eine schädliche Erwärmung oder schädliche mechanische Wirkungen hervorgerufen werden können.

Empfehlungen kurz gefasst: Schutzmaßnahmen

- Konzept der Schutzmaßnahmen gegen elektrischen Schlag: 1. Schutz gegen direktes Berühren (Basisschutz), 2. Schutz bei indirektem Berühren (Fehlerschutz) und auf Campingplätzen und in Caravan Ergänzung durch 3. Schutz bei direktem Berühren (zusätzlicher Schutz).
- Basisschutz: Personen werden durch Vorkehrungen (Isolierungen, Abdeckungen oder Umhüllungen, Abstand) davor geschützt, aktive Teile direkt berühren zu können.
- Fehlerschutz: Maßnahmen, die nach Auftreten von Fehlern gefährliche Berührungsspannungen verhindern oder sie in vorgegebenen Zeiten abschalten.
- Maßnahmen, die gefährliche Berührungsspannungen verhindern: Schutzkleinspannung (SELV/PELV, Schutzisolierung, Schutztrennung (bei Caravans nur in begrenztem Umfang anwendbar; nur bei Rasiersteckdosen)).
- Maßnahmen, die gefährliche Berührungsspannungen abschalten: Automatische Abschaltung erfordert eine Koordination der Netzsysteme „Art der Erdverbindung" mit den Schutzeinrichtungen.
- Schutzerdung: Erdung eines Punkts oder mehrerer Punkte einer Anlage oder eines Betriebsmittels mit einem Schutzleiter zum Zwecke der elektrischen Sicherheit (System nach Art der Erdverbindung).
- Schutzpotentialausgleich: Beseitigen von Potentialunterschieden zwischen elektrischen Anlagen und fremden leitfähigen Teilen.
- Doppelte oder verstärkte Isolierung (früher: Schutzisolierung): zusätzliche Isolierung zur Basisisolierung; Betriebsmittel der Schutzklasse II.
- Schutzmaßnahme Kleinspannung (SELV): geringe Nennspannung der Stromkreise bis 50 V; gleichzeitig Basisschutz und Fehlerschutz – sehr guter Schutz, allerdings für nur geringe Leistung geeignet.
- Schutztrennung: Es darf nur ein einziges Verbrauchsgerät hinter der Stromquelle mit einfacher Trennung zu anderen Stromkreisen und Erde genutzt werden; das Nachschalten eines Verteilers zum Anschluss mehrerer Verbrauchsmittel ist nicht erlaubt.
- Endstromkreise auf Campingplätzen und in Caravans müssen zusätzlich mit einer Fehlerstromschutzeinrichtung (RCD) ≤ 30 mA geschützt werden (siehe Kapitel 7.1.2.6, Kapitel 9 und Kapitel 10).
- IP-Schutzarten für unterschiedliche Betriebsmittel und Verbrauchsgeräte auf Campingplätzen und in Caravans siehe Tabelle 7.4.

8 Fehlerstromschutzeinrichtungen (RCDs)

Der Fehlerstrom ist ein Strom, der infolge eines Isolationsfehlers zwischen zwei bestimmungsgemäß voneinander isolierten Teilen fließt. Es handelt sich dabei je nach Fehlerart um einen Kurzschluss- oder Erdschlussstrom. Als Fehlerstrom wird auch der zur Erde abfließende Strom bezeichnet, der die Auslösung z. B. einer Fehlerstromschutzeinrichtung, bewirkt. Die Größe des Fehlerstroms wird von der Impedanz des Fehlerstromkreises bestimmt. Dazu zählen die Netzimpedanzen, die Widerstände der Installations- und Erdungsanlagen, soweit vorhanden der Widerstand an der Fehlerstelle und der Körperwiderstand in Verbindung mit seiner Umgebung.

Bild 8.1 zeigt das Funktionsprinzip: Die Fehlerstromschutzeinrichtung funktioniert nach dem Prinzip des Summenstromwandlers. Dieser umfasst alle Stromleiter des zu schützenden Stromkreises inkl. des Neutralleiters. In einem fehlerfreien Stromkreis heben sich im Summenstromwandler die magnetischen Wirkungen der stromdurchflossenen Leiter auf. Es entsteht kein Restmagnetfeld, das eine Spannung auf die Sekundärwicklung des Wandlers induzieren könnte, d. h. die Summe aller durch die Fehlerstromschutzeinrichtung fließenden Ströme ist bei einem fehlerfreien Stromkreis gleich null. Erst wenn z. B. durch einen Isolationsfehler ein Fehlerstrom fließt, verbleibt ein Restmagnetfeld im Wandlerkern. Dadurch wird in der Sekundärwicklung eine Spannung erzeugt, die über den Haltemagnetauslöser und das Schaltschloss die Abschaltung des Stromkreises mit der zu hohen Berührungsspannung bewirkt.

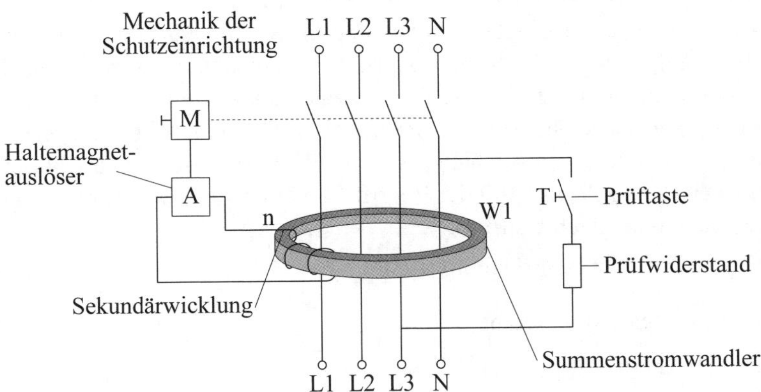

Bild 8.1 Prinzipdarstellung einer Fehlerstromschutzeinrichtung, Typ A (Siemens AG, Regensburg)

Differenzströme können auftreten, wenn durch den menschlichen Körper oder eine schadhafte Isolierung ein Fehlerstrom fließt. Die entstehende Stromdifferenz löst die Fehlerstromschutzeinrichtung aus. Neben einem geringen Bemessungsdifferenzstrom von 5 mA bis 30 mA ist auch eine extrem kurze Auslösezeit von max. 20 ms bis 30 ms von großer Bedeutung.

Merke: Fehlerstromschutzeinrichtungen (RCDs) werden zum Schutz von Personen und Anlagen eingesetzt und sollen durch möglichst kurze Abschaltzeiten das Gefährdungspotenzial so gering wie möglich halten. Außerdem sollten sie gegenüber kurzzeitigen Fehlerströmen oder Ableitströmen je nach Einsatzbereich unempfindlich sein.

Anmerkung: Fehlerströme durch Isolationsfehler sind meist ohmsch, während Ableitströme meist kapazitiv sind. Der RCD unterscheidet nicht, sondern er erfasst nur den Differenzstrom und schaltet ab.

Wirkungsweise der Fehlerstromschutzeinrichtung (RCD) kurz gefasst:

- Im Fehlerfall erfasst der Summenstromwandler mit den Differenzialspulen den Fehlerstrom, und er dient zur Spannungserzeugung in der Messwicklung für das Abschaltrelais.
- Das Abschaltrelais wird erregt und bewirkt eine mechanische Entklinkung des Schaltschlosses und der Stromkreis wird getrennt.

Die Fehlerstromschutzeinrichtung (RCD) ist die einheitliche Bezeichnung für verschiedene Arten von Fehlerstromschutzschaltern, Fehlerstromschutzgeräten und Fehlerstromschutzeinrichtungen (Bedeutung von RCD: Residual Current protective Device; als internationale Bezeichnung in den aktuellen Normen enthalten; Reststromschutzgerät; die frühere gebräuchliche Bezeichnung FI darf in Deutschland weiter genutzt werden). Häufig wird auch noch der Begriff Schutzschalter verwendet. Es ist eine Schutzeinrichtung, die den zu überwachenden und zu schützenden Stromkreis sofort unterbricht, wenn der Strom in diesem Stromkreis, z. B. in einem Störfall, gegen Erde abgeleitet wird. Für den Auslösefehlerstrom einer Fehlerstromschutzeinrichtung (RCD) wird aktuell in DIN VDE 0100 der Begriff Bemessungsdifferenzstrom verwendet (früher: Bemessungsfehlerstrom).

Vorteile der Fehlerstromschutzeinrichtung (RCD):

- niedrige Bemessungsauslöseströme,
- extrem kurze Abschaltzeiten,
- Strom-Zeit-Werte liegen so niedrig (z. B. 30 mA; 1 s), sodass Körperströme für Mensch und Tier ungefährlich sind,

- Erdschlüsse werden unverzüglich abgeschaltet (Brandschutz),
- Schutz bei Schutzleiterunterbrechungen,
- Schutz bei Schutzleiterverwechslungen,
- Schutz bei Isolationsfehlern in Betriebsmitteln der Schutzklasse II mit doppelter oder verstärkter Isolierung.

Durch diese Vorteile der Fehlerstromschutzeinrichtungen (RCDs) für den Personen- und Sachschutz ist der Einsatz in besonders gefährdeten Anlagen nach den DIN-VDE-Normen, z. B. in der Gruppe 700 von DIN VDE 0100 vorgeschrieben oder zu empfehlen. Fehlerstromschutzeinrichtungen (RCDs) mit einem Bemessungsfehlerstrom von $I_{\Delta n} \leq 30$ mA sind nach DIN VDE 0100-708:2010-02 zwingend auf Campingplätzen einzusetzen. Dabei muss jede einzelne Steckdose durch eine eigene Fehlerstromschutzeinrichtung (RCD) geschützt sein. Dies gilt auch für jeden Endstromkreis für die feste Verbindung zur Versorgung eines Mobilheims oder eines Parkwohnheims. Die Fehlerstromschutzeinrichtung (RCD) muss alle aktiven Leiter einschließlich des Neutralleiters abschalten.

Die Fehlerstromschutzeinrichtungen arbeiten sehr präzise, selbst bei schwierigen Umgebungsbedingungen, wie auf Campingplätzen. Selbst ein häufiger Wechsel der Nutzer des Stellplatzes, beeinträchtigt die Genauigkeit von Fehlerstromschutzeinrichtungen (RCDs) nicht.

Die richtige Auswahl von Fehlerstromschutzeinrichtungen (RCDs) ist wichtig, da je nach Anwendung sehr unterschiedliche Anforderungen an die elektrischen Anlagen und Betriebsmittel gestellt werden und dadurch auch eine Vielfalt der Fehlerstromschutzeinrichtungen (RCDs) erforderlich ist. Baulich wird unterschieden zwischen normal in Verteilungsanlagen eingebauten, mobilen oder Fehlerstromschutzeinrichtungen (RCDs), die in Steckdosen integriert sind. Fehlerstromschutzeinrichtungen werden für die verschiedensten Zwecke verwendet, z. B. für den Personenschutz im Sinne des zusätzlichen Schutzes (DIN VDE 0100-410), für den Brandschutz und für den Fehlerschutz. Sie unterscheiden sich weiter nach der Fehlerstromsensitivität, der Frequenz, den Bemessungsstrom und der Polzahl.

In **Tabelle 8.1** sind verschiedene Fehlerstromschutzeinrichtungen (RCDs) aufgelistet.

Typ der Fehlerstromschutzeinrichtung	Erläuterungen	Norm
RCCB Typ A	netzspannungsunabhängige Fehlerstromschutzeinrichtung *ohne* integrierten Überstromschutz	DIN EN 61008-1 (**VDE 0664-10**)/ DIN EN 61008-2-1 (**VDE 0664-11**)
RCBO Typ A	netzspannungsunabhängige Fehlerstromschutzeinrichtung *mit***) integrierten Überstromschutz	DIN EN 61009-1 (**VDE 0664-20**)/ DIN EN 61009-2-1 (**VDE 0664-21**)
RCCB/RCBO Typ B	Fehlerstrom-/Differenzstromschutzschalter *mit***) oder *ohne* integrierten Überstromschutz zur Erfassung von Wechsel- und Gleichfehlerströmen	DIN EN 62423 (**VDE 0664-40**)
RCCB Typ B+	Fehlerstromschutzeinrichtung *ohne* eingebauten Überstromschutz zur Erfassung von Wechsel- und Gleichfehlerströmen für den gehobenen vorbeugenden Brandschutz	DIN VDE 0664-400
RCBO Typ B+	Fehlerstromschutzeinrichtung *mit* eingebautem Überstromschutz zur Erfassung von Wechsel- und Gleichfehlerströmen für den gehobenen vorbeugenden Brandschutz	DIN VDE 0664-401
RCU/RC-Units	Fehlerstromauslöseeinrichtungen zum Anbau an Leitungsschutzschalter	DIN EN 61009-1 (**VDE 0664-20**): 2016-10, Anhang G
CBR	Leistungsschalter mit integriertem Fehlerstromauslöser	DIN EN 60947-2 (**VDE 0660-101**): 2003-10, Anhang B
RCM*)	Differenzstromüberwachungsgeräte; lediglich zur Signalisierung von Fehlerströmen	DIN EN 62020-1 (**VDE 0663-1**)
MRCD	modulare Geräte, Fehlerstromerfassung über Wandler, Auswertung und Auslösung über Leistungsschalter	DIN EN 60947-2 (**VDE 0660-101**)
PRCD***)	ortsveränderliche Fehlerstromschutzeinrichtungen (RCDs), in Stecker oder Steckdosenleiste integriert	DIN VDE 0661

*) ähnliche Funktionsweise wie RCDs, aber können Fehler- bzw. Differenzströme nur anzeigen, nicht abschalten;

**) Schaltgeräte, die zwei Funktionen ausüben: den Fehlerstromschutz und den Überstromschutz; RCBOs dienen als Fehlerschutz, Brandschutz und zusätzlicher Schutz

Tabelle 8.1 Einteilung von Fehlerstromschutzeinrichtungen (RCDs) und RCMs

Merke: Auf Campingplätzen können auch die Vorschriften der Berufsgenossenschaften relevant sein. Nach der DGUV-Information 203-006 ist der Anschluss an Steckdosen mit unbekannter Schutzmaßnahme grundsätzlich nicht erlaubt. Der Anschluss ist nur zulässig, wenn die Verbrauchsmittel über eine zwischengeschaltete ortsveränderliche Fehlerstromschutzeinrichtung (PRCD) betrieben werden (siehe Tabelle 8.1). Diese Schutzeinrichtung muss DIN VDE 0661 entsprechen. Sie überwacht zusätzlich zum Fehlerstrom:

- die Spannung auf dem Schutzleiter,
- den Bruch des Schutzleiters,
- die Nennspannung auf Unterspannung,
- die Aufrechterhaltung der Schutzleiterfunktion mit Fremdspannung.

Die Fehlerstromschutzeinrichtungen (RCDs) werden auch hinsichtlich ihres Auslöseverhaltens durch die Ausschaltcharakteristik bei unterschiedlichen Fehlerströmen untergliedert bzw. eingeteilt.

Typ	Erläuterung	Kennzeichnung	Anmerkung
AC	lediglich zur Erfassung von sinusförmigen Wechselfehlerströmen geeignet		in Deutschland seit Jahren nicht erlaubt; dürfen in Neuanlagen nicht mehr verwendet werden
A	erfassen neben sinusförmigen Wechselfehlerströmen auch pulsierende Gleichfehlerströme		üblicherweise eingesetzte pulsstromsensitive Fehlerstromschutzeinrichtung
F	erfassen wie Typ A alle Fehlerstromarten, zusätzlich Fehlerströme aus Frequenzen bis 1 kHz		geeignet von einphasig angeschlossenen Frequenzumrichtern, z. B. Pumpen
B	erfassen neben den Fehlerstromformen des Typs F auch glatte Gleichfehlerströme		geeignet für den Einsatz in Drehstromsystemen, nicht in Gleichspannungssystemen oder von 50 Hz abweichenden Frequenzen
B+	erfassen neben den Fehlerstromformen des Typs B auch zusätzlich Fehlerströme bis 20 kHz	kHz	geeignet im hohen Frequenzbereich

Tabelle 8.2 Typen von Fehlerstromschutzeinrichtungen (RCDs)

Merke zum Typ AC von Fehlerstromschutzeinrichtungen (RCDs): Dieser Gerätetyp ist in Deutschland nicht zur Umsetzung der Schutzmaßnahme mit Fehlerstromschutzeinrichtung zugelassen.

Werden auch einphasige Verbrauchsmittel mit Frequenzumrichtern betrieben, können nieder- und höherfrequente Wechselfehlerströme auftreten, die von pulsstromsensitiven Fehlerstromschutzeinrichtungen (RCDs) des Typs A nur schlecht oder unzureichend erkannt werden. Daher müssen für einphasige Verbrauchsmittel mit Frequenzumrichter mischfrequenzsensitive Fehlerstromschutzeinrichtungen (RCDs) des Typs F, B oder B+ eingesetzt werden.

Werden auf Campingplätzen mehrere Verteilerschränke zur Stromverteilung eingesetzt, sollten die verlegten Verbindungsleitungen bzw. Verbindungskabel an ihrem Einspeisepunkt mit einer selektiven Fehlerstromschutzeinrichtung (RCD) geschützt werden.

Selektivität: Das selektive Verhalten von in Reihe geschalteten Schaltgeräten, Schutzeinrichtungen oder anderen automatisch arbeitenden Betriebsmitteln reduziert im Fall einer Störung die jeweils betroffenen Anlagen auf ein Minimum. Selektivität bedeutet, dass beim Eintritt vorgegebener Kriterien nur die Einrichtung anspricht, die im Rahmen des ordnungsgemäßen Betriebs ansprechen soll. Bei in Reihe geschalteten Fehlerstromschutzeinrichtungen (RCDs) kann die Selektivität nur durch eine zeitliche Staffelung der Fehlerstromschutzeinrichtungen erreicht werden. Es sind deshalb auf der Einspeiseseite zeitverzögernde Schalter (Kennzeichnung: S) zu verwenden. Entstehen Fehlerströme in Verbrauchsmitteln, die an Fehlerstromschutzeinrichtungen (RCDs) des Typs B angeschlossen sind, können Gleichstromanteile enthalten sein, die eine Auslösung von Fehlerstromschutzeinrichtungen (RCDs) des Typs A verhindern. Aus diesem Grund darf der Typ B nicht hinter dem Typ A angeordnet werden, sondern es werden selektive Fehlerstromschutzeinrichtungen (RCDs) eingesetzt. Die Serienschaltung macht nur dann Sinn, wenn eine Leitung zwischen den unterschiedlichen Fehlerstromschutzeinrichtungen (RCDs) vorhanden ist.

Ein zusätzlicher Hinweis bezieht sich auf die Anwendung der Fehlerstromschutzeinrichtung (RCD) bei Umgebungstemperaturen, die außerhalb der „normalen“ Temperaturen liegen. Bei der Anwendung auf Campingplätzen muss mit einem zulässigen Bereich der Umgebungstemperaturen zwischen –25 °C und +40 °C gerechnet werden, d. h., auf Campingplätzen sollte die Fehlerstromschutzeinrichtung (RCD) mit einer Schneeflocke gekennzeichnet sein. Diese Fehlerstromschutzeinrichtungen (RCDs) umschließen den o. g. Umgebungstemperaturbereich. Kennzeichnung: –25

Merke: Nach DGUV-Information 203-006 (für Campingplätze mit Personal) sind generell beim Einsatz handgeführter elektrischer Verbrauchsmittel unabhängig vom Bemessungsstrom Fehlerstromschutzeinrichtungen (RCDs) mit einem Bemessungsdifferenzstrom $I_{\Delta n} \leq 30$ mA zu verwenden, denn diese bieten einen zuverlässigen Personenschutz. Je nach Anwendungsfall und elektrischem Verbrauchsmittel sind entweder pulsstromsensitive (Typ A oder F) oder allstromsensitive (Typ B oder B+) Fehlerstromschutzeinrichtungen (RCDs) einzusetzen.

Prüfungen: Elektrische Anlagen und Betriebsmittel auf Caravan- und Campingplätzen müssen regelmäßig auf ordnungsgemäßen Zustand geprüft werden, wenn es sich um Anlagen eines Campingplatzbetreibers handelt. Details finden sich in Kapitel 9.10, Kapitel 10.11 und Kapitel 19. Die Schutzmaßnahmen mit Fehlerstromschutzeinrichtungen (RCDs) sind ebenfalls dringend zu prüfen. Die auf der Fehlerstromschutzeinrichtung befindliche Testtaste wird gedrückt, der Fehlerfall simuliert, und die Fehlerstromschutzeinrichtung sollte auslösen. Mit Betätigung der Prüftaste wird die elektromechanische Funktion des Schalters getestet. Der Schalter löst normalerweise bei Betätigung sofort aus. Wenn es sich jedoch um eine selektive Fehlerstromschutzeinrichtung handelt, wird die Auslösung einige Millisekunden verzögert eintreten. Diese mechanische Überprüfung durch die Testtaste der Fehlerstromschutzeinrichtung ist wichtig und sollte auch dokumentiert werden. Aber diese Auslösung macht noch keine Aussage darüber, ob die Geräte in dem betreffenden Stromkreis richtig angeschlossen und geerdet sind und ob die vorgeschriebenen Auslösezeiten oder die Höhe des Auslösestroms eingehalten werden, sondern dazu muss eine RCD-Prüfung nach DIN VDE 0100-600 von einer Elektrofachkraft durchgeführt werden. Die Wirksamkeit der Schutzmaßnahme „automatische Abschaltung der Stromversorgung“ ist entsprechend DIN VDE 0100-410 nachzuweisen. Die max. Abschaltzeit beträgt für Steckdosenstromkreise bis einschließlich 32 A in TN-Systemen 0,4 s, in TT-Systemen 0,2 s (bei 230 V). Die automatische Abschaltung durch RCDs im Fehlerfall ist durch Erzeugung eines Differenzstroms unter Verwendung geeigneter Prüfgeräte nach DIN EN 61557-6 (**VDE 0413-6**) nachzuweisen. Die Messung der Abschaltzeit ist nicht gefordert. Zusätzlich sind die Berührungsspannung und der Erdwiderstand zu messen. In nicht stationären Anlagen ist die Prüfung auf Wirksamkeit durch eine Elektrofachkraft oder eine elektrotechnisch unterwiesene Person mindestens einmal monatlich vorzunehmen. Die Prüfung wird an jeder Steckdose des Verteilers durchgeführt. Damit kann festgestellt werden, ob alle Schutzleiterverbindungen durchgängig vorhanden sind.

Auch ortsveränderliche Schutzeinrichtungen mit RCD, also PRCDs, müssen geprüft und die RCD-Eigenschaften nach DGUV-Information 203-070 erprobt werden:

- Prüfung auf Funktion der Fehlerstromschutzeinrichtung (RCD) durch Betätigung der Prüfeinrichtung (Testtaste),
- Prüfung auf Wirksamkeit der automatischen Abschaltung der RCD (PRCD) mithilfe eines Schutzmaßnahmenprüfgeräts mit dem entsprechenden Bemessungsfehlerstrom, z. B. 30 mA.

Zusammenfassung des Einsatzes von Fehlerstromschutzeinrichtungen (RCDs) auf Campingplätzen:

DIN-VDE-Normen und die Unfallverhütungsvorschriften fordern auf Campingplätzen (wenn es sich um einen Campingplatzbetreiber handelt) den Einsatz von Fehlerstromschutzeinrichtungen (RCDs), weil sie die nachgeschalteten Anlagen und Betriebsmittel ständig überwachen und dadurch verhindern, dass gefährliche Fehlerströme dauerhaft fließen können. Bei der Berührung leitfähiger Teile wird die gefährliche Berührungsspannung innerhalb von Sekundenbruchteilen abgeschaltet. Außerdem bieten sie einen wirksamen Schutz vor Bränden. Nach DIN VDE 0100-708 gilt:

- Jede einzelne Steckdose muss durch eine eigene Fehlerstromschutzeinrichtung (RCD) mit einem Bemessungsdifferenzstrom nicht größer als 30 mA gesichert sein.
- Jeder Endstromkreis für die Versorgung eines Mobilwohnheims oder eines Parkwohnheims muss ebenfalls mit einem RCD geschützt sein. Die Fehlerstromschutzeinrichtung (RCD) muss alle aktiven Leiter abschalten können.

Praxistipps Fehlerstromschutzeinrichtungen (RCDs):

1. In Stromverteilern und Energiesäulen auf Campingplätzen sind für Steckdosen mit einem Bemessungsstrom 25 A nur Fehlerstromschutzeinrichtungen mit einem Bemessungsdifferenzstrom von 30 mA zulässig.
2. In den Verteilern sind normalerweise Fehlerstromschutzeinrichtungen des Typs A durch die Hersteller eingebaut. Sollte der Einsatz eines Typs F, B oder B+ für den jeweiligen Einsatzort nötig sein, muss der Hersteller informiert werden oder die Elektrofachkraft muss die Auswechslung durchführen.
3. Fehlerstromschutzeinrichtungen des Typs B oder B+ dürfen nicht mit Typ A in Reihe geschaltet werden (also: Typ B nicht hinter Typ A). Problemlos ist die Reihenschaltung der Typen A, B oder F mit selektiven Fehlerstromschutzeinrichtungen des Typs B oder B+.
4. Neben den Fehlerstromschutzeinrichtungen (RCDs) können für Überwachungsaufgaben z. B. eingesetzt werden: Differenzstromüberwachungsgeräte (RCMs) nach DIN EN 62020-1 (**VDE 0663-1**) oder Isolationsüberwachungsgeräte (IMDs) nach DIN EN 61557-8 (**VDE 0413-8**).
5. Empfehlungen für die Prüffrist des RCDs: bei jedem Nutzerwechsel Auslösen mit der Prüftaste; halbjährliches Auslösen beim Bemessungsdifferenzstrom mit dem Prüfgerät als Teil der Prüfung der Anlage; wichtig: Dokumentation der Prüfungen.

Empfehlungen kurz gefasst: Fehlerstromschutzeinrichtungen (RCDs)

- Nach DIN VDE 0100-708 sind Fehlerstromschutzeinrichtungen (RCDs) mit einem Bemessungsdifferenzstrom von ≤ 30 mA auf Campingplätzen für jede Steckdose zwingend vorgeschrieben; außerdem besteht die Forderung, dass durch RCDs alle aktiven Leiter einschließlich des Neutralleiters abgeschaltet werden müssen.
- Der RCD ist eine Schutzeinrichtung, die den zu überwachenden Stromkreis sofort unterbricht, wenn der Strom z. B. in einem Störfall gegen Erde abgeleitet wird.
- Verschiedene Fehlerstromschutzeinrichtungen, siehe Tabelle 8.1.
- RCD-Unterscheidung nach Typen A, F, B oder B+.
- Prüfung der RCDs auf Wirksamkeit: Empfehlung vor jedem Nutzerwechsel des Stellplatzes auf dem Campingplatz.

9 Anforderungen an die Errichtung von Niederspannungsanlagen für Campingplätze und ähnliche Bereiche (DIN VDE 0100-708)

9.1 Stromversorgungen der Stellplätze

Kurzübersicht

- Anwendungsbereich und Abgrenzung zu anderen elektrischen Anlagen, siehe Kapitel 5.
- Versorgungsspannung für Einphasenwechselstrom bis 230 V und Drehstrom bis 400 V.
- Bei Anwendung des TN-Systems in den Endstromkreisen der Stellplätze nur als TN-S-System; PEN-Leiter dürfen nicht verwendet werden.
- Die Stromversorgungseinrichtungen müssen so nah wie möglich am Stellplatz (in Übereinstimmung mit DIN EN 60309-2 (**VDE 0623-2**)) installiert werden (max. Leitungslänge 25 m).
- Schutzkontaktsteckdosen sind für die Versorgung der Stellplätze nicht erlaubt.

Erläuterungen: Unter Camping- und Caravanplatz wird der Teil eines Geländes verstanden, der für zwei oder mehrere Stellplätze vorgesehen ist (Anwendungsbereich und Abgrenzung siehe Kapitel 5). Der Stellplatz wiederum ist Teil eines Geländes, das zur Belegung durch einen Caravan oder durch ein Zelt vorgesehen ist. Die Anforderungen an elektrotechnische Anlagen auf Campingplätzen (DIN VDE 0100-708) gelten nicht für die elektrotechnischen Anlagen im Innern des Caravans, hier ist DIN VDE 0100-721 (siehe Kapitel 10) anzuwenden.

Wird für die Versorgung eines Campingplatzes ein TN-System verwendet, so ist nur das TN-S-System zugelassen, da es sicherer als das TN-C-System ist: Bei einem unterbrochenen PEN-Leiter im TN-C-System besteht das unmittelbare Risiko, dass das Gehäuse von Geräten der Schutzklasse I Netzspannungspotential gegen Erde annimmt und ein elektrischer Stromschlag möglich wäre. Beim TN-S-System müssen alle Neutralleiter wie die Außenleiter zur Erde hin isoliert sein und in der gesamten Anlage darf nur eine einzige Verbindung zwischen Neutralleiter und Erde bestehen, d. h., im TN-S-System sind separate Neutralleiter und Schutzleiter vom Transformator bis hin zu den Betriebsmitteln geführt.

Bild 9.1 Schemadarstellung – Versorgung der Stellplätze mit jeweils einer Steckdose; max. vier pro Verteiler
Quelle: Walther-Werke – Ferdinand Walther GmbH, Eisenberg

Die elektrischen Stromversorgungseinrichtungen müssen möglichst nahe am Stellplatz angeordnet werden. Die Steckdosen müssen in einem Verteiler bzw. in einem separaten Gehäuse installiert sein. Für jeden Stellplatz muss mindestens eine Steckdose (DIN EN 60309-2 (**VDE 0623-2**)) vorgesehen werden und der Verteiler muss eine Trenneinrichtung für alle aktiven Leiter, auch den Neutralleiter, enthalten.

Die elektrische Verbindung zwischen der Steckdose des Stellplatzes und dem Fahrzeug muss Stecker und Kupplungssteckdose nach DIN EN 60309-2 (**VDE 0623-2**) enthalten und aus einer dreiadrigen schweren Gummischlauchleitung des Typs H07RN-F oder einer gleichwertigen Leitung bestehen. Der Mindestquerschnitt sollte 2,5 mm^2 und die Leitungslänge max. 25 m betragen. Die Steckvorrichtungen müssen spritzwassergeschützt sein.

Merke: Schutzkontaktsteckdosen, Mehrfachsteckdosen und Verteiler sind für die Versorgung von Stellplätzen nicht erlaubt.

9.2 Schutz gegen Überstrom und elektrischen Schlag

Kurzübersicht

- Für jedes Freizeitfahrzeug, also für jeden Stellplatz und für die Versorgung von fest angeschlossenen Mobilheimen oder Parkwohnheimen, mindestens eine Steckdose mit eigener Überstromschutzeinrichtung und eigener vorgeschalteter Fehlerstromschutzeinrichtung (RCD) mit einem Bemessungsdifferenzstrom ≤ 30 mA.
- Für Einphasenwechselstromanschlüsse ein kombinierter FI/LS-Schalter (RCBO) möglich, der mehrere Funktionen übernimmt: Fehlerstromüberwachung, Überstromschutzeinrichtung, Trenneinrichtung.

Erläuterungen: Für jeden Stellplatz muss mindestens eine Steckdose mit einer eigenen Überstromschutzeinrichtung und einer eigenen vorgeschalteten Fehlerstromschutzeinrichtung (RCD) mit einem Bemessungsdifferenzstrom ≤ 30 mA zur Verfügung gestellt sein. Dadurch ist die Versorgungssicherheit des Stellplatzes erhöht. Durch einen Fehler in der Stellplatzanlage ist nur der jeweilige Stellplatz betroffen und nicht alle anderen Stellplätze des Campingplatzes. Hinweis: Es muss für jede einzelne Steckdose eine Fehlerstromschutzeinrichtung (RCD) vorgesehen werden. In früheren Normanforderungen war es ausreichend für jeweils drei Steckdosen eine Fehlerstromschutzeinrichtung (RCD) zu installieren. Jeder Stromkreis für die feste Versorgung eines Mobilheims oder eines Parkwohnheims muss ebenfalls gegen Überstrom und durch eine eigene Fehlerstromschutzeinrichtung (≤ 30 mA) geschützt sein (siehe Kapitel 8).

9.3 Verteiler

Kurzübersicht

- Verteiler können über Kabel oder Leitungen versorgt werden.
- Es dürfen max. vier Steckdosen in einem Verteiler oder Gehäuse zusammengefasst werden.
- Nach DIN VDE 0100-708 Campingverteiler mit Industriesteckdosen, Schutzeinrichtungen und Zählern für vier Stellplätze.
- Zur individuellen Verbrauchsabrechnung können Verteiler und Anschlusssäulen Zähler bzw. Münzzähler enthalten; bei digitalen Zählern ist auch die Fernablesung des Verbrauchs möglich.

Bild 9.2 Verteiler auf dem Campingplatz für vier Stellplätze
Foto: *Rolf Rüdiger Cichowski*, Holzwickede

Erläuterungen: Verteiler auf Campingplätzen können über Leitungen und über Kabel versorgt werden. Es ist jedoch darauf zu achten, dass das Kabel ins Erdreich gelegt wird, und zwar mindestens 0,6 m tief. Außerdem sollte das Kabel nicht im Bereich des jeweiligen Stellplatzes verlegt werden, da dort die Wahrscheinlichkeit der Beschädigung durch das Einschlagen von Pflöcken oder Heringen oder andere Befestigungen hoch ist. Zu empfehlen ist ein zusätzlicher mechanischer Schutz der Kabel im Erdreich. **Bild 9.3** zeigt beispielhaft einen Stromverteiler (24 kVA) für Campingplätze mit folgendem Zubehör: ein Klemmstein für zwei Kabel 5 × 10 mm^2 Cu, eine Hauptsicherung vierpolig 63 A Neozed D02 ab Lasttrennschalter mit Sicherung; vier Fehlerstromschutzeinrichtungen (RCDs) zweipolig 25 A/30 mA, vier elektronische Wechselstromzähler 32 A, vier Leitungsschutzschalter einpolig B16 A, vier CEE-Steckdosen dreipolig 16 A, 230 V/6h.

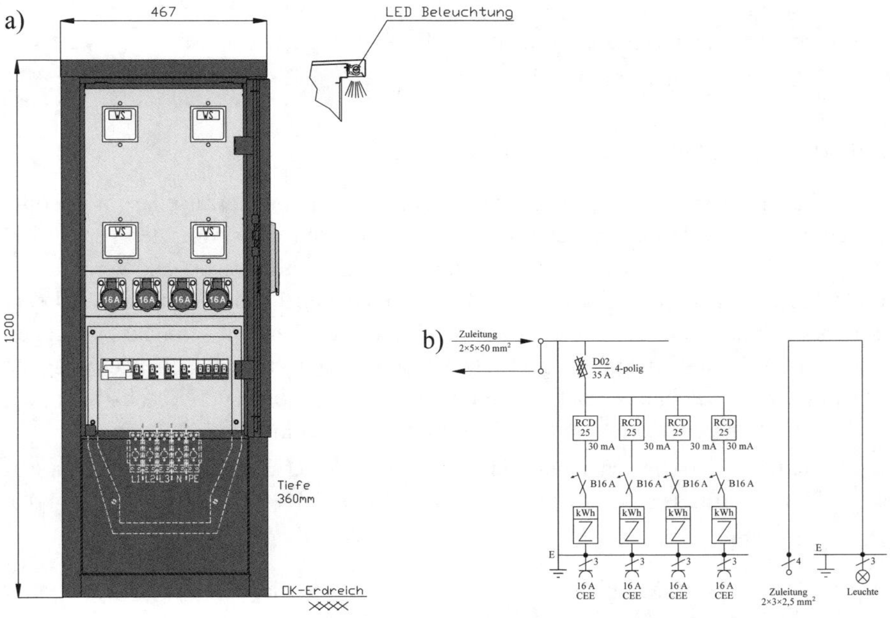

Bild 9.3 Zeichnung und Prinzipschaltbild eines Stromverteilers für Campingplätze – a) Zeichnung, b) Prinzipschaltbild
Quelle: Walther-Werke – Ferdinand Walther GmbH, Eisenberg

9.4 Schutzarten der elektrischen Betriebsmittel

Kurzübersicht

- Auftreten von Spritzwasser: Schutz durch Schutzart IPX4 – spritzwassergeschützt; AD4.
- Auftreten von festen Fremdkörpern: Schutz durch Schutzart IP4X – sehr kleine Fremdkörper; AE3.
- Beim Einsatz von Hochdruckreinigern kann eine noch höhere Schutzart, z. B. IPX5 (oder zusätzliches Gehäuse für Betriebsmittel) strahlwassergeschützt, sinnvoll sein.
- Mindestschutz gegen mechanische Beanspruchungen: gesonderte Schutzabdeckungen und/oder Gehäuse; mindestens für mittlere mechanische Beanspruchungen (AG2); erreichbar, z. B. durch Schutzart IK07.
- Schutzarten, siehe Kapitel 7.2.

Erläuterungen: Schutzarten siehe Kapitel 7.2.

Der Schutz gegen äußere Einflüsse spielt gerade auf Campingplätzen eine große Rolle, daher müssen die Betriebsmittel gesondert geschützt sein. Das Auftreten von Spritzwasser und Fremdkörpern können auf Campingplätzen die Betriebs- und Verbrauchsmittel beeinflussen. Auch Arbeiten, wie das Reinigen mit Hochdruckreinigern ist keine Seltenheit. Außerdem müssen die Betriebsmittel so ausgewählt sein, dass sie gegen mechanische Beanspruchungen geschützt sind oder durch zusätzlichen mechanischen Schutz, wie den Einbau der Betriebsmittel in Mauernischen gegen Beschädigungen, z. B. durch Fahrzeuge, nicht in ihrer Wirkungsweise beeinträchtigt werden.

Die in der Kurzübersicht genannten Kürzel wie AD4 oder AG2 sind Kurzbezeichnungen der äußeren Einflüsse aus dem Anhang A bzw. ZA der DIN VDE 0100-510:2014-10. Darin bedeuten:

AD4 Spritzwasser: Möglichkeit von Spritzwasser aus allen Richtungen; dies kann auf Campingplätzen für viele Betriebs- und Verbrauchsmittel zutreffen.

AE3 Fremdkörper: Auftreten von festen Fremdkörpern, deren kleinste Abmessungen nicht kleiner als 1 mm sind.

AG2 Mechanische Beanspruchung durch Schlag; mittlere Beanspruchung der gebräuchlichen Betriebsmittel. Nach DIN VDE 0100-520 sind z. B. Kabel und Leitungen so auszuwählen und zu errichten, dass der Schaden, der durch mechanische Beanspruchung während der Errichtung, der Nutzung oder der Instandhaltung verursacht wird, auf ein Minimum zu reduzieren ist.

9.5 Steckdosen

Kurzübersicht

- Steckdosen für Stellplätze: möglichst in unmittelbarer Nähe errichten.
- Zulässig Einphasenwechselstromanschlüsse: dreipolige Industriesteckvorrichtung (CEE) mit dem PE-Kontakt in 6h-Stellung und blauer Kennzeichnung.
- Zulässig bei höheren Anschlussleistungen: fünfpolige Industriesteckvorrichtungen (CEE) mit roter Kennzeichnung.
- Steckdosen mindestens Schutzart IP44.
- In einem Gehäuse dürfen nur max. vier Steckdosen installiert sein.
- Steckdosen so installieren, dass die jeweilige Unterkante der Steckdosen in einer Höhe zwischen 0,5 m und 1,5 m über der Erdgleiche liegt.
- Bei Gefahr durch Überschwemmung bzw. Hochwasser oder bei starkem Schneefall darf die max. Höhe von 1,5 m überschritten werden; evtl. zusätzliche Maßnahmen.
- Schutzkontaktsteckdosen für die Versorgung von Stellplätzen sind verboten!
- Mehrfach-Schutzkontaktsteckdosen und Verteiler für die Versorgung mehrerer Stellplätze sind verboten!
- Mit Schutzkontaktsteckvorrichtungen ist der Verpolungsschutz nicht sichergestellt!

Erläuterungen: Die Sicherheit der Camper hat oberste Priorität. Daher ist seitens der Normungsgremien alles unternommen worden, damit möglichst keine Unfälle eintreten. Eine Verwechslung der Verpolung kann verheerende Auswirkungen haben. Daher sind wegen des Schutzes gegen Verpolung für Einphasenwechselstromanschlüsse nur dreipolige Industriesteckvorrichtungen (CEE) zulässig. Dabei muss der PE-Kontakt in 6h-Stellung angeschlossen sein. Dadurch wird sichergestellt, dass auch bei einpoligen Schaltern in den angeschlossenen Freizeitfahrzeugen der Außenleiter geschaltet wird und nicht der Neutralleiter. Wichtig ist jedoch die richtige Belegung der Anschlussklemmen für L, PE und N. Im **Bild 9.4** ist die Anschlussbelegung dargestellt (siehe Kapitel 10.3).

Merke: Anschlusssäulen mit Schutzkontaktsteckdosen sind auf Campingplätzen nicht zulässig.

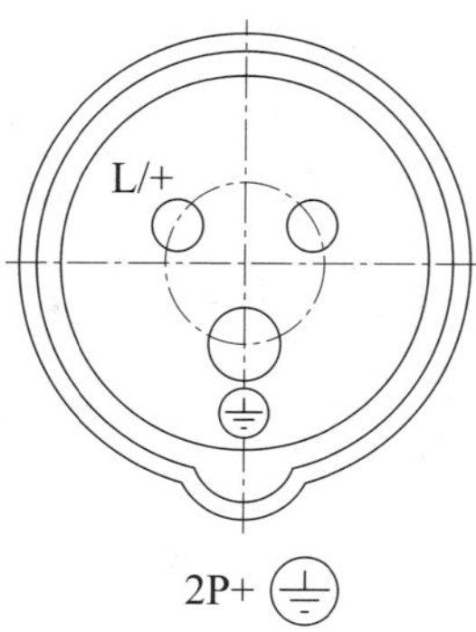

Bild 9.4 Anschlussbelegung von dreipoligen Industriesteckdosen
Skizze: Mennekes Elektrotechnik GmbH & Co. KG, Kirchhundem

In einem Verteiler bzw. Gehäuse dürfen max. nur vier Steckdosen (Schutzart mindestens IP44) untergebracht sein, damit lange Verlängerungsleitungen zwischen den Steckdosen und den Stellplätzen möglichst vermieden werden. Die Steckdosen sollten so installiert sein, dass deren Unterkante in einer Höhe zwischen 0,5 m und 1,5 m über der Erdgleiche liegen. Bei Überflutungsgefahr oder anderen Hochwasser- und extremen Schneerisiken kann die ansonsten max. Höhe von 1,5 m überschritten werden, damit gefahrloses Bedienen der Steckvorrichtungen möglich ist. Dazu kann die Elektrofachkraft bei der Projektierung der Anlagen zusätzliche Maßnahmen, die geeignet erscheinen, durchführen. Gegen Überstrom ist jede Steckdose einzeln zu sichern.

Bild 9.5 CEE-Steckvorrichtungen (Mennekes)
Foto: as – Schwabe GmbH, Eutingen im Gäu

9.6 Kabel- und Leitungsanlagen, Verlängerungsleitungen, Leitungsroller

Kurzübersicht

- Für Verlängerungsleitungen: nur Bauart H07RN-F oder mindestens gleichwertige Ausführung.
- Bei einem Bemessungsstrom 16 A und einem Mindestquerschnitt von 2,5 mm^2 Cu darf die Länge der Verlängerungsleitungen 25 m (Toleranz 2 m) nicht überschreiten.
- Verwenden von Adaptern: Die Verbindung der Industriesteckvorrichtung an den Stellplätzen und den Anschlusspunkten der Caravans über Verlängerungsleitungen mit Schutzkontaktsteckvorrichtungen mittels handelsüblicher Adapter sollte die Elektrofachkraft auf keinen Fall durchführen, da der Verpolungsschutz nicht sichergestellt werden kann.
- Erdverlegte Kabel sollten mindestens 0,5 m (DIN VDE 0100-708) tief im Erdreich liegen oder bei geringerer Tiefe muss ein besonderer mechanischer Schutz installiert werden.
- Oberirdisch angebrachte Leitungen müssen in mindestens 3,5 m Höhe bzw. in befahrbaren Bereichen 6,0 m oberhalb Erdgleiche angebracht sein; das Durchhängen und Bewegen der Leitungen darf keine Beschädigung verursachen.
- Erlaubt ist die Verwendung von Leitungen mit integrierten Tragseilen wie NYMT.
- Nicht erlaubt ist die Verwendung von Bauart NYY oder NYM oder H07RN-F ohne zusätzliche Befestigung an einem Tragseil.
- Es muss durch vorausschauende Errichtung ausgeschlossen sein, dass Masten oder Befestigungen für oberirdisch verlegte Leitungen beschädigt werden können.
- Für den Brandschutz: Der Funktionserhalt der Leitungsanlagen bei äußerer Brandeinwirkung muss auf Campingplätzen mindestens 90 min betragen.
- Leitungsroller: Querschnitt mindestens 2,5 mm^2, Leitungstyp H07RN-F oder gleichwertige; IP44; CEE-Steckvorrichtungen.

Erläuterungen: Die Verbindung zwischen einzelnen Elementen der Campingplatzversorgung sowie dem Endverbraucher erfolgt mit Kabeln und Leitungen. Diese dienen zur Übertragung elektrischer Energie oder als Steuerkabel oder -leitungen für Mess-, Steuer-, Regel- und Überwachungsaufgaben in elektrischen Anlagen.

Es wird zwischen Kabeln und Leitungen unterschieden. Generell kann man sagen, dass Kabel stärker isoliert und thermisch belastbarer sind als Leitungen. Während Kabel vor allem zur Stromverteilung in Netzen der Energieversorgungsunternehmen, der Industrie und im Bergbau eingesetzt werden, finden Leitungen im Allgemeinen für Verdrahtungen in Geräten, für Installationszwecke oder zum Anschluss beweglicher und ortsveränderlicher Geräte und Betriebsmittel Verwendung. Ein weiterer Unterschied zwischen Kabeln und Leitungen besteht darin, dass Leitungen nicht dauerhaft in der Erde verlegt werden, Kabel jedoch immer fest zu verlegen sind. Als grobes Unterscheidungsmerkmal dient also der Verwendungszweck. Flexible Bauarten, wie sie auf Campingplätzen eingesetzt werden, zählen zu den Leitungen. Darüber hinaus sind die Gerätebestimmungen (z. B. Normenreihe DIN VDE 0700), die Errichtungsbestimmungen (z. B. Normenreihe DIN VDE 0100) oder die zu erwartenden Betriebsbeanspruchungen maßgebend, ob Kabel oder Leitungen zu verwenden sind.

In vielen Fällen sind durch die Verwendung moderner Isolier- und Mantelwerkstoffe konstruktive Unterscheidungsmerkmale nicht mehr erkennbar. Für die Auswahl der Kabel und Leitungen gelten die Normen der Gruppe 500 von DIN VDE 0100, insbesondere DIN VDE 0100-520.

Bei der Projektierung und der Errichtung von Kabeln und Leitungen auf Campingplätzen ist seitens der Elektrofachkraft besonderes Augenmerk zu legen. Auf dem Campingplatz handeln viele unterschiedliche Menschen, die als Camper häufig den Standort wechseln und bei der Festlegung ihrer Stellflächen mit Geräten und Werkzeugen hantieren und dabei Kabel und Leitungen beschädigen könnten. Kabel sollten daher ins Erdreich verlegt werden, jedoch möglichst nicht dort, wo sich die eigentlichen Flächen für die Stellplätze befinden. Außerdem sollte vorausschauend dort kein Kabel verlegt werden, wo üblicherweise Zeltpflöcke oder andere Befestigungen ins Erdreich eingetrieben werden.

Bei der Kabelverlegung sind zu beachten:

- mindestens in einer Tiefe von 0,6 m und/oder
- zusätzlicher mechanischer Schutz, wie Kunststoffabdeckungen,

damit die Kabel im Erdreich vor Beschädigungen geschützt bleiben.

Werden Leitungen oberirdisch verwendet, so müssen sie entsprechend isoliert sein. Dabei ist darauf zu achten, dass Sonneneinstrahlung die Leitungen schädigen kann, dieser Umstand ist bei der Auswahl des Leitungstyps zu berücksichtigen. Frei gespannte Leitungen müssen an einem Tragseil befestigt bzw. es müssen Leitungstypen mit integriertem Tragseil (z. B. NYMT) verwendet werden. Sollen Leitungstypen wie NYY, NYM oder H07RN-F auf dem Campingplatz errichtet werden, so ist nach DIN VDE 0100-520 darauf zu achten, dass sie an einem Tragseil befestigt sind und durch das Durchhängen oder Bewegen nicht beschädigt werden können. Standorte für Masten und andere Befestigungen für die oberirdisch verlegten Leitungen müssen so räumlich projektiert und errichtet werden, dass eine Beschädigung durch vorhersehbare Bewegungen von Fahrzeugen annähernd ausgeschlossen werden kann. Die Leitungen sind mindestens in 3,5 m Höhe und in befahrbaren Bereichen mindestens in 6 m Höhe über dem Erdboden zu verlegen.

Die Anforderungen an Verlängerungsleitungen für die Verbindung zur Steckdose am Stellplatz, die den Caravan versorgt, sind in DIN VDE 0100-721 festgelegt. Danach sind Stecker und Kupplungen in Übereinstimmung mit DIN EN 60309-2 (**VDE 0623-2**) „Stecker, Steckdosen und Kupplungen für industrielle Anwendungen – Teil 2: Anforderungen und Hauptmaße für die Austauschbarkeit von Stift- und Buchsensteckvorrichtungen" zu verwenden und nur Gummischlauchleitungen des Typs H07RN-F (in der DIN VDE 0100-721:2019-10 ist als Leitung H05RN-F gefordert) oder gleichwertiger Bauart zulässig.

Die flexible Leitung darf nicht länger als 25 m (Toleranz 2 m), der enthaltene Schutzleiter muss auf der gesamten Länge grün-gelb gekennzeichnet sein. Der Querschnitt der Verlängerungsleitung für den Anschluss eines Caravans kann der **Tabelle 9.1** entnommen werden.

Bemessungsstrom in A	**Mindestquerschnitt in mm²**
16	2,5
25	4
32	6
63	16
100	35

Tabelle 9.1 Querschnitte von flexiblen Verlängerungsleitungen für den Anschluss eines Caravans

Bild 9.6 Verlängerungsleitung mit CEE-Steckvorrichtungen
Foto: as – Schwabe GmbH, Eutingen im Gäu

Mit der Festlegung des Mindestquerschnitts und der Begrenzung der Leitungslänge vermeidet man einen zu großen Spannungsfall, außerdem ist gewährleistet, dass die vorgeschalteten Überstromschutzorgane im Fall eines Kurzschlusses rechtzeitig abschalten. Zusätzliche Verlängerungsleitungen sollten möglichst vermieden werden, denn mit jedem zusätzlichen Steckkontakt erhöht sich der Gesamtwiderstand der Leitung und durch Korrosion an den Steckkontakten können sich Gefahrenpunkte bilden.

Schutz gegen zu hohe Erwärmung von Kabeln und Leitungen: Auch auf Campingplätzen und ähnlichen Bereichen muss eine zu hohe Erwärmung der Kabel und Leitungen verhindert werden, d. h., die Elektrofachkraft muss bei der Errichtung entsprechende Einflussfaktoren bei der Bemessung berücksichtigen. In DIN VDE 0100-708 werden keine gesonderten Anforderungen an die Belastbarkeit gestellt. Somit gelten bei der Auswahl der Kabel- und Leitungsanlagen u. a. DIN VDE 0100-520, DIN VDE 0100-430 und DIN VDE 0298-4. In den Normen ist festgelegt, dass Kabel und Leitungen gegen zu hohe Erwärmung, die sowohl durch betriebsmäßige Überlastung als auch durch Kurzschluss auftreten kann, durch Überstromschutzeinrichtungen geschützt werden müssen. Die Belastbarkeit (Kurzbezeichnung für Strombelastbarkeit) ist unter Berücksichtigung einiger Einflussgrößen nach DIN VDE 0298-4 zu ermitteln, z. B. Querschnitt der Adern, Leitermaterial, Leitungsart, Verlegeart, Umgebungstemperatur, Betriebs- und Belastungsart. Bei notwendiger, detaillierter Betrachtung zu diesem Thema sei auf die entsprechenden Normen und die im Anhang angegebene Literatur verwiesen.

Ermittlung der zulässigen Längen: Die Berechnung der max. zulässigen Leitungslängen nach DIN VDE 0100-430 beruht auf DIN EN 60909-0 (**VDE 0102**) „Kurzschlussstromberechnung“ und ist bei der Errichtung von Starkstromanlagen zu beachten. Die Impedanz des Stromkreises und damit die Leitungs- bzw. Kabellänge ist durch den Schutz bei indirektem Berühren, Schutz bei Kurzschluss und bei Begrenzung des Spannungsfalls begrenzt. Bei Bedarf sei auf DIN EN 60909-0 (**VDE 0102**), DIN VDE 0100-430 und DIN VDE 0100-520 verwiesen. Außerdem ein Literaturhinweis an dieser Stelle: Im Anhang des Buchs „VDE 0100 und die Praxis“, 17. Auflage, 2021 [28] von *Gerhard Kiefer*, *Herbert Schmolke* und *Karsten Callondann* findet der Leser ausführliche Tabellenwerte zur Berechnung der max. zulässigen Leitungslängen in Abhängigkeit von verschiedenen Parametern sowie Angaben zu max. zulässigen Leitungslängen unter Berücksichtigung des Spannungsfalls (DIN VDE 0100 Beiblatt 5).

Eine weitere, immer wieder diskutierte Frage soll noch behandelt werden: die *Verwendung von Adaptern*. In beiden Normen DIN VDE 0100-708 und DIN VDE 0100-721 ist die Forderung enthalten, dass jede Steckdose (Teil 708) bzw. alle elektrischen Wechselspannungsanschlüsse an einem Caravan (Teil 721) in Übereinstimmung mit DIN EN 60309-2 (**VDE 0623-2**) sein müssen. Außerdem ist in DIN VDE 0100-721 festgelegt, dass die Verbindungsleitung zwischen der Steckdose und dem Caravan an beiden Enden eine Steckvorrichtung nach DIN EN 60309-2 (**VDE 0623-2**) sein muss. Das bedeutet, der „Ausgang“ des Campingplatzes und der „Eingang“ des Caravans sowie auch die Anschlussleitung zwischen Campingplatz und Caravan müssen mit Steckvorrichtungen nach DIN EN 60309-2 (**VDE 0623-2**) ausgestattet sein. Die Notwendigkeit und die Verwendung eines Adapters schließen sich hier aus normativen Gründen aus, denn die Auswahl und die Art der zu errichtenden Steckvorrichtungen nach DIN VDE 0100-708 und DIN VDE 0100-721 sind eindeutig.

Es werden immer wieder Anwendungsfälle für den Einsatz von Adaptern konstruiert, z. B. wenn ein Gerät an einer Industriesteckvorrichtung nach DIN EN 60309-2 (**VDE 0623-2**) betrieben oder ein Caravan an einem Stellplatz versorgt werden soll, der nicht über eine CEE-Industriesteckvorrichtung verfügt. Die dann von elektrotechnischen Laien häufig verwendeten Adapter sollten auf keinen Fall von einer Elektrofachkraft akzeptiert werden, da mit Schutzkontaktsteckvorrichtungen über Adapter der Verpolungsschutz nicht sichergestellt ist. (Anmerkung des Verfassers: Diese Beurteilung ist gestützt durch eine Expertise der Mennekes Elektrotechnik GmbH & Co. KG, Kirchhundem vom März 2015.) Hinzu kommt, dass die Adapter nach DIN EN 50250 (**VDE 0623-4**) im industriellen Bereich in Deutschland nicht angewendet werden dürfen. Nach Auffassung des Verfassers ist ein Campingplatz als Betrieb im Sinne des Arbeitsschutzes zu werten und damit muss der Campingplatzbetreiber das Arbeitssicherheitsgesetz berücksichtigen. Für die elektrotechnische Beurteilung wird der Betreiber sich einer Elektrofachkraft bedienen, die selbstverständlich normgerecht handelt.

Leitungsroller dienen dem Auf- und Abrollen einer angeschlossenen Leitung mit Steckvorrichtungen zum Anschluss mehrerer Geräte. Sie werden auch gelegentlich mit den Begriffen Kabeltrommel oder Kabelroller bezeichnet. Nach den DIN-VDE-Normen muss der Leitungsroller eine Überhitzungsschutzeinrichtung haben. Durch diese Festlegung soll eine übermäßig hohe Temperatur im Leitungsroller und insbesondere in der Leitung verhütet werden. Eine solche Überlastschutzeinrichtung muss je nach Art der verwendeten Leitung mindestens einpolig, bei Drehstrom mindestens dreipolig schalten. Bei der Prüfung geht man von einer Temperatur von 60 °C bei Gummileitungen und 70 °C bei PVC-Leitungen an der wärmsten Stelle des Wicklers aus. Leitungsroller, die eine solche Überhitzungsschutzeinrichtung eingebaut haben, entsprechen den elektrotechnischen Regeln.

Auf Campingplätzen sollten Leitungsroller für industrielle Anwendungen nach DIN EN 61316 (**VDE 0623-100**) eingesetzt werden.

Sie weisen zusätzliche Merkmale auf:

- Schutzklasse II und erfüllen damit die Anforderungen für Betriebsmittel mit verstärkter oder doppelter Isolierung (siehe Kapitel 7.1.2.3).
- Der Tragegriff, das Trommelgehäuse und der Kurbelgriff bestehen aus Isolierstoff oder sind mit Isolierstoff umgeben/umhüllt.
- Trommeln aus Stahlblech sollten bei Campern keinen Einsatz finden.
- Mindestens Schutzart IP44.
- Als Leitungen sind nur Schlauchleitungen der Typen H07RN-F oder H07BQ-F bzw. gleichwertige Ausführungen zugelassen.
- Ausrüstung mit einer integrierten Schutzeinrichtung gegen übermäßige Erwärmung, z. B. Thermoschutzschalter.
- Werden Verbrauchsmittel mit einer elektrischen Leistung von zusammen mehr als 1 000 W angeschlossen, so ist der Leitungsroller im abgewickelten Zustand zu benutzen.
- Der Betrieb des Leitungsrollers muss in aufrechter, stehender Gebrauchslage erfolgen und nicht liegend zwischen anderen Gebrauchsgütern.
- Anforderungen gelten in gleicher Weise für Wechsel- und Drehstromausführungen.
- Leitungsroller, ausgelegt für den privaten Gebrauch nach DIN EN 61242 (**VDE 0620-300**), sollten auf Campingplätzen keine Verwendung finden.

Leitungsroller müssen gekennzeichnet sein mit:

- Betriebsbemessungsspannung;
- Symbol für Stromart;
- entweder Name, Handelsname oder Identifikation des Herstellers;
- Typzeichen;
- Symbol für den Schutzgrad;
- einer Anweisung, die deutlich angibt, wie die Auslöser zurückzustellen sind;
- der höchsten Belastung, die an die Steckdosen angeschlossen werden darf (in Watt) für vollständig aufgewickelte und vollständig abgewickelte Leitung sowie mit Spannungsangaben;
- dauerhafter und eindeutig sichtbarer Kennzeichnung.

Merke: Anforderungen an Leitungsroller für den Einsatz beim Camping:

Teile oder Funktion des Leitungsrollers	**Vorgaben für Zuleitungen aus DIN VDE 0100-721**
Schutzart	IP44
Material: Tragegriff, Trommel und Kurbelgriff	Isolierstoff oder umhüllt mit Isolierstoff
Leitungen	H07RN-F oder gleichwertige
Leitungsquerschnitt	mindestens 2,5 mm^2
Schutzeinrichtung gegen übermäßige Erwärmung	Thermoschutzschalter
Steckvorrichtungen	blaue dreipolige CEE
Umgebungstemperaturen	–25 °C bis +40 °C
Gebrauch	aufrechte, senkrechte Gebrauchslage
Anschluss mehrerer Verbrauchsmittel > 1 000 W	Leitungsroller im abgewickelten Zustand der Leitung benutzen

Bild 9.7 Leitungsroller
Foto: as – Schwabe GmbH, Eutingen im Gäu

9.7 Trennen und Schalten

Kurzübersicht

- Mindestens eine Einrichtung zum Trennen in jedem Verteiler.
- Alle aktiven Leiter, auch der Neutralleiter, müssen schaltbar sein.

Erläuterungen: In der DIN VDE 0100 Gruppe 700 für Campingplätze und Caravans wird gefordert, dass jede unabhängige Anlage eines Caravans über einen eigenen Haupttrennschalter verfügen muss, der alle aktiven Leiter abschaltet und der so angeordnet wird, dass eine Bedienung im Caravan leicht möglich ist. In einer Anlage mit nur einem Endstromkreis darf als Trennschalter die Überstromschutzeinrichtung verwendet werden, vorausgesetzt, diese Einrichtung erfüllt die Anforderungen für das Trennen.

Einrichtungen zum Trennen, gemeint ist das allseitige Ausschalten oder Abtrennen einer Anlage, eines Anlagenteils oder eines Betriebsmittels von allen nicht geerdeten Leitern, um die Sicherheit von Personen beim Arbeiten (Instandhaltung, Fehlersuche, Auswechseln von Betriebsmitteln) zu gewährleisten. Trennen ist eine Tätigkeit, die mithilfe dafür vorgesehener Geräte ausgeführt wird. Eine Trenneinrichtung darf auch gleichzeitig als Schalteinrichtung verwendet werden. Eine Schalteinrichtung darf jedoch nur zum Trennen verwendet werden, wenn sie zum Trennen geeignet ist. Einrichtungen zum Trennen müssen Schaltgeräte sein, bei denen im ausgeschalteten Zustand zwischen den geöffneten Kontakten die notwendigen Abstände (Trennstrecken) erfüllt und eingehalten werden. Außerdem wird empfohlen, Trenneinrichtungen mit allpoliger Abschaltung, d. h. mit Abschaltung des Neutralleiters zu verwenden. Die Anforderungen an Geräte zum Trennen sind in DIN VDE 0100-530 enthalten. Als Geräte zum Trennen können eingesetzt werden:

- Trennschalter, Lasttrennschalter;
- Sicherungstrennschalter, Sicherungsunterteile;
- Steckvorrichtungen;
- Trennlaschen, Seilschlaufen;
- ausziehbare Schalteinrichtungen, die die Trennerbedingungen erfüllen.

Alle Geräte, die zum Trennen angewendet werden, müssen eindeutig zugeordnet werden können, damit erkennbar ist, welcher Stromkreis durch sie getrennt werden kann. Leistungsschalter dürfen ebenfalls als Trenneinrichtung verwendet werden, wenn sie nach den Herstellerangaben zum Trennen geeignet sind.

In DIN VDE 0100-708 ist zu den Einrichtungen zum Trennen folgende Forderung enthalten: Grundsätzlich gelten die Anforderungen nach DIN VDE 0100-530, aber zusätzliche Anforderungen sind hinzugefügt: Mindestens eine Einrichtung zum Trennen muss in jedem Verteiler errichtet sein, die alle aktiven Leiter, auch die Neutralleiter, abschalten kann.

9.8 Beleuchtung

Kurzübersicht

- Anforderungen an die Beleuchtung von Campingplätzen sind in der jeweiligen Landesverordnung über Camping- und Wochenendplätze enthalten.
- Die Fahrwege auf Campingplätzen und die Treppen und Absätze auf begehbaren Flächen müssen ausreichend beleuchtet sein; als Richtwert dient aus DIN EN 12464-2 eine Beleuchtungsstärke von 5 lx bis 10 lx.
- Für die Errichtung der Beleuchtungsanlagen gelten DIN VDE 0100-559, DIN VDE 0100-714 und DIN VDE 0100-737; siehe Kapitel 15 und Kapitel 16.

Erläuterungen: In den Campingplatzverordnungen der einzelnen Bundesländer sind zur Beleuchtung die Aussagen enthalten, dass die Fahrwege von Camping- und Zeltplätzen in Abhängigkeit von der Anzahl der Stellplätze auf dem jeweiligen Campingplatz eine ausreichende elektrische Beleuchtung haben müssen/sollten. Die Treppen und Absätze auf begehbaren Flächen müssen ausreichend beleuchtet sein. Aus DIN EN 12464-2 „Licht und Beleuchtung – Beleuchtung von Arbeitsstätten – Teil 2: Arbeitsplätze im Freien“ können die Beleuchtungsstärken in Verkehrszonen entnommen werden. Je nach Art des Wegs und der Aufgaben der arbeitenden Personen gelten Beleuchtungsstärken von 5 lx bis 20 lx.

Für die Errichtung von Beleuchtungsanlagen gelten DIN VDE 0100-559, DIN VDE 0100-714 und DIN VDE 0100-737 (siehe Kapitel 15 und Kapitel 16).

9.9 Erdungsanlagen

Kurzübersicht

- Durch Erdungsanlagen sollen die Berührungsspannungen im Fehlerfall auf ungefährliche Werte begrenzt werden.
- Anlagenerder vor Ort auf dem Campingplatz im TN- und TT-Netz.
- Wichtig für den Campingplatz: Durch die richtige Ausführung der Erdungsanlage muss ein dauerhaft unter dem zulässigen Grenzwert liegender Ausbreitungswiderstand sichergestellt sein.
- Die Erdungsanlage ist nicht nur für die Schutzmaßnahme gegen elektrischen Schlag wichtig, sondern auch bei Überspannungen (siehe Kapitel 11).

Erläuterungen: Eine elektrisch leitfähige Verbindung zwischen elektrischen Anlagen, Betriebsmitteln und Leitungen mit dem Erdboden ist eine wichtige Voraussetzung für die Wirksamkeit der Schutzmaßnahmen. Miteinander leitend verbundene Erder und/oder Metallteile, die wie Erder wirken, und ihre zugehörigen Erdungsleiter werden insgesamt als Erdungsanlage bezeichnet. Eine gut geplante, gut errichtete und gut funktionierende Erdungsanlage ist auch für Campingplätze und ähnliche Bereiche von großer Bedeutung. Erst durch das Erden (abhängig vom System der Art der Erdverbindung, siehe Kapitel 6, Kapitel 7 und Kapitel 8) können Schutzeinrichtungen wie Fehlerstromschutzeinrichtungen (RCDs) wirksam werden. Zur schnellen Übersicht sind in **Tabelle 9.2** einige Begriffe, die mit Erdungsanlagen im Zusammenhang stehen, kurz erläutert.

Begriffe	Erläuterungen
Erde	Die Erde ist ein leitender Stoff, dessen elektrisches Potential außerhalb des Einflussbereichs von Erdern null ist. Dies wird als Bezugserde bezeichnet. Wird über den Erder einer Erdungsanlage oder über andere leitfähige Teile ein Strom in die Erde geleitet, erhält die Erde in diesem Bereich ein von null abweichendes Potential. An der Erdoberfläche entsteht dann gegenüber der Bezugserde das Erdoberflächenpotential. Die dabei auftretende Spannung zwischen Erder und Bezugserde wird als Erdungsspannung bezeichnet. Erde ist die Bezeichnung als Ort und auch als Stoff, z. B. Bodenart, Lehm, Sand, Stein.
Erder	Ein Erder besteht aus leitfähigem Material und ist unmittelbar in Erde oder in ein mit Erde verbundenes Fundament eingebracht. Kennzeichnend für den Erder ist eine gute elektrische Verbindung mit der Erde.
Erdernetz	Der Teil einer Erdungsanlage, der die Erder und ihre Verbindungen untereinander umfasst.
Erdreich	Unter dem Begriff Erdreich wird die Erde als Stoff verstanden, d. h. die unterschiedlichen möglichen Bodenarten wie Gestein, Lehm, Sand, Kies.
Erderwerkstoff	Werkstoffe, aus denen die Erder hergestellt sind, müssen mechanische Festigkeit aufweisen, thermischen Belastungen widerstehen, korrosionsbeständig sein.
Erdung	Alle Maßnahmen, die zum Erden getroffen werden, und alle dazu erforderlichen Betriebsmittel werden in der Gesamtheit als Erdung bezeichnet. Die Erdung ist eine elektrisch leitfähige Verbindung zwischen elektrischen Anlagen und Leitungen zum Schutz gegen Gefährdungen durch zu hohe Berührungsspannungen; Schutzerdung: zum Zwecke der elektrischen Sicherheit; Funktionserdung: zu funktionellen Zwecken
Erdungsleiter	Der Erdungsleiter (auch „Erdungsleitung") ist ein Schutzleiter, der die Haupterdungsklemme oder -schiene mit dem Erder verbindet. Schutzerdungsleiter: Leiter dienen der Erdung eines Netzpunkts, eines Betriebsmittels oder einer Anlage zum Zweck der elektrischen Sicherheit.
Erdungsstrom	Der Erdungsstrom ist der gesamte über die Erdungsimpedanz in die Erde fließende Strom. Er ist ein Teil des Erdfehlerstroms und beeinflusst die Potentialanhebung der Erdungsanlage gegenüber der Bezugserde.
Erdungswiderstand	Der Erdungswiderstand besteht aus dem Widerstand der Erdungsleitung und dem Ausbreitungswiderstand.
Ausbreitungswiderstand	Widerstand der Erde zwischen dem Erder und der Bezugserde, also der dazwischenliegenden Erde.

Tabelle 9.2 Begriffe, die mit Erdungsanlagen in Zusammenhang stehen

Merke: Notwendigkeit eines Anlagenerders vor Ort im TN- bzw. TT-System

Art der Erdverbindung	Anlagenerder	Anmerkung
TN-System	wird nach DIN VDE 0100-410 für den Schutz gegen elektrischen Schlag nicht zwingend benötigt	die Funktion des Schutzes wird durch das Verteilungsnetz des Netzbetreibers gewährleistet
TT-System	ist nach DIN VDE 0100-410 für den Schutz gegen elektrischen Schlag dringend erforderlich; der Erder der elektrischen Anlage ist der Anlagenerder und zugleich Schutzerder	im TT-System übernimmt der Anlagenerder die wichtige Funktion eines Schutzerders

Beim TN-System werden nicht zwingend für die elektrische Anlage auf dem Campingplatz Anlagenerder vor Ort für den Schutz gegen elektrischen Schlag benötigt, jedoch sind Anlagenerder dennoch gegen Überspannungen durch Blitzeinschlag sinnvoll.

Aufgaben der Erdungsanlagen:

- Schutz von Personen durch zu hohe Berührungsspannungen; durch die Erdung kann erreicht werden, dass z. B. bei einem Körperschluss die Berührungsspannung bei vorher richtiger Auslegung der Erdungsanlage auf ungefährliche Werte begrenzt bleibt.
- Blitzschutz von Anlagen und Gebäuden (Tipp: Die Ausführungen von Erdungsanlagen für den Blitzschutz sind in dem Buch „Blitzplaner", 4. Auflage, 2018 von Dehn SE + Co. KG, Neumarkt (Oberpfalz) in hervorragender Weise dargestellt.)
- Begrenzung elektromagnetischer Störungen.

Beim Errichten der Erdungsanlage ist sicherzustellen:

- Der Ausbreitungswiderstand muss den Erfordernissen des Schutzes und der Funktion der Anlage entsprechen.
- Richtige Auswahl der Werkstoffe, ausreichende Bemessung, zusätzlicher mechanischer Schutz gegen äußere Einflüsse, Schutz gegen Korrosion.
- Fehler- und Erdableitströme dürfen keine Gefahr für die Umgebung verursachen, Einflüsse durch thermische, elektrodynamische oder elektrolytische Beanspruchungen sind zu vermeiden.
- Elektrisch gut leitende Verbindungen sind durch korrosionsgeschützte Schweiß-, Schraub- oder Klemmverbindungen sicherzustellen.

Wirkungen der Erder: Verringerung der Spannungsbeanspruchung von elektrischen Betriebsmitteln bei atmosphärischen Überspannungen und die Spannungsbegrenzung der Außenleiter bei Erdschluss:

- TN-System: Begrenzung der Fehlerspannung am PEN-Leiter auf möglichst niedrige Werte im Fehlerfall. Tipp für den Campingplatz im TN-S-System: Es sollten möglichst alle Campingplatzverteiler zusätzlich geerdet und miteinander verbunden (über den PE des Campingplatzverteilerstromkreises) werden. Vorteil: Durch den zusätzlichen Einsatz von Einzelerdern im TN-S-System im Fall eines Blitzeinschlags in das Campingareal wird der Blitzstrom über die miteinander verbundenen Einzelerder aufgeteilt, sodass eine gleichmäßige Schrittspannungsbelastung auftritt. Ansonsten ist mit einer partiell höheren Schrittspannung zu rechnen.
- TT-System: Vergrößerung des Erdschlussstroms zur Erleichterung der Abschaltung der Schutzeinrichtungen in Verbraucheranlagen. Tipp für den Campingplatz: Eine Erdung aller Campingplatzverteiler ist zwingend notwendig, damit der Schutz der Abschaltung sichergestellt werden kann; diese sollten untereinander verbunden sein. Ansonsten besteht die Gefahr, dass bei zwei Körperschlüssen an zwei verschiedenen Campingplatzverteilern die mit dem Verkettungsfaktor $\sqrt{3}$ verkettete Spannung zwischen zwei nebeneinanderliegenden Campingplatzverbrauchsmitteln auftritt, sodass die Berührungsspannung > 50 V eintreten kann.

Es wird zwischen verschiedenen Erderarten unterschieden:

Oberflächenerder: • **Banderder,** • **Erder aus Rundmaterial,** • **Seilerder**	• 0,5 m bis 1 m tief verlegen, • Erder mit Erdreich umgeben und verfestigen, • Strahlenerder: Winkel zwischen den Strahlen nicht kleiner als 60°, damit gegenseitige Beeinflussung verhindert wird
Tiefenerder: • **Staberder,** • **Rohrerder**	bei Verwendung mehrerer Tiefenerder: gegenseitiger Mindestabstand: doppelte wirksame Länge des einzelnen Erders
natürliche Erder: • **Metallbewehrung von Beton im Erdreich,** • **Bleimäntel und andere metallene Umhüllungen,** • **metallene Wasserleitungen**	• Verbindung der Bewehrungseisen durch Rödelverbindung ausreichend, • Verbindung der Stahlkonstruktion des Gebäudes mit der Erdungsanlage, • Verwendung der Wasserrohrnetze als Erder nur mit Einverständnis des Eigentümers, • metallene Rohrleitungen für brennbare Flüssigkeiten oder Gase dürfen *nicht* als Erder verwendet werden (siehe auch DIN VDE 0100-540), • metallene Umhüllungen als Erder nur mit Einverständnis der Betreiber
Fundamenterder:	• besondere Ausführungsform eines Erders, meist allseitig in Beton eingebettet; Vorteil: hochwertiger Korrosionsschutz

Die bekannteste Form der Erder ist der Staberder, der üblicherweise als Flussstahl, Winkelstahl, U-Stahl, T-Stahl oder Kreuzstahl senkrecht in den Boden eingebracht wird. Bei steinigem Boden ist ein Bandstahl oder ein Stahlseil als Erder, etwa 50 cm tief eingegraben, zu bevorzugen. Als Verbindungsleitung zu den Erdern ist nach DIN VDE 0100-540 ein Mindestquerschnitt von 6 mm^2 Cu festgelegt. Auf Baustellen ist jedoch mit hohen mechanischen Beanspruchungen zu rechnen, daher sollte bei einer ungeschützten Verlegung des Erdungsleiters ein Querschnitt von mindestens 16 mm^2 Cu gewählt werden. Die Erdungsleitung muss grün-gelb ummantelt sein.

Wichtig für die Erdungsanlagen auf Campingplätzen ist die richtige Ausführung, denn es muss dauerhaft ein unter dem zulässigen Grenzwert liegender, niedriger Ausbreitungswiderstand sichergestellt sein, damit die verschiedenen Fehlerstromschutzeinrichtungen (RCDs, vgl. Kapitel 8) funktionieren. Der Grenzwert des Ausbreitungswiderstands kann im TT-System aus der zulässigen Berührungsspannung und dem Bemessungsdifferenzstrom der vorgeschalteten Fehlerstromschutzeinrichtung (RCD) berechnet werden:

$$R_{\mathrm{A}} \cdot I_{\Delta\mathrm{n}} \leq U_{\mathrm{L}}.$$

R_{A} Ausbreitungswiderstand, der Widerstand eines Erders zwischen diesem Erder und der Bezugserde (Erde als Stoff),

$I_{\Delta\mathrm{n}}$ Bemessungsdifferenzstrom,

U_{L} Berührungsspannung.

Bei der Berechnung ist zu beachten, dass je nach Typ der Fehlerstromschutzeinrichtung (RCD), z. B. Typ A, Typ B oder Typ B+ oder ein selektiver RCD, verschiedene Auslöseströme angesetzt werden müssen. Außerdem kann sich der Widerstandswert in der Praxis durch eine Austrocknung des Erdreichs erhöhen. Daher sollte der Wert des tatsächlichen Ausbreitungswiderstands weit unterhalb des zulässigen Grenzwerts liegen, als Überschlagswert etwa 65 % des zulässigen Werts. Im TN-System sollten möglichst auch geringe Ausbreitungswiderstände der Anlagenerder angestrebt werden, obwohl bei dieser Art der Erdverbindung die automatische Abschaltung der Stromversorgung im Fehlerfall nicht so gefährdet ist, weil die Abschaltung durch den Fehlerstrom, der über den direkt mit der Stromquelle verbundenen PE- und/ oder PEN-Leiter erfolgt.

Zur Orientierung können mögliche Widerstandswerte in Abhängigkeit von der Bodenart und der Länge der Erder der **Tabelle 9.3** entnommen werden.

Länge des Erders in m	Lehm-, Ton- und Ackerboden	feuchter Sand	feuchter Kies	trockener Sand/Kies	steiniger Boden
Staberder 1	70	140	350	700	2100
2	40	80	200	400	1200
3	30	60	150	300	900
5	20	40	100	200	600
Banderder 10	20	40	100	200	600
25	10	20	50	100	300
50	5	10	25	50	150
100	3	6	15	30	90

Tabelle 9.3 Richtwerte von Ausbreitungswiderständen (in Ω) in Abhängigkeit von der Länge der Erder und der Bodenart

Merke: Erdungsanlagen sind für eine sichere Stromversorgung eine wichtige Grundlage, daher sollte bereits bei der Planung der Stromversorgung an die Erdungsanlage gedacht werden, deren Errichtung und Betrieb/Prüfung durch eine Elektrofachkraft durchgeführt werden sollte. Für die Größe des Erdungswiderstands gibt es nach DIN VDE 0100-410 keine allgemeine Festlegung mehr (früher: 2 Ω); allerdings müssen in TN-Systemen die Bedingungen der Spannungswaage erfüllt sein; im TT-System gilt die Festlegung, dass der max. zulässige Wert des Erders (Anlagenerder/Erder der Betriebsmittel) vom Abschaltstrom der Schutzeinrichtungen abhängig ist. Aus Gründen des Blitzschutzes (siehe Kapitel 11) sollte ein höherer Querschnitt für den Erdungsleiter gewählt werden (Mindestquerschnitt für Cu 16 mm^2).

9.10 Prüfungen

Kurzübersicht

- Überprüfung der Installation, inwieweit tatsächlich die Normanforderung nach DIN EN 60309-2 (**VDE 0623-2**) in Bezug auf CEE-Steckvorrichtungen eingehalten wurde; eine Nachrüstforderung besteht bereits seit einigen Jahrzehnten.
- Prüfungen sollten jährlich vor dem Beginn der Campingsaison durchgeführt werden, da zwischenzeitlich Beschädigungen durch Wetter, Tiere oder Vandalismus möglich sind.

Erläuterungen: Auf Campingplätzen besteht die Forderung für alle Steckvorrichtungen, dass Industriesteckvorrichtungen (CEE) zu verwenden sind: je nach Leistungsinanspruchnahme CEE blau oder CEE rot. Diese Forderung ist seit Jahren in den Normen enthalten und sollte daher bei bestehenden Anlagen überprüft werden. Wird ein Campingplatz durch einen Betreiber vermarktet, so ist eine Überprüfung der elektrischen Anlagen jährlich vor Saisonbeginn zu empfehlen. Dabei sollten folgende Merkmale kontrolliert werden:

- Höhe der vorhandenen Freileitung im Fahrzeugbereich > 6 m, im übrigen Gelände > 3,5 m;
- Endstromkreise im TN-System enthalten keinen PEN-Leiter;
- die Bemessungsspannung ist bei einphasiger Stromversorgung ≤ 230 V;
- die Bemessungsspannung ist bei dreiphasiger Stromversorgung ≤ 400 V;
- Stromversorgungseinrichtungen: Abstand vom Stellplatz < 20 m;
- auf erdverlegte Kabel achten, z. B. durch Besichtigen auf Befestigungen und eingeschlagenen Pflöcke achten;
- alle elektrischen Betriebsmittel sind in der Schutzart ≤ IPX4 ausgeführt;
- alle Betriebsmittel auf dem Campingplatz haben einen Schutz gegen mechanische Beanspruchung;
- unterirdisch verlegte Kabel sind in einer Mindesttiefe von 0,5 m mit einem zusätzlichen mechanischen Schutz verlegt;
- oberirdisch verlegte Leitungen sind isoliert und in Bereichen von Fahrzeugen in einer Mindesthöhe von 6 m und in allen anderen Bereichen in einer Mindesthöhe von 3,5 m;
- in jeder Verteilerstation/jedem Anschlusspunkt ist eine Netztrenneinrichtung errichtet, die alle Außenleiter und auch den Neutralleiter schaltet;
- Verteiler: auf eine fabrikfertige Baueinheit (normgerechte Schaltgerätekombinationen) achten, keine „selbst gebastelten“ Verteiler zulassen;
- Steckdose mit Überstromschutz und eigener Fehlerstromschutzeinrichtung je Stellplatz;
- Installation der Steckdosen, zulässige Höhen überprüfen;
- normgerechte Schutzarten der Betriebsmittel überprüfen;
- max. vier Steckdosen in einem Gehäuse/Verteiler zulässig;
- die Steckdosen entsprechen der DIN EN 60309-2 (**VDE 0623-2**) für industrielle Anwendungen;

- die Steckdosen sind im Verteiler in einer Höhe zwischen 0,5 m bis 1,5 m angeordnet;
- Fehlerstromschutzeinrichtung (RCD) für jede Steckdose mit Bemessungsdifferenzstrom ≤ 30 mA;
- Überprüfung der Fehlerstromschutzeinrichtungen (RCDs);
- elektrische Anlagen sind oft zeitweilige Einrichtungen, ordnungsgemäßer Zustand, Qualität und Wartung prüfen;
- Überprüfung der elektrischen Anlagen nach DIN VDE 0100-559, DIN VDE 0100-701, DIN VDE 0100-714, DIN VDE 0100-713 und DIN VDE 0100-737.

Zu prüfende Betriebsmittel/Eigenschaften	Zu bewertende Merkmale
allgemeiner Zustand der Anlagenteile, wie Beschädigungen, Sauberkeit, Änderungen, Abdeckungen	Anzeichen von Schäden, Schutz gegen direktes Berühren gewährleistet, Einwirkungen?
Gehäuse der elektrischen Anlagen und Betriebsmittel	ausreichende Luftstrecken?
Verteiler: Abdeckungen, Festigkeit, Schutzart, Einbaugeräte, Leitungsführung	Berührungsschutz, Anzahl der Steckdosen, Zuleitungen, Anzahl der Fehlerstromschutzeinrichtungen (RCDs)?
Fehlerstromschutzeinrichtungen (RCDs), Leitungsschutzschalter, Sicherungen	Daten, Charakteristik, Befestigung, feste Anschlüsse, Temperaturen, Abstände, Auslösen mit der Prüftaste?
Außenleiter, Neutralleiter, Schutzleiter	Farbkennzeichnung, Erwärmung, kein PEN, Trennbarkeit?
Betriebs- und Verbrauchsmittel, wie Steckvorrichtungen	Steckvorrichtungen nach DIN EN 60309-2 (**VDE 0623-2**), keine Adapter, Zugänglichkeit, Abdeckungen, Überstromschutz, Befestigungen, Verschmutzungen, Überlast, Verschleiß?
Beleuchtung	Anordnung, Eignung, Abstand, Zugänglichkeit, Bestückung, Überprüfen der Lux-Werte
Kabel und Leitungen, Verlängerungen	Art/Typen der Leitungssysteme, Abstände Freileitungen, Abstände zu den Stellplätzen?
Schutzmaßnahmen gegen elektrischen Schlag	Vorhandensein der Schutzeinrichtungen, Funktionen der Einrichtungen, Schutzkontakte, Erder?
Kleinspannungssysteme	sichere Trennung, ausreichender Abstand zum Versorgungsnetz?
Schutzarten	mindestens IP44?

Tabelle 9.4 Schwerpunkte zur Beurteilung/Prüfung einer elektrischen Anlage und der Betriebsmittel auf Campingplätzen

Elektrische Anlage/Betriebsmittel	Anforderungen
Planung der Anlage	• Leistungsbedarf der gesamten Anlage ermitteln; • Verfügbarkeit der Leistung mit NB abstimmen; • Netzsystem, Art der Erdverbindung; • räumliche Anordnung der Stellplätze; • Trassenführung der Versorgungskabel; • Anschluss an Kabel oder Freileitung; • Schutzmaßnahmen; • Standorte der Verteiler; • Erdungsanlage; • Berücksichtigung äußerer Einflüsse; • Berücksichtigung von evtl. Überspannungen; • Anlagen für Sicherheitszwecke; • Gefährdungsbeurteilungen; • Schutz der vorhandenen Leitungssysteme (Erkundungspflicht)
Anwendungsbereich der DIN VDE 0100-708	nicht in den Anwendungsbereich fallen: Aufenthaltsräume, Verwaltungsräume, Umkleideräume, Sitzungsräume, Kantinen, Toiletten, Schlafräume, Restaurants, Spielplätze, Räume für sanitäre Einrichtungen; diese Räume müssen nach den allgemeinen Bestimmungen der DIN VDE 0100 oder anderer Normen der Gruppe 700 errichtet werden
Bemessungsspannungen	230/400 V
Nennspannung an Übergabestelle	sollte nach DIN EN 60038 (**VDE 0175-1**) unter normalen Bedingungen innerhalb des vorgegebenen Toleranzbereichs von ± 10 % liegen
Stromversorgungseinrichtungen	möglichst nah am Stellplatz, max. Leitungslänge 25 m
Schutzabstände von Freileitungen auf dem Gelände	je nach Netz-Nennspannung von 1 kV bis 380 kV ist der Schutzabstand in Luft von unter Spannung stehenden Teilen ohne Schutz gegen direktes Berühren von 1 m bis 5 m einzuhalten
Netzsystem, Art der Erdverbindung	bei Anwendung des TN-Systems ist nur das TN-S-System zulässig, d. h. Neutralleiter und Schutzleiter sind im gesamten System getrennt geführt
Schutzart	• mindestens IPX4; • Steckdosen mindestens IP44
Schutz gegen elektrischen Schlag	• Basisschutz, Fehlerschutz, Zusatzschutz; • Schutz durch automatische Abschaltung im Fehlerfall, Schutz durch Kleinspannung mittels SELV oder PELV; • Schutz durch Schutztrennung: nur bei Rasiersteckdosen
elektrische Betriebsmittel	Schutz gegen mechanische Beanspruchung
unterirdisch verlegte Kabel	in einer Mindesttiefe von 0,5 m im Erdreich mit zusätzlichem mechanischen Schutz

Tabelle 9.5 Schnellübersicht zu den Anforderungen für elektrische Anlagen und Betriebsmittel auf Campingplätzen nach DIN VDE 0100-708:2010-02

Elektrische Anlage/Betriebsmittel	Anforderungen
oberirdisch verlegte Leitungen	isolierte Leitungen und in Bereichen von Fahrzeugen in einer Mindesthöhe von 6 m in anderen Bereichen Mindesthöhe von 3,5 m
Überstromschutzeinrichtung	jede einzelne Steckdose geschützt
Fehlerstromschutzeinrichtung (RCD)	jede einzelne Steckdose mit 30 mA
Verteilerstation/Anschlusspunkt	eine Netztrenneinrichtung, die alle Außenleiter und den Neutralleiter schaltet
Steckvorrichtungen	nach DIN EN 60309-2 (**VDE 0623-2**)
Anzahl der Steckdosen je Verteiler	max. 4
Schutzkontaktsteckdosen	für die Versorgung der Stellplätze nicht erlaubt
Stellplätze	für jeden Stellplatz, jedes Freizeitfahrzeug, mindestens eine Steckdose mit eigener Überstromschutzeinrichtung und eigener vorgeschalteter Fehlerstromschutzeinrichtung (RCD) 30 mA
Verbrauchszählung	im Verteiler und Anschlusssäulen Zähler bzw. Münzzähler
Steckvorrichtungen	• zulässige Einphasenwechselstromanschlüsse sind dreipolige Industriesteckvorrichtungen (CEE) mit dem PE-Kontakt 6h-Stellung und blauer Kennzeichnung; • zulässig bei höheren Anschlussleistungen sind fünfpolige Industriesteckvorrichtungen (CEE) mit roter Kennzeichnung
Höhe der Steckdosen im Verteiler	Unterkante der Steckdosen zwischen 0,5 m und 1,5 m über Erdgleiche; in Überschwemmungsgebieten auch höher als 1,5 m möglich
Verlängerungsleitungen	Bauart H05RN-F oder gleichwertig; Mindestquerschnitt: 2,5 mm^2
Adapter	keine Verwendung, da der Verpolungsschutz nicht sichergestellt werden kann
Leitungsroller	Anforderungen siehe Kapitel 9.6
Trennen und Schalten	Trenneinrichtung für jeden Anschlusspunkt für Außenleiter und Neutralleiter
Beleuchtungsanlage für Fahrwege	nach DIN EN 12464-2 Beleuchtungsstärke von 5 lx bis 10 lx; Errichtung siehe DIN VDE 0100-559, DIN VDE 0100-714 und DIN VDE 0100-737
Erdung	im TN- und TT-System möglichst Anlagenerder auf dem Campingplatz; detailliert siehe Kapitel 9.9
Schutzpotentialausgleich	Beseitigen von Potentialunterschieden zwischen Körpern von elektrischen Anlagen und Betriebsmitteln sowie fremden leitfähigen Teilen zwischen evtl. vorhandenen Rohrleitungen oder Gebäudeteilen auf dem Gelände des Campingplatzes
Prüfungen	detailliert siehe Kapitel 9.10 und Kapitel 19

Tabelle 9.5 (*Fortsetzung*) Schnellübersicht zu den Anforderungen für elektrische Anlagen und Betriebsmittel auf Campingplätzen nach DIN VDE 0100-708:2010-02

10 Anforderungen an das Errichten von Niederspannungsanlagen für elektrische Anlagen in Caravans und Motorcaravans (DIN VDE 0100-721)

10.1 Anwendungsbereich

Der Anwendungsbereich der DIN VDE 0100-721 gilt bei Caravans und ist für die Elektrofachkraft dann relevant, wenn ein Umbau von Fahrzeugen zum Freizeitfahrzeug erfolgt oder bei Reparaturen bzw. Prüfungen von Caravans, da der Bau bzw. die Errichtung von Caravans und damit auch die elektrotechnischen Anlagen in der Regel industriemäßig hergestellt werden. Neben dem Teil 721 von DIN VDE 0100 kann für Caravans auch die Normenreihe DIN EN 1648 gelten. In dieser Norm sind sicherheitstechnische, gesundheitliche und funktionelle Anforderungen für 12 V Gleichspannung im Wohnbereich für Freizeitfahrzeuge festgelegt. Aber diese Norm gilt ausschließlich dann, wenn die elektrischen Anlagen des Caravans mit der elektrischen Anlage des Basisfahrzeugs galvanisch verbunden sind. Für Bade- und Duschräume in Caravans müssen die gesonderten Anforderungen aus DIN VDE 0100-701 eingehalten werden.

Die besonderen Anforderungen der DIN VDE 0100-721:2019-10 gelten für elektrische Anlagen und Betriebsmittel, die für die Verwendung von Caravans und Motorcaravans zu Wohnzwecken vorgesehen sind. Diese Anforderungen gelten nicht für elektrische Anlagen von Mobilheimen, Parkwohnhäusern und transportable Einheiten, denn für Mobilwohnheime und Parkwohnhäuser müssen die Anforderungen aus den allgemeinen Teilen der DIN VDE 0100 und für transportable Einheiten sind die Anforderungen nach DIN VDE 0100-717 zu berücksichtigen.

10.2 Stromversorgung von Caravans

Kurzübersicht

- 230 V bei Einphasenwechselstrom (AC) und 400 V bei Drehstrom dürfen nicht überschritten werden,
- 48 V max. Nennspannung bei Gleichstromanlagen (DC).

Erläuterungen: Auch für die Stromversorgung von Caravans gilt, dass bei der Planung, Errichtung und Prüfung elektrischer Anlagen DIN VDE 0100-100 einzuhalten ist. Bereits bei der Planung (siehe Kapitel 5) ist darauf zu achten, dass Personen, Nutztiere und Sachwerte geschützt werden und dass das geeignete Funktionieren der elektrischen Anlage für den Caravanbetrieb gewährleistet wird. Dazu ist es notwendig, die Merkmale der zur Verfügung stehenden Stromversorgung zu kennen, z. B. Art des Stroms (Wechselstrom AC und Gleichstrom DC), Funktion der Leiter (Außenleiter; Neutralleiter; Schutzleiter bzw. Außenleiter; Mittelpunktleiter; Schutzleiter), Spannung und Spannungstoleranzen, Frequenz, höchstzulässiger Strom, zu erwartende Kurzschlussströme. In **Tabelle 10.1** sind einige Bezeichnungen für Stromversorgungssysteme und die entsprechenden Kurzzeichen dargestellt.

Stromversorgungssystem	Kurzzeichen
Gleichstrom-Dreileitersystem 42 V, zwei Außenleiter, ein Mittelleiter	2/M DC 42 V
Einphasen-Dreileitersystem 230 V, ein Außenleiter, ein Neutralleiter, ein Schutzleiter	1/N/PE AC 50 Hz 230 V
Drehstrom-Fünfleitersystem 400 V, drei Außenleiter, ein Neutralleiter, ein Schutzleiter	3/N/PE AC 50 Hz 400 V

Tabelle 10.1 Bezeichnungen für Beispiele der Stromversorgungssysteme für Caravans

Auswahl der Betriebsmittel bezogen auf die *Merkmale der Stromversorgungssysteme*: Die ausgewählten elektrischen Betriebsmittel müssen für den Einsatz in Caravans geeignet sein. Für alle Betriebsmittel gilt, dass bei ihrem Einsatz darauf geachtet wird, dass äußere Einflüsse aus der Umgebung auf sie einwirken können und sie daher gegen äußere Einwirkungen geschützt werden müssen.

Spannung: für die dauernd auftretende max. Spannung (Effektivwert bei Wechselspannung) und wahrscheinlich auftretende Überspannungen.

Strom: für den max. Dauerstrom (Effektivwert bei Wechselstrom) und den Strom, der bei anormalen Bedingungen eintritt und die Dauer dieses Stromflusses.

Frequenz: Für die Bemessungsfrequenz der Betriebsmittel gilt, dass sie mit der Frequenz des jeweiligen Stromkreises, in dem sie eingesetzt werden sollen, übereinstimmen müssen.

Die Elektrofachkraft muss weitere elektrische Größen wie die Leistung, die Kurzschlussströme und die Verträglichkeit der Betriebsmittel, äußere Einflüsse, die Wartbarkeit, die Zugänglichkeit und die Betriebsbedingungen in den Caravans nach DIN VDE 0100-510 berücksichtigen.

Merke: Für die Stromversorgung von Caravans dürfen 230 V bei Einphasenwechselstrom, 400 V bei Drehstrom und 48 V bei Gleichspannung nicht überschritten werden.

10.3 Anschluss des Caravans

Kurzübersicht

- Für den Anschluss des Caravans an den Stellplatz sind nur drei- oder fünfpolige Industriesteckvorrichtungen zulässig, um die Verpolungssicherheit zu gewährleisten.
- Stecker mit Schutzkontakt nach DIN EN 60309-2 (**VDE 0623-2**) und Kupplung nach DIN EN 60309-1 (**VDE 0623-1**).
- Ist für die Versorgung zum Anschluss des Caravans an die Stromversorgung des Stellplatzes eine Verlängerungsleitung notwendig, so ist nur eine Gummischlauchleitung Typ H07RN-F (oder mindestens eine gleichwertige Ausführung) zulässig. Nach DIN VDE 0100-721:2019-10 gilt auch eine Gummischlauchleitung Typ H05RN-F als ausreichend und ist zulässig.
- Länge der Verlängerungsleitung: max. 25 m (Toleranz ± 2 m).
- Querschnitt der Verlängerungsleitung: 16 A Bemessungsstrom 2,5 mm^2 Cu; 25 A Bemessungsstrom 4,0 mm^2 Cu; 32 A Bemessungsstrom 6,0 mm^2 Cu; 63 A Bemessungsstrom 16 mm^2 Cu; 100 A Bemessungsstrom 35 mm^2 Cu.
- Die Schutzleiter müssen entsprechend DIN VDE 0100-510 über die gesamte Länge durch die Zweifarbenkombination grün-gelb gekennzeichnet sein.
- Einadrige Leiter müssen isoliert sein.
- Anschlussleitungen mit Schutzkontaktsteckvorrichtungen und Adapter mit solchen Steckvorrichtungen sind nicht zulässig, weil der Verpolungsschutz fehlt!

Erläuterungen: Als Steckvorrichtungen für industrielle Anwendungen in Räumen und im Freien sind sog. CEE-Steckvorrichtungen nach Normenreihe DIN EN 60309 (**VDE 0623**) „Stecker, Steckdosen und Kupplungen für industrielle Anwendungen" im Campingbereich zu verwenden. Diese Steckvorrichtungen sind für den speziellen Einsatz im industriellen Bereich und im Freien entwickelt worden. Die Gehäuse der Steckvorrichtungen bestehen aus schlagfestem Kunststoff. Sie sind je nach Nennbetriebsspannung, Bemessungsstrom und Anzahl der Pole (drei- oder fünfpolig) unterschiedlich in den Abmessungen und unterscheiden sich auch farblich. Mit der eindeutigen Anordnung und festen Lage des Schutzkontakts (bei verschiedenen Spannungen und Frequenzen) kann sichergestellt werden, dass immer der Außenleiter und nicht der Neutralleiter geschaltet wird. Der Schutzleiter befindet sich innerhalb des Steckers/der Kupplung in einer von zwölf möglichen Positionen im Uhrzeigersinn. Diese ist markiert durch eine „Außennase" am Stecker und der dazugehörigen Aussparung (Nut) an der Steckdose. Außerdem ist der Schutzleiter dicker als die restlichen Kontakte und der Übergangswiderstand verringert sich. Durch diese konstruktiven Anordnungen der Unverwechselbarkeitsnut, die stets unten liegt (6h), und durch die Lage der Schutzkontaktbuchse (PE-Kontakt), die je nach Nennbetriebsspannung, Frequenz, Bemessungsstrom und Polzahl verschieden angeordnet ist sowie durch den größeren Durchmesser des PE-Kontakts ist eine absolute Unverwechselbarkeit gegeben. Zusätzlich ist die Buchse für den PE-Kontakt länger als die anderen Kontaktbuchsen. Dadurch wird der PE-Kontakt während des Zusammensteckens voreilend und während des Trennvorgangs nacheilend. Die Verpolungssicherheit ist gewährleistet (siehe Kapitel 10.5).

Nennbetriebsspannung in V	Kennfarbe
20 bis 25	violett
40 bis 50	weiß
100 bis 130	gelb
200 bis 250	blau
380 bis 480	rot
500 bis 690	schwarz

Tabelle 10.2 Farbige Kennzeichnungen von Steckvorrichtungen
Quelle: DIN EN 60309-1 (**VDE 0623-1**):2013-02

Im Campingbereich ist der blaue Steckverbinder L+N+PE, 6h; 230 V, 16 A, IP44 der Regelfall (Bild 9.5). Die Steckvorrichtungen, die nach DIN VDE 0100-708 und DIN VDE 0100-721 im Campingbereich einzusetzen sind, können als höherwertige Steckvorrichtungen gegenüber dem Schukosystem angesehen werden, denn sie verfügen über:

- mechanischen Schutz der Kontaktstifte,
- Stecksicherheit,
- Unverwechselbarkeit der Außenleiter zum Neutralleiter,
- größere Kontaktflächen,
- höheren Kontaktdruck,
- Einsatz hochwertiger Materialien,
- dauerhafte Strombelastbarkeit.

Adapter vom Schukosystem auf CEE-Steckvorrichtungen und umgekehrt sind nicht normkonform und dürfen auf Campingplätzen und bei Caravans keine Anwendung finden (siehe Kapitel 9.6).

Die Steckvorrichtungen müssen gegen Wasser und Feuchtigkeit entsprechend geschützt werden (nach DIN EN 60529 (**VDE 0470-1**)):

- Schutzgrad IP44 (Schutz gegen Spritzwasser),
- Schutzgrad IP67 (Schutz gegen zeitweiliges Untertauchen).

Auf Campingplätzen und im Umfeld von Caravans sind an Kabeln und Leitungen besonders hohe Beanspruchungen durch die Klimabedingungen wie Feuchtigkeit, wechselnde Temperaturschwankungen und mechanische Einflüsse zu erwarten. Daher werden flexible Leitungen vom Typ H07RN-F oder gleichwertige Leitungen gefordert, die beständig gegen Abrieb oder Wasser sind. Bei ganz besonderen Anforderungen sind Leitungen von noch höherwertiger Bauart, z. B. NSSHöu, zu verwenden. Auch Netzanschlussleitungen von Verbrauchsmitteln, z. B. handgeführte Elektrowerkzeuge, müssen dem Typ H07RN-F oder H07BQ-F entsprechen.

Der Einsatz von flexiblen Leitungen: Nach DIN VDE 0100-520:2013-06 dürfen flexible Leitungen für das feste Verlegen verwendet werden (unter Einhaltung der DIN EN 50565-1 (**VDE 0298-565-1**)). Empfehlung für die feste Verlegung von flexiblen Leitungen ist die Verlegung in einer Umhüllung, die mechanischen Schutz bietet. Ortsveränderliche Betriebsmittel *müssen* mit flexiblen Leitungen angeschlossen werden, d. h., damit ist für einen Großteil der elektrischen Betriebsmittel die Leitungsart klar. Ortsfeste Betriebsmittel *können* grundsätzlich direkt mit der fest verlegten Leitung oder dem Kabel verbunden werden. Aber es gibt auch Ausnahmen. Es *müssen* auch ortsfeste Betriebsmittel mit flexiblen Leitungen angeschlossen werden, wenn diese Betriebsmittel:

- zum Zweck des Anschließens, Reinigens oder ähnlicher Tätigkeiten vorübergehend von ihrem Befestigungsort entfernt werden müssen;

- bei bestimmungsgemäßem Gebrauch in begrenztem Ausmaß Bewegungen ausgesetzt sind;
- infolge von Vibrationen die Gefahr des Leiterbruchs besteht.

Die Aderkennzeichnung ist in DIN VDE 0293-1 in Übereinstimmung mit internationalen Normen festgelegt. Installierte Kabel- und Leitungsanlagen müssen so übersichtlich angeordnet oder gekennzeichnet werden, dass sie im Betrieb, bei der Instandhaltung oder Änderung den Betriebsmitteln und Anlagen zugeordnet werden können.

Wichtige Anforderungen zu den Kennzeichnungen:

- die Farben Schwarz und Braun werden in Wechselstromsystemen bevorzugt;
- für Leiter mit Schutzfunktion (PE oder PEN) ausschließlich grün-gelb gekennzeichnete Ader: Sie darf für keinen anderen Zweck benutzt werden;
- für Neutralleiter: Die blaue Ader (wenn kein Neutralleiter vorhanden ist, kann sie beliebig eingesetzt werden, jedoch nicht als Schutz-, PE- oder PEN-Leiter);
- PEN-Leiter müssen, wenn sie isoliert sind, in ihrem ganzen Verlauf grün-gelb und an den Enden zusätzlich mit blauer Markierung gekennzeichnet sein; auf die Endenkennzeichnung darf in öffentlichen und anderen vergleichbaren Verteilungsnetzen, z. B. in der Industrie, verzichtet werden;
- Grün und Gelb sind als einzelne Farben *nicht* zulässig;
- mehrfarbige Kennzeichnungen: alle anderen (als Grün und Gelb) Farben als mehrfarbig sind *nicht* zulässig;
- Kennzeichnung von konzentrischen Leitern: durch Farbe ist nicht gefordert;
- umhüllte einadrige Kabel und Leitungen und isolierte Leiter: Für die Isolierung müssen die Farben: Grün-Gelb für den Schutzleiter; Blau für den Neutralleiter verwendet werden.

Farbe	Abkürzung
Grün-Gelb	gn-ge
Blau	bl
Braun	br
Schwarz	sw
Grau	gr

Tabelle 10.3 Abkürzungen für Farben

10.4 Anschluss anderer elektrischer Betriebsmittel

Kurzübersicht

- Alle elektrischen Wechselspannungsanschlüsse an einem Caravan müssen nach DIN EN 60309-2 (**VDE 0623-2**) „Stecker, Steckdosen und Kupplungen für industrielle Anwendungen" ausgerichtet sein.
- Für den Anschluss von Verbrauchsmitteln können zusätzlich Schutzkontaktsteckdosen im Außenbereich des Caravans angebracht sein. Die Anschlüsse müssen dann gut erreichbar sein, max. 1,8 m über dem Boden, nicht wesentlich über die Hülle des Caravans hinausragen und mindestens Schutzart IP44 entsprechen.

Erläuterungen: Für den Anschluss von Verbrauchsmitteln, z. B. für ein Fernsehgerät im Vorzelt oder ähnliche Geräte können zusätzlich zum Anschluss des Caravans über CEE-Steckvorrichtungen Schutzkontaktsteckvorrichtungen im Außenbereich des Caravans installiert sein.

Bild 10.1 Schutzkontaktsteckvorrichtung an der Außenhülle des Caravans zum Anschluss anderer Betriebsmittel
Foto: *Rolf Rüdiger Cichowski*, Holzwickede

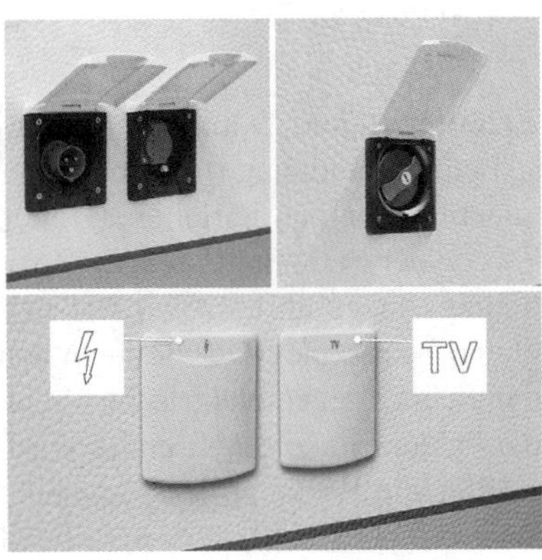

Bild 10.2 Fotocollage Anschlüsse
Foto: *Andreas Vogt*, Hobby-Caravan

10.5 Schutz gegen elektrischen Schlag und bei Überstrom

Der Schutz gegen elektrischen Schlag und der Schutz bei Überstrom sind als allgemeine Schutzmaßnahmen ausführlich im Kapitel 7 beschrieben. Nachfolgend sollen die in DIN VDE 0100-721 enthaltenden Anforderungen an die Errichtung von Niederspannungsanlagen, insbesondere für elektrische Anlagen in Caravans und Motorcaravans, erläutert werden.

10.5.1 Schutzpotentialausgleich

Kurzübersicht

- Alle im Innenraum berührbaren, leitfähigen Konstruktionsteile müssen über Schutzpotentialausgleichsleiter mit der Haupterdungsschiene innerhalb des Caravans verbunden werden.
- Leitungen mit flexiblen oder verseilten Leitern oder umhüllte flexible Leitungen (siehe Kapitel 10.6).
- Wichtig ist die Berücksichtigung möglicher Korrosion an den Konstruktionsteilen.

Erläuterungen: Durch den Potentialausgleich werden elektrische Potentialunterschiede (Spannungen) zwischen den Körpern von elektrischen Betriebsmitteln und anderen, fremden leitfähigen Teilen beseitigt. Wird dieser Potentialausgleich zum Zweck der Sicherheit, also im Zusammenhang mit dem Schutz gegen elektrischen Schlag, ausgeführt, so wird er nach DIN VDE 0100-410 als Schutzpotentialausgleich bezeichnet. Der Schutzpotentialausgleich kann auch als Teilmaßnahme für den Schutz gegen elektrischen Schlag verstanden werden, denn die Schutzwirkung der Fehlerschutzvorkehrungen wird durch den Schutzpotentialausgleich unterstützt, weil er die Wirkung der automatischen Abschaltung im Fehlerfall verstärkt oder, anders ausgedrückt, die verbleibende Gefahr verringert.

Merke: Der Schutzpotentialausgleich wird durch elektrische Verbindungen hergestellt, die die Körper elektrischer Betriebsmittel und leitfähige Teile auf gleiches oder annähernd gleiches Potential bringen. Der Potentialausgleich wirkt sich positiv auf den Schutz gegen elektrischen Schlag und die elektromagnetische Verträglichkeit (EMV) aus.

Die Anschlussstellen der Verbindungen von Leitern zu Konstruktionsteilen der Caravanaufbauten sind durch Korrosion gefährdet. Die Korrosion kann metallene Werkstoffe durch chemische oder elektrochemische Reaktionen mit anderen Werkstoffen bzw. der jeweiligen Umgebung zerstören. Das Rosten des Eisens an Bauteilen ist eine Korrosionserscheinung, die jedermann bekannt ist. Da die Korrosion großen Schaden anrichten kann, muss sie verhindert bzw. auf ein geringes Maß vermindert werden. Die Werkstoffe bzw. Verbindungen sind durch Eigenkorrosion und Kontaktkorrosion gefährdet. Unter Eigenkorrosion ist die chemische Reaktion des Werkstoffs mit seiner Umgebung zu verstehen, z. B. die Abtragung der Zinkschicht und des darunterliegenden Stahls von Banderdern, die ins Erdreich eingebracht sind.

Zelte und Caravans stehen im Freien, also ist Feuchtigkeit nicht auszuschließen und allein die Feuchtigkeit kann eine Korrosion bei Berührung von verschiedenen Metallen begünstigen. Egal ob es sich um die Anschlüsse handelt oder ob es um Befestigungsmaterial geht, es muss mit Korrosion gerechnet werden. Daher wird in DIN VDE 0100-520 gefordert, dass nicht korrodierende Materialien vorzusehen sind oder das Eindringen von korrosiven Stoffen bzw. Feuchtigkeit verhindert werden muss oder Materialien, die bei Kontakt korrodieren könnten, mit einem genügend großen Abstand zueinander montiert werden sollten. Auf jeden Fall muss beim Ausbau der elektrischen Anlage und beim Schutzpotentialausgleich vorausschauend daran gedacht werden.

10.5.2 Schutz durch Kleinspannung SELV oder PELV

Kurzübersicht

- Schutz durch Kleinspannung ist eine Schutzmaßnahme, die aus einer von zwei unterschiedlichen Kleinspannungssystemen SELV oder PELV besteht.
- Standardspannungen der Gleichspannungssysteme: 12 V, 24 V oder 48 V; bei Wechselstromsystemen ist 12 V, 24 V, 42 V oder 48 V erlaubt.
- Der Teil der Anlage des Caravans, der mit Kleinspannung betrieben wird, muss den Anforderungen aus DIN VDE 0100-410:2018-10, Abschnitt 414 „Schutzmaßnahme: Schutz durch Kleinspannung mittels SELV oder PELV“ genügen, siehe Erläuterungen. Für Kleinspannungsgleichstromquellen ist eine max. Spannung von 48 V erlaubt.
- Weitere besondere Anforderungen für die Kleinspannungsgleichstromanlage sind in DIN VDE 0100-721:2019-10, Anhang B enthalten (siehe Kapitel 10.10).

Erläuterungen: SELV: Safety Extra-Low Voltage; Schutz durch Kleinspannung, der Schutz wird durch kleine Spannungen (AC 50 V/DC 120 V) und durch eine sichere Trennung vom Primärnetz erreicht. Bei so geringen Spannungen ist in der Regel der Schutz gegen direktes Berühren entbehrlich.

PELV: Protection Extra-Low Voltage; Schutz durch Funktionskleinspannung mit sicherer Trennung. Der Schutz wird durch kleine Spannungen (AC 50 V/DC 120 V) erreicht. Der Sekundärkreis wird entweder geerdet und/oder die Betriebsmittel werden geerdet. Ein Schutz gegen direktes Berühren kann erforderlich sein.

Anforderungen an SELV- und PELV-Stromkreise:

- Basisisolierung zwischen aktiven Teilen und SELV- und PELV-Stromkreisen.
- Sichere Trennung von aktiven Teilen anderer Stromkreise (doppelte oder verstärkte Isolierung).
- SELV-Stromkreise: Basisisolierung zwischen aktiven Teilen und Erde. Körper dürfen nicht mit Erde oder mit Schutzleitern oder mit Körpern eines anderen Stromkreises verbunden sein, damit der Schutz gegen elektrischen Schlag nicht von den Schutzvorkehrungen der Körper anderer Stromkreise abhängig wird.
- PELV-Stromkreise: Körper der versorgten Betriebsmittel dürfen geerdet sein (Verbindung mit Erde oder mit einem geerdeten Schutzleiter).
- Kabel- und Leitungsanlagen der SELV- und PELV-Stromkreise müssen von aktiven Teilen der anderen Stromkreise sicher getrennt sein; mindestens Basisisolierung und isolierende Umhüllung/oder bei Spannungsbereichen > AC 50 V/DC 120 V durch geerdeten metallenen Mantel bzw. metallene Schirmung/oder die höchste vorkommende Spannung muss isoliert sein/oder durch räumliche Trennung.
- Stecker und Steckdosen für SELV- oder PELV-Systeme müssen unverwechselbar nutzbar sein und keinen Schutzleiter haben.
- Werden Betriebsmittel bei Nennspannungen > AC 25 V oder DC 60 V in Wasser eingetaucht, so muss der Basisschutz durch Isolierung oder durch Abdeckungen oder Umhüllungen nach DIN VDE 0100-430:2010-10, Anhang A.1 oder A.2 gewährleistet sein. Ein Schutz gegen direktes Berühren ist bei normalen, trockenen Umgebungsbedingungen bei SELV- oder PELV-Systemen bis AC 12 V oder DC 30 V nicht erforderlich. Bei Nennspannungen < AC 25 V oder DC 60 V ist ein Basisschutz auch nicht in SELV-Stromkreisen und in PELV-Stromkreisen erforderlich, wenn die Körper durch einen Schutzleiter mit der Haupterdungsschiene verbunden sind.

Für Kleinspannungsgleichstromquellen ist eine max. Spannung von 48 V erlaubt. Wenn in Ausnahmefällen eine Wechselspannungskleinspannung gefordert wird, darf die Spannung 48 V (Effektivwert) nicht überschreiten.

Weitere, besondere Anforderungen an Kleinspannungsgleichstromanlagen in Caravans sind in DIN VDE 0100-721:2019-10, Anhang B enthalten (siehe Kapitel 10.10).

10.5.3 Zusatzschutz durch Fehlerstromschutzeinrichtungen (RCDs)

Kurzübersicht

- Für die Anwendung des Schutzes durch automatische Abschaltung der Stromversorgung im Fehlerfall ist ein Zusatzschutz durch eine Fehlerstromschutzeinrichtung (RCD) erforderlich – wichtig: mit einem Bemessungsdifferenzstrom ≤ 30 mA.
- Jede Einspeisestelle für die Stromversorgung muss direkt mit der zugeordneten Fehlerstromschutzeinrichtung (RCD) verbunden werden.
- Nach DIN VDE 0100-721 sollen alle aktiven Leiter geschaltet werden, so wie in DIN VDE 0100-410:2018-10, Abschnitt 415.1.1, in dem auf die gute Bewährung der RCDs beim Versagen von Basis- und Fehlerschutz hingewiesen wird.
- Bei mehreren elektrischen Anlagen innerhalb des Caravans muss für jede dieser Anlagen ein getrennter Anschluss mit eigener zugehöriger Fehlerstromschutzeinrichtung (RCD) vorhanden sein.
- Im Fehlerfall werden die Fehlerstromschutzschaltung (RCD) des Caravans und die der fest errichteten Versorgung auf dem Campingplatz/Stellplatz gleichzeitig abschalten.

Erläuterungen: Für die Anwendung des Schutzes durch automatische Abschaltung der Stromversorgung im Fehlerfall ist ein Zusatzschutz durch eine Fehlerstromschutzeinrichtung (RCD) mit einem Bemessungsdifferenzstrom ≤ 30 mA erforderlich. Diese Forderung hat sich in der Vergangenheit in vielen Anwendungsfällen bewährt und wird in der DIN VDE 0100-721 für Caravans gefordert.

In DIN VDE 0100-410:2018-10 wird im Abschnitt 415.1.1 daraufhingewiesen, dass in Wechselstromsystemen als zusätzlicher Schutz beim Versagen von Vorkehrungen für den Basisschutz (Schutz gegen direktes Berühren) und/oder von Vorkehrungen für den Fehlerschutz (Schutz bei indirektem Berühren) oder durch die Sorglosigkeit bzw. die Unkenntnis über die elektrotechnischen Zusammenhänge der Benutzer sich der Einsatz von Fehlerstromschutzeinrichtungen (RCDs) bewährt hat. Das heißt im Umkehrschluss jedoch nicht, dass, wenn die Fehlerstromschutzeinrichtung als zusätzlicher Schutz eingerichtet ist, auf den Basisschutz bzw. den Fehlerschutz verzichtet werden könnte.

Merke: Jede Einspeisestelle für die Stromversorgung der Caravans muss direkt mit der zugeordneten Fehlerstromschutzeinrichtung (RCD) verbunden werden, und zwar unmittelbar direkt, denn Abzweige zwischen der Einspeisestelle und der Schutzeinrichtung sind nicht zulässig. Bei mehreren elektrischen Anlagen innerhalb des Caravans muss jede Anlage einen getrennten Anschluss und somit auch eine eigene Fehlerstromschutzeinrichtung (RCD) haben.

Im Fehlerfall werden die Fehlerstromschutzeinrichtungen (RCDs) des Caravans und die der fest errichteten Versorgung auf dem Campingplatz/Stellplatz gleichzeitig abschalten, weil nach DIN VDE 0100-708 auf Campingplätzen ebenfalls RCDs ≤ 30 mA gefordert sind und eine Selektivität zwischen der Fehlerstromschutzeinrichtung (RCD) am Stellplatz und der im Caravan nicht erreicht wird.

10.5.4 Schutz bei Überstrom

Kurzübersicht

- Jeder Endstromkreis in Caravans muss gegen Überlastung und Kurzschluss geschützt werden.
- Dies geschieht durch eine Überstromschutzeinrichtung, die alle aktiven Leiter des Stromkreises abschaltet. In einem Caravan sollten immer zwei- oder vierpolige Überstromschutzeinrichtungen mit Neutralleiterkontakt verwendet werden, da zusätzlich zu den Außenleitern auch der Neutralleiter geschaltet werden muss.

Erläuterungen: In einem TN-System ist davon auszugehen, dass der Neutralleiter ausreichend gut niederohmig geerdet ist und somit nicht zu den aktiven Leitern zählt, sodass er nicht geschaltet werden muss (nach DIN VDE 0100-460:2018-06, Abschnitt 461.2). Im TN-System müssen alle Körper über Schutz- und PEN-Leiter mit dem geerdeten Punkt des Netzes verbunden sein, damit die Schutzmaßnahme durch Überstromschutzeinrichtungen angewendet werden kann.

Im TT-System muss allerdings der Neutralleiter zusätzlich zu den Außenleitern ebenfalls geschaltet werden, weil in diesem System nicht sichergestellt ist, dass der Neutralleiter, so wie im TN-System, ausreichend niederohmig geerdet ist. Da der Caravan beweglich eingesetzt werden kann und nicht vorher klar ist, an welches System er angeschlossen werden wird, müssen zum Schutz gegen Überstrom immer zwei- oder vierpolige Überstromschutzeinrichtungen eingesetzt werden.

Bild 10.3 Elektroinstallation in einem Caravan
Foto: *Andreas Vogt*, Hobby-Caravan

10.5.5 Schutzmaßnahmen, die nicht angewendet werden dürfen

Kurzübersicht

- Folgende Schutzmaßnahmen dürfen nicht angewendet werden: Schutz durch Hindernisse, Schutz durch Anordnung außerhalb des Handbereichs, Schutz durch nicht leitende Umgebung, Schutz durch erdfreien örtlichen Schutzpotentialausgleich.
- Schutztrennung darf ebenfalls nicht angewendet werden, ausgenommen sind Rasiersteckdosen.

Erläuterungen: Die Schutzvorkehrungen für den Basisschutz (Schutz gegen direktes Berühren) *Schutz durch Hindernisse* und *Schutz durch Anordnung außerhalb des Handbereichs* gelten nach Anhang B der DIN VDE 0100-410:2018-10 nur unter besonderen Bedingungen, und zwar nur in solchen Anlagen, die von Elektrofachkräften oder elektrotechnisch unterwiesenen Personen betrieben und überwacht werden.

Ein Beispiel dafür ist eine abgeschlossene elektrische Betriebsstätte. Dies trifft für Caravans nicht zu, daher sind nach DIN VDE 0100-721 diese Vorkehrungen für den Basisschutz in Caravans nicht erlaubt. Gleiches gilt für die Schutzvorkehrungen *Schutz durch nicht leitende Umgebung, Schutz durch erdfreien örtlichen Schutzpotentialausgleich* und *die Schutztrennung* (Ausnahme: in Caravans für Rasiersteckdosen).

10.6 Kabel- und Leitungsanlagen

Kurzübersicht

- Alternativen für die Kabel- und Leitungsanlagen: isolierte einadrige Kabel und Leitungen mit flexiblen Leitern der Klasse 5 in Elektroinstallationsrohren oder in zu öffnenden Elektroinstallationskanälen; feindrähtige Litzenleiter, z. B. H07V-K oder mit verseilten Leitern der Klasse 2; mehrdrähtig, z. B. H07V-R oder umhüllte flexible Leitungen, z. B. H05RN-F oder Kunststoffschlauchleitungen H05VV-F.
- Querschnitte der Leiter: Der Querschnitt jedes Leiters muss mindestens 1,5 mm^2 Cu betragen.
- Verbindungen: Dürfen nur in Verbindungsdosen oder in elektrischen Betriebsmitteln installiert werden.
- Schutzleiter: Müssen zusammen mit den aktiven Leitern entweder in Kanälen, mehradrigen Kabeln oder mehradrigen Leitungen geführt werden.
- Vorsichtsmaßnahme gegen Bruchgefahr verursacht durch Schwingungen während des Fahrbetriebs: Eindrähtige Leiter der Klasse 1, z. B. H07V-U oder NYM sind nicht erlaubt.
- Gegen Brandgefahr: Alle verwendeten Kabel und Leitungen müssen flammwidrig sein (DIN EN 60332-1-2 (**VDE 0482-332-1-2**):2017-06).
- Mechanische Beschädigung: Schutz durch geeignete Tüllen oder Ösen bei Durchführung von Leitungen durch Metallteile, scharfe Kanten oder scheuernde Teile müssen vermieden werden.
- Verlegung Kabel und Leitungen: Zum Schutz gegen andere mechanische Beschädigungen müssen sie bei senkrechter Verlegung im Abstand von 0,4 m und bei waagerechter Verlegung im Abstand von 0,25 m befestigt werden oder Verlegung in formbeständigen Elektroinstallationsrohren.
- Nähe zu nicht elektrischen Anlagen: Elektrische Betriebsmittel und Kabel und Leitungen dürfen grundsätzlich nicht dort errichtet werden, wo Gasflaschen lagern; zwei Ausnahmen, siehe Erläuterungen.

Erläuterungen: Die gebräuchlichsten Leitungen mit Kunststoff- und Gummiisolierungen sind harmonisierte Leitungstypen, deren Anforderungen den Normen DIN EN 50525-2-31 (**VDE 0285-525-2-31**) „Kabel und Leitungen – Starkstromleitungen mit Nennspannungen bis 450/750 V (U_0/U) – Teil 2-31: Starkstromleitungen für allgemeine Anwendungen – Ader- und Verdrahtungsleitungen mit thermoplastischer PVC-Isolierung" und DIN EN 50525-2-21 (**VDE 0285-525-2-21**) „Kabel und Leitungen – Starkstromleitungen mit Nennspannungen bis 450/750 V (U_0/U) – Teil 2-21: Starkstromleitungen für allgemeine Anwendungen – Flexible Leitungen mit vernetzter Elastomer-Isolierung" entnommen werden können. Das Bezeichnungssystem für harmonisierte Leitungen ist in der Norm DIN VDE 0292 „System für Typkurzzeichen von isolierten Leitungen" enthalten – diese Angabe für Leser, die sich detaillierter informieren möchten.

Die in Caravans zu verwendenden Leitungstypen kurz erläutert:

- H07V-K: harmonisierte Leitung (H) mit Nennspannung U_0/U = 450/750 V (07), Leiterisolierung und Mantelisolierung aus PVC (V), Leiterart als feindrähtiger Leiter für feste Verlegung (K);
- H07V-R: harmonisierte Leitung (H) mit Nennspannung U_0/U = 450/750 V (07), Leiterisolierung und Mantelisolierung aus PVC (V), Leiterart als runder mehrdrähtiger Leiter (R);
- H05RN-F: harmonisierte Leitung (H) mit Nennspannung U_0/U = 300/500 V (05), Leiterisolierung aus Naturkautschuk (R), Mantelisolierung aus Chloroprenkautschuk (N), mit feindrähtigen Leitern für bewegliche Leitungen (F).

Wegen der Bruchgefahr in Caravans *nicht* zu verwenden:

- H07V-U: harmonisierte Leitung (H) mit Nennspannung U_0/U = 450/750 V (07), Leiterisolierung und Mantelisolierung aus PVC (V), als Leiter runder, eindrähtiger Leiter (U) oder
- NYM: Installationsleitung mit PVC-isolierten Adern und Mantel aus PVC.

Verwendung von flammwidrigen Leitungen in Caravans: Alle verwendeten Leitungen müssen nach DIN VDE 0100-721:2019-10 den Anforderungen für flammwidrige Leitungen entsprechen. Diese erhöhten Anforderungen werden nach DIN EN 60332-1-2 (**VDE 0482-332-1-2**) an Leitungen im Brandfall mit einem entsprechenden Prüfverfahren mit einer 1-kW-Flamme mit Gas/Luft-Gemisch überprüft.

Verwendung von Elektroinstallationsrohrsystemen: Die Schutzleiter jedes Stromkreises müssen zusammen mit den aktiven Leitern in einem Elektroinstallationsrohr (Normenreihe DIN EN 61386 (**VDE 0605**); enthält Anforderungen an die Prüfungen), einem Elektroinstallationskanal (Normenreihe DIN EN 50085 (**VDE 0604**); enthält Anforderungen an die Prüfungen) oder in einer mehradrigen Leitung geführt werden.

Auswahl der Leitungen nach den Umgebungseinflüssen: Die Leitungen müssen vor mechanischen Schäden und Schwingungen geschützt werden (Vorkehrungen treffen, damit durch scharfe Kanten oder scheuernde Teile keine Beschädigungen eintreten, außerdem müssen Leitungen, die durch Metallteile geführt werden durch Tüllen oder Ösen gesichert befestigt sein).

Installationszonen: Die Kabel und Leitungen sowie flexible Elektroinstallationsrohre müssen entsprechend befestigt werden (senkrechte Verlegung: Abstände $\leq$ 0,4 m; waagerechte Verlegung: Abstände $\leq$ 0,25 m). Werden die Leitungen in formbeständigen Elektroinstallationsrohren geführt, die ihrerseits ausreichend befestigt sind, kann auf die zusätzliche Befestigung verzichtet werden.

Querschnitte der Leitungen: Jeder Leiter muss mindestens einen Querschnitt von 1,5 mm^2 haben.

Anschlüsse und Verbindungen: dürfen nur in Verbindungsdosen oder in den Betriebsmitteln selbst hergestellt werden.

Verlängerungsleitungen zum Anschluss von Caravans an die Stromversorgung des Stellplatzes auf dem Campingplatz: Es sind nur Gummischlauchleitungen der Bauart H07RN-F (oder gleichwertige Ausführung) und nach DIN VDE 0100-721:2019-10 auch H05RN-F mit CEE-Steckvorrichtungen erlaubt. Die Länge darf 25 m + Toleranz von 2 m nicht überschreiten und der Mindestquerschnitt der Leitung muss 2,5 mm^2 Cu betragen (siehe Kapitel 6 und Kapitel 9).

Auch an dieser Stelle soll erneut darauf hingewiesen werden, dass Anschlussleitungen mit Schutzkontaktsteckvorrichtungen oder Adapter in keinem Fall zulässig sind.

Bemessungsstrom in A	**Mindestquerschnitt in mm^2 Cu**
16	2,5
25	4,0
32	6,0

Tabelle 10.4 Mindestquerschnitte von Verlängerungsleitungen für Caravans nach DIN VDE 0100-721

Nähe zu nicht elektrischen Anlagen: Dort, wo Gasflaschen gelagert werden, sollten sich möglichst keine elektrischen Betriebsmittel befinden bzw. Kabel oder Leitungen in deren Nähe vorbeigeführt werden. Zwei Ausnahmen sind jedoch nach DIN VDE 0100-721 zugelassen:

1. Wenn die Gasversorgung durch Kleinspannungsbetriebsmittel überwacht wird; sie müssen dann so errichtet bzw. gebaut sein, dass sie keine potenzielle Zündquelle darstellen.
2. Durchführung von Kabeln/Leitungen durch Fächer zur Lagerung von Gasflaschen; diese müssen dann gegen mechanische Beschädigungen in geschlossenen Elektroinstallationskanälen verlegt sein, die der Beanspruchung AG3 (DIN VDE 0100-510) widerstehen.

10.7 Zentraler Trennschalter

Kurzübersicht

- In Caravans ist für jede unabhängige elektrische Anlage ein eigener Haupttrennschalter notwendig, er muss alle aktiven Leiter – auch den Neutralleiter – abschalten; bei Wechselstromanschluss: zweipolig, bei Drehstromanschluss: vierpoliger Trennschalter.
- Bei nur einem Endstromkreis darf die Überstromschutzeinrichtung als Trennschalter verwendet werden, wenn die Anforderungen für das Trennen erfüllt sind.
- Der Trennschalter muss zur Bedienung innerhalb des Caravans leicht zugänglich sein.
- In der Nähe des Trennschalters ist der Text „Anweisung für die elektrische Stromversorgung“ aus DIN VDE 0100-721:2019-10, Anhang A anzubringen; danach ist die Vorgehensweise beim Anschließen und beim Beenden der Verbindung des Caravans beschrieben, Hinweise zur Handhabung mit der Versorgungsleitung vorgegeben und Aussagen zu wiederkehrenden Prüfungen gemacht (siehe Kapitel 10.8).

Erläuterungen: Trennen einer elektrischen Anlage von der Stromversorgung bedeutet, dass die elektrische Anlage oder Teile dieser Anlage von der Stromquelle aus Sicherheitsgründen unterbrochen wird. Nach DIN VDE 0100-721 wird gefordert, dass für jede unabhängige elektrische Anlage ein eigener Haupttrennschalter vorhanden sein muss, der leicht zugänglich für den Camper zu sein hat. In Caravans ist für jede elektrische Anlage ein Trennschalter notwendig, er muss alle aktiven Leiter – auch den Neutralleiter – abschalten; bei Wechselstromanschluss: zweipolig, bei Drehstromanschluss: vierpoliger Trennschalter.

Die Überstromschutzeinrichtung darf als Trennschalter verwendet werden, wenn die Anforderungen für das Trennen erfüllt sind.

Geräte zum Trennen von Stromkreisen müssen folgende Anforderungen (DIN VDE 0100-530) erfüllen:

- In geöffneter Stellung der Trennstreckenpole und in neuem, sauberem und trockenem Zustand müssen sie Steh-Stoßspannungen je nach Überspannungskategorie (siehe Kapitel 11) von 5 kV bis 10 kV standhalten.
- Der Ableitstrom zwischen den geöffneten Trennstreckenpolen darf 0,5 mA bis 6 mA nicht überschreiten (je nach der technischen Lebensdauer eines Geräts).
- Die Trennstrecke bei geöffneten Gerätekontakten muss sichtbar angezeigt werden.
- Eine selbsttätige Einschaltung muss verhindert sein.

Im Caravan muss in der Nähe des Trennschalters der Text aus DIN VDE 0100-721: 2019-10, Anhang A, der eine dauerhaft lesbare Bedienungsanleitung/Anweisung für die elektrische Stromversorgung darstellt, leicht lesbar für den Camper angebracht sein (siehe Kapitel 10.8).

10.8 Bedienungsanleitung für die elektrische Anlage

Kurzübersicht

- Beschreibung der elektrischen Anlage;
- Beschreibung der Funktion der Fehlerstromschutzeinrichtung (RCD) und die Verwendung der Prüftaste;
- Beschreibung der Funktion des Haupttrennschalters;
- Text DIN VDE 0100-721:2019-10, Anhang A „Anweisung für die elektrische Stromversorgung";
- Angaben zu wiederkehrenden Prüfungen; Vorsichtsmaßnahmen für die Wartung.

Eine Bedienungsanleitung muss dem Camper für die sichere Bedienung des Caravans und die Handhabung der elektrischen Anlage seitens des Herstellers zur Verfügung gestellt werden. (Anmerkung: Zum Beispiel kann ein sehr ausführliches Bedienungshandbuch, einschließlich Hinweisen und Schaltplänen für die Handhabung der

Elektrotechnik des Unternehmens Ing. Harald Striewski GmbH; Hobby-Wohnwagenwerk; unter www.hobby-caravan.de heruntergeladen werden.) Außerdem muss an zentraler Stelle, leicht lesbar und als ein abriebfester Text eine Anweisung für die elektrische Stromversorgung aus DIN VDE 0100-721:2019-10, Anhang A zur Verfügung stehen.

Erläuterungen: Text Anhang A von DIN VDE 0100-721:2019-10 in Kurzform:

Vor der Verbindung der Caravananlage mit der elektrischen Stromversorgung sollte überprüft werden, inwieweit die zur Verfügung stehende Stromversorgungseinrichtung für die Bemessung der Spannung, der Frequenz und des Stroms, die Kabel/Leitungen und die Verbindungen geeignet sind und der Hauptschalter des Caravans sich in der Aus-Stellung befindet. Um Beschädigungen durch Überhitzung zu vermeiden, sollte die flexible Versorgungsleitung des Caravans vollständig abgewickelt sein. Vor dem Einschalten sollten alle Kabel/Leitungen, Stecker, Kupplungen und Verbindungen auf Beschädigungen hin in Augenschein genommen werden.

Schritte vor Einschaltung:

- Abdeckung Anschluss des Caravans öffnen und die Kupplung der flexiblen Leitung einführen,
- Stecker der flexiblen Leitung in die elektrische Steckdose stecken, die am Stellplatz für die Versorgung vorgesehen ist,
- Einschalten des Hauptschalters am Caravan,
- Überprüfen der Funktion der Fehlerstromschutzeinrichtung (RCD) des Caravans.

Schritte zur Beendigung der Verbindung:

- Hauptschalter des Caravans ausschalten,
- Entfernen der Verbindungsleitung, zuerst am Stellplatz, dann am Caravan.

Wiederkehrende Prüfung: mindestens alle drei Jahre, bei häufiger Nutzung des Caravans möglichst jährliche Überprüfung durch eine Elektrofachkraft, die einen Bericht zur Dokumentation über die Prüfung erstellt.

10.9 Betriebsmittel im Innenraum

Kurzübersicht

- Steckdosen müssen einen Schutzkontakt haben; Rasiersteckdosen mit integriertem Trenntransformator; Steckdosen für Kleinspannungen müssen unverwechselbar einsetzbar und die Nennspannung und die max. Bemessungsleistung gut sichtbar angegeben sein.
- Leuchten müssen gut befestigt (an der Konstruktion oder der Verkleidung des Caravans) sein; Leuchten auf brennbaren Werkstoffen müssen mit Kennzeichen nach DIN VDE 0100-559 versehen sein; Leuchten für Klein- und Niederspannungen müssen normgerecht (siehe Kapitel 16) ausgewählt und errichtet sein.
- Hängeleuchten müssen Vorkehrungen zur Sicherung während des Fahrbetriebs haben.
- Betriebsmittel, die dort eingesetzt werden, wo mit Feuchtigkeit gerechnet werden muss, müssen mindestens der Schutzart IP44 entsprechen.
- Verbrauchsmittel, Betriebsmittel oder Geräte, die in Hohlräumen bzw. in oder auf Möbeln ein- oder angebaut werden, müssen die Anforderungen der DIN VDE 0100-713 (siehe Kapitel 18) berücksichtigen.
- In Räumen/Abtrennungen mit Bade- oder Duscheinrichtungen müssen die zusätzlichen Anforderungen aus DIN VDE 0100-701 Berücksichtigung finden.

Erläuterungen: Für die Installation im Innern der Caravans gilt die wichtige Forderung nach Zugänglichkeit der Betriebsmittel ebenso wie in Gebäuden oder anderen Räumen, d. h., dass die Betriebsmittel, die errichtet, bedient, geprüft, gewartet werden, leicht zugänglich sein müssen. In DIN VDE 0100-100 ist die Forderung enthalten, Betriebsmittel so anzuordnen, dass ausreichender Platz für die Errichtung und das spätere Ersetzen einzelner Teile und die Zugänglichkeit für den Betrieb, die Prüfung, die Besichtigung, und die Instandhaltung bleibt. Diese Anforderungen stellten für die Hersteller bzw. die Ausbauer von Caravans schon eine Herausforderung dar, denn die Platzverhältnisse im Innern eines Caravans sind nicht gerade als üppig zu bezeichnen.

Niederspannungssteckdosen: Nach DIN VDE 0100-721 muss jede Niederspannungssteckdose einen Schutzkontakt haben. Wichtig ist, dass die Niederspannungssteckdosen von den Steckdosen für Kleinspannung auch für elektrotechnische Laien, dem Camper also, unterschieden und damit nicht verwechselt werden können. An allen Steckdosen für Kleinspannungen müssen außerdem die Nennspannung und die max. Bemessungsleistung gut sichtbar angebracht sein.

Die Schutzmaßnahme Schutztrennung ist nach DIN VDE 0100-721 in Caravans nicht erlaubt, jedoch mit einer Ausnahme: nämlich für Rasiersteckdosen. Nach DIN VDE 0100-410 ist der Schutz durch Schutztrennung für die Versorgung *eines* elektrischen Verbrauchsmittels durch eine ungeerdete Stromquelle mit einfacher Trennung erlaubt. Streng genommen ist eine Rasiersteckdose ein Betriebsmittel und kein Verbrauchsmittel, aber sie dient der Versorgung von steckerfertigen Verbrauchsmitteln, dem Rasierapparat. Im Innenbereich des Caravans gilt für die Bade- oder Duschräume die DIN VDE 0100-701, d. h. die erhöhten Anforderungen an diese Räume müssen auch für Caravans gelten. Danach ist die Rasiersteckdose einschließlich der Stromquelle (integrierter Trenntransformator) nach DIN EN 61558-2-5 (**VDE 0570-2-5**) für die Errichtung im Bereich 2 von Bade- und Duschräumen erlaubt. Im Bereich 1 nach DIN VDE 0100-701 dürfen nur elektrische Verbrauchsmittel errichtet werden, die ortsfest angebracht und fest angeschlossen sowie nach Herstellerangaben für die Verwendung und Montage im Bereich 1 geeignet sind.

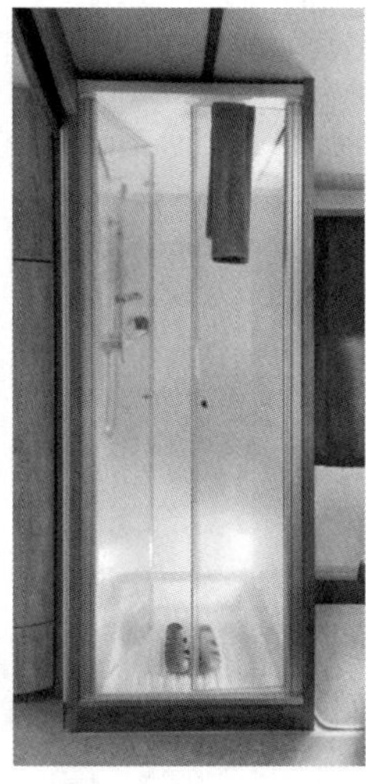

Bild 10.4 Duschraum im Caravan
Foto: *Andreas Vogt*, Hobby-Caravan

Betriebsmittel, die an Orten eingebaut sind, an denen mit Feuchtigkeit zu rechnen ist, müssen mindestens der Schutzart IP44 entsprechend (siehe Kapitel 7), wobei der Zahlencode bedeutet:

Erste Kennziffer: Zugang zu gefährlichen Teilen, hier also 4: geschützt gegen den Zugang zu gefährlichen Teilen mit einem Draht und gegen feste Fremdkörper: geschützt gegen feste Fremdkörper 1 mm Durchmesser.

Zweite Kennziffer: Schutzgrad gegen Eindringen von Wasser mit schädlichen Wirkungen, hier also 4: Wasser, das aus jeder Richtung gegen das Gehäuse spritzt, darf keine schädigenden Wirkungen haben.

Sind elektrische Betriebs- oder Verbrauchsmittel in oder auf Möbeln oder Einrichtungsgegenständen oder in entsprechenden Hohlräumen in der Inneneinrichtung des Caravans errichtet, so müssen die Anforderungen aus DIN VDE 0100-713 „Errichten von Niederspannungsanlagen – Teil 713: Anforderungen für Betriebsstätten, Räume und Anlagen besonderer Art – Möbel und ähnliche Einrichtungsgegenstände" zusätzlich zu DIN VDE 0100-721 berücksichtigt werden (siehe Kapitel 18). Anmerkung: Elektrische Betriebsmittel nach IEV 826-16-01: Produkte, die zum Zweck der Erzeugung, Umwandlung, Übertragung, Verteilung oder Anwendung von elektrischer Energie benutzt werden. Elektrische Verbrauchsmittel nach IEV 826-18-01: Betriebsmittel, die dazu bestimmt sind, elektrische Energie in andere Formen der Energie umzuwandeln, wie Licht, Wärme mechanische Energie.

Leuchten in Caravans: Die Befestigung von Leuchten muss vorzugsweise direkt an der Konstruktion oder an der Verkleidung des Caravans erfolgen. Hängeleuchten dürfen nicht durch die Bewegung des Caravans beschädigt werden, es sind daher entsprechende Vorkehrungen zu treffen. Für die Aufhängung muss das richtige Zubehör ausgewählt werden, damit die Masse und die Kräfte durch die evtl. Bewegung des Caravans nicht zu Beschädigungen führen. Leuchten für unterschiedliche Spannungen, z. B. für Klein- und Niederspannung, müssen mit allen zutreffenden Normen übereinstimmen. LED-Leuchten sind zunehmend im Trend. Sie zeichnen sich durch einen geringeren Energiebedarf aus, was sich gerade bei Caravans durch teilweise geringe Batteriekapazität positiv auf den Energiebedarf auswirkt, wenn nicht auf dem Campingplatz mit einem zugeordneten Stellplatz und Anschluss an die Stromversorgung gecampt wird.

Bild 10.5 Einbau von Leuchten in Möbel und Decken eines Caravans
Foto: *Andreas Vogt*, Hobby-Caravan

Bild 10.6 LED-Einbauspot im Caravan
Foto: *Andreas Vogt*, Hobby-Caravan

Elektrische Anlage/Betriebsmittel	Anforderungen
Anwendungsbereich der DIN VDE 0100-721	Anforderungen gelten für Caravans und Motorcaravans, aber nicht für die den Fahrbetrieb betreffenden elektrischen Stromkreise und Betriebsmittel und nicht für Mobilheime und Parkwohnhäuser und transportable Einheiten
Bemessungsspannungen	230/400 V; Nenngleichspannungsversorgung darf 48 V nicht überschreiten
Anschluss des Caravans	nur drei- oder fünfpolige Industriesteckvorrichtungen nach DIN EN 60309-1 (**VDE 0623-1**) oder DIN EN 60309-2 (**VDE 0623-2**) zugelassen
Verlängerungsleitung für den Anschluss	Typ H07RN-F oder nach DIN VDE 0100-721:2019-10 auch H05RN-F; Länge: max. 25 m ± 2 m; Querschnitt: mindestens 2,5 mm^2, siehe Tabelle 10.4
Anschlussleitungen mit Schutzkontaktsteckvorrichtungen und Adapter	nicht zulässig, weil der Verpolungsschutz fehlt
Wechselspannungsanschlüsse an einem Caravan	müssen nach DIN EN 60309-2 (**VDE 0623-2**) • max. 1,8 m über Bodengleiche, • mindestens IP44, • nicht wesentlich über die Hülle des Caravans hinausragen
Schutzleiter	nach DIN VDE 0100-540 über die gesamte Länge grün-gelbe Kennzeichnung
einadrige Leiter	müssen isoliert sein
Schutzpotentialausgleich	metallene Rahmenteile oder Konstruktionsteile müssen über Schutzpotentialausgleichsleiter mit der Haupterdungsschiene innerhalb des Caravans verbunden sein; Schutzpotentialausgleichsleiter müssen zugänglich und gegen Korrosion geschützt sein
Schutzart	• mindestens IP44 (Schutz gegen Spritzwasser), • IP67 (Schutz gegen zeitweiliges Untertauchen)
Schutz gegen elektrischen Schlag	• Basisschutz, Fehlerschutz, Zusatzschutz; • Schutz durch automatische Abschaltung im Fehlerfall durch Zusatzschutz RCD 30 mA; Schutz durch Kleinspannung mittels SELV oder PELV; • Schutz durch Schutztrennung: nur bei Rasiersteckdosen
Schutz durch Überstrom	jeder Endstromkreis in Caravans muss gegen Überlastung und Kurzschluss geschützt sein
Schutzmaßnahmen, die nicht verwendet werden dürfen	Schutz durch Hindernisse, Schutz durch Anordnung außerhalb des Handbereichs, Schutz durch nicht leitende Umgebung, Schutz durch erdfreien örtlichen Schutzpotentialausgleich, Schutz durch Schutztrennung (Ausnahme Rasiersteckdose)
elektrische Betriebsmittel	Schutz gegen mechanische Beanspruchung

Tabelle 10.5 Schnellübersicht zu den Anforderungen für elektrische Anlagen und Betriebsmittel in Caravans und Motorcaravans nach DIN VDE 0100-721:2019-10

Elektrische Anlage/Betriebsmittel	**Anforderungen**
Arten von Kabel- und Leitungsanlagen	Anforderungen mindestens nach DIN EN 60332-1-2 (**VDE 0482-332-1-2**) • isolierte einadrige Leitungen mit flexiblen Leitern der Klasse 5 in Elektroinstallationsrohren, in Elektroinstallationsrohrsystemen, in zu öffnenden Elektroinstallationskanälen; • isolierte einadrige Leitungen mit verseilten Leitern der Klasse 2 in o. g. Elektroinstallationssystemen; • umhüllte flexible Leitungen
mechanische Beanspruchungen von Kabeln und Leitungen	alle Leitungen müssen bei senkrechter Verlegung im Abstand von 0,4 m und bei waagerechter Verlegung im Abstand von max. 0,25 m befestigt sein, es sei denn, sie befinden sich in formbeständigen Elektroinstallationsrohren
Beanspruchungen durch Schwingungen von Kabeln und Leitungen	wird ein Leitungssystem Schwingungen ausgesetzt, muss jede Anlage gegen mechanische Beschädigung geschützt werden durch • einen verstärkten Schutz oder • durch entsprechende Anordnung; geeignete Tüllen bzw. Ösen müssen vor Metallteilen schützen
Querschnitte von Leitern	jeder Leiter mindestens 1,5 mm^2 Cu
elektrische Verbindungen der Leitungen	nur in Verbindungsdosen oder mit elektrischen Betriebsmitteln
Nähe von Kabeln und Leitungen zu anderen technischen Anlagen	alle elektrischen Betriebsmittel, auch Kabel und Leitungen dürfen in Fächern, die der Lagerung von Gasflaschen dienen, nicht errichtet werden. Ausnahmen: • Kleinspannungsbetriebsmittel, die der Überwachung dienen; • Kabel und Leitungen, die durch die Fächer geführt werden, aber mit besonderen Anforderungen
Steckvorrichtungen	nach DIN EN 60309-2 (**VDE 0623-2**) und neu DIN EN 60309-1 (**VDE 0623-1**) seit DIN VDE 0100-721:2019-10
Trennen und Schalten Anlage mit nur einem Endstromkreis	Für jede unabhängige elektrische Anlage muss ein eigener Haupttrennschalter errichtet werden, der alle aktiven Leiter schaltet; Bedienung muss im Caravan leicht möglich sein. Hier darf als Trennschalter die Überstromschutzeinrichtung verwendet werden, die aber die Anforderungen für das Trennen erfüllen muss.
Leuchten in Caravans	• Befestigung vorzugsweise direkt an der Konstruktion oder an der Verkleidung des Caravans; • Hängeleuchten müssen entsprechend gesichert sein; Fahrzeugbewegungen berücksichtigen
Steckdosen für Kleinspannung	müssen als solche zu erkennen sein
Prüfungen	detailliert siehe Kapitel 10.11 und Kapitel 19

Tabelle 10.5 (*Fortsetzung*) Schnellübersicht zu den Anforderungen für elektrische Anlagen und Betriebsmittel in Caravans und Motorcaravans nach DIN VDE 0100-721:2019-10

10.10 Kleinspannungsgleichstromanlage

Die besonderen Anforderungen an die Kleinspannungsgleichstromanlage sind ebenfalls in DIN VDE 0100-721:2019-10 festgeschrieben und in ihrem Anhang B ausführlich erläutert. Diese besonderen Anforderungen gelten jedoch nicht für die Gleichstromanlage mit 12 V Nennspannung, die mit der elektrischen Anlage des Basisfahrzeugs in Verbindung steht oder in Verbindung gebracht werden kann. Für die Gleichspannungsanlage mit der Nennspannung 12 V gelten die Anforderungen aus DIN EN 1648-1 „Bewohnbare Freizeitfahrzeuge – Elektrische Anlagen für DC 12 V – Teil 1: Caravans“. Anmerkung: Diese Norm enthält sicherheitstechnische, gesundheitliche und funktionelle Anforderungen an die elektrische Kleinspannungsanlage für DC 12 V im Wohnbereich des Caravans.

10.10.1 Stromquellen zur Stromversorgung der Kleinspannungsgleichstromanlage

Für die Versorgung mit Gleichstrom stehen die nachfolgenden Stromquellen zur Verfügung:

Kurzübersicht

- aus der elektrischen Anlage des Zugfahrzeugs,
- aus einer Hilfsbatterie, die im Caravan errichtet ist,
- aus einer Niederspannungsgleichspannungsversorgung über eine Transformator-/Gleichrichtereinheit,
- aus einem Gleichspannungsgenerator, der durch irgendeine Form der Energie angetrieben wird,
- aus einem Photovoltaikenergieversorgungssystem,
- aus einem Transformator mit Gleichrichtereinheit, der aus der Niederspannung versorgt wird.

Erläuterungen: Die elektrische Energie wird zunächst aus dem Batteriesystem an Bord für die elektrischen Verbraucher gespeist, wobei es sich in der Regel um zwei Batterien handelt, die Starterbatterie des Fahrzeugs, die das Starten des Motors sicherstellt und einer Fahrzeuglichtmaschine (Generator), die die Verbraucher des eigentlichen Fahrzeugs versorgt. Während der Fahrt sind sie miteinander verbunden, sodass beide Batterien geladen werden können. Beim Stillstand des Motors werden beide Batteriesysteme wieder getrennt, sodass kein Strom aus der Starterbatterie entnommen werden kann und die Funktion des Startens gewährleistet ist. Im Motorcaravan ist die beschriebene Funktionsweise Standard. Schwieriger ist es im Fall Caravan, wegen der längeren Leitungswege vom Zugwagen bis zum Caravan und der kleineren Querschnitte, sodass durch den entstehenden Spannungsfall die weit entfernte Bordbatterie nicht ausreichend aufgeladen werden kann. Aber mittlerweile sind Techniken auf dem Markt, die dem Camper auch für den Fall des Caravans als Hänger gute Lösungen bieten.

Die Nachladung der Batterie mit einem Stromgenerator, der mit einem Ausgang z. B. Gleichspannung 12 V erzeugen und die Batterie laden kann und gleichzeitig 230 V erzeugt, ist eine weitere Möglichkeit, für Unabhängigkeit in Bezug auf die elektrische Versorgung vom Stellplatz zu sorgen (siehe Kapitel 13). Wie auch Stromgeneratoren können zunehmend ausgereifte Techniken bei Brennstoffzellen dem Camper für die Stromversorgung und als evtl. Stromerzeuger gute Hilfe bieten. Brennstoffzellen und Solaranlagen erzeugen Gleichstrom, sodass dieser direkt zum Laden der Batterie eingesetzt werden kann.

Anforderungen an Niederspannungserzeugungsanlagen gelten nach DIN VDE 0100-551 für unterschiedliche Arten von Energieerzeugern, z. B. Verbrennungsmotoren, Turbinen, Elektromotoren mit angebauten Generatoren, PV-Module und Batterien. Um die Funktion und die Sicherheit in allen möglichen Betriebsarten sicherzustellen, sind Stromerzeugungseinrichtungen zu auszuwählen, dass sie für den vorgesehenen Einsatz geeignet sind. Daher wird nach Teil 551 gefordert, dass

- die Kurzschlussausschaltvermögen der Schutzeinrichtungen der Anlage in keiner Kombination der Stromquellen überschritten werden darf,
- die Erzeugungseinrichtungen optimal ausgelegt sind, damit beim Abschalten oder Zuschalten von Lasten keine Gefährdungen der Betriebsmittel auftreten können,
- keine gegenseitige Beeinflussung der Erzeugungseinrichtungen untereinander möglich ist.

Zu den Stromquellen ist eine Bedienungsanleitung zu erstellen, damit die Bedienung und Wartung der elektrischen Anlage erleichtert wird. Sie ist in der Sprache des Landes zu verfassen, in dem der Caravan erstmalig gekauft wird. Inhalt der Bedienungsanleitung (Anhang B aus DIN VDE 0100-721:2019-10):

- Angaben zur Hilfsbatterie,
- Angaben zur Überstromschutzeinrichtung,

- Darstellung der Kabel- und Leitungsanlage der Kleinspannung/Niederspannung und der Farbkennzeichnung der Leiter,
- Art der Geräte und deren zugehörige Stromquelle.

Bei einer Stromversorgung aus einem Generator oder aus einer Niederspannungsversorgung über einen Transformator sollte die Kleinspannung an den Ausgangsklemmen mindestens 11 V und max. 14 V betragen (Belastung von mindestens 0,5 A). Die Wechselspannungswelligkeit sollte dabei 1,2 V Spitze zu Spitze nicht überschreiten.

Stromquellen für regenerative Energie wie Wind und Sonne, sollen nur Kleinspannungen erzeugen und nur zum Aufladen von Batterien genutzt werden. Das Überladen der Batterien muss verhindert werden.

Bild 10.7 Batteriesystem im Motorcaravan
Fotos: *Andreas Vogt*, Hobby-Caravan

10.10.2 Vermeidung gegenseitiger Beeinflussung der Kleinspannungs- und Niederspannungsanlagen

Kurzübersicht

- Die Schutzmaßnahmen der Niederspannungsanlagen gegen direktes Berühren und bei indirektem Berühren dürfen nicht durch die Kleinspannungsanlage beeinträchtigt werden.
- Die Betriebsströme der Kleinspannungsanlage dürfen nicht über den Schutzleiter der Niederspannungsanlage fließen.

Erläuterungen: Nach DIN VDE 0100-510 sind gegenseitige nachteilige Beeinflussungen zu vermeiden. Wenn sich also Betriebsmittel gegenseitig beeinflussen könnten, müssen Gegenmaßnahmen vorgesehen werden, z. B. durch eine entsprechende räumliche Anordnung. Werden Leitungen gemeinsam in einem Rohr oder Kanal verlegt, so müssen die Isolierungen für die höchste vorkommende Spannung ausgelegt sein. Weiterhin ist festgelegt, dass betriebsbedingte Schutzleiterströme (Ableitströme) den Betrieb nicht stören und die Sicherheit nicht gefährden dürfen. Ein Ableitstrom kann sicherheitsrelevant sein, wenn bei einer Unterbrechung des Schutzleiters bei einem elektrischen Betriebsmittel der Schutzklasse I eine Berührungsspannung von ≥ AC 50 V entstehen kann. Wenn die Berührungsspannung bei einer Unterbrechung des Schutzleiters überschritten werden könnte, müssen Zusatzmaßnahmen ergriffen werden:

- verstärkter Schutzleiter,
- zweiter paralleler Schutzleiter,
- Einsatz eines Transformators, um eine Ableitung der Schutzleiterströme vorzunehmen.

10.10.3 Leitungen der Kleinspannungsgleichstromanlage

Kurzübersicht

- Leitungen sollten flexibel nach DIN EN 50525-*x* (**VDE 0285-525-*x***) ausgelegt sein.
- Mindestquerschnitte können in Abhängigkeit von der Gesamtlänge und vom Strom entweder errechnet oder Diagrammen (DIN VDE 0100-721:2019-10, Anhang C) entnommen werden, z. B. für einen Strom von 5 A und einer Gesamtlänge von 24 m (Streckenlänge 12 m) ein Mindestquerschnitt von 4 mm^2.
- Spannungsfall zwischen der Stromversorgung und den Betriebsmitteln (für die fest verlegten Kabel/Leitungen) max.: 0,8 V; zwischen dem Stecker zum Anschluss an das Zugfahrzeug und der Hilfsbatterie (für das Hilfsbatterie-Ladekabel) max.: 0,3 V.
- Funktionen, Querschnitte und Kontaktbelegungen der Adern für die Caravankupplung sind der Tabelle B.721.1 der DIN VDE 0100-721:2019-10 zu entnehmen.

Erläuterung: Gleichung zur Ermittlung des Querschnitts nach DIN VDE 0100-721:

$$A = \frac{\rho \cdot l \cdot I}{U_{\mathrm{V}}},$$

mit:

A Querschnitt des Leiters in mm^2,

ρ Widerstand von Kupfer (0,019 89 $\Omega\mathrm{mm}^2/\mathrm{m}$ bei 50 °C),

l Gesamtlänge (Hin- und Rückleiter) der Leiter in m,

U_{V} zulässiger Spannungsfall.

10.10.4 Überstromschutzeinrichtungen der Kleinspannungsgleichstromanlage

Kurzübersicht

- Als Überstromschutzeinrichtungen können Sicherungen oder Leitungsschutzschalter verwendet werden.
- Überstromschutzeinrichtung für die Stromversorgung des Zugfahrzeugs: so nah wie möglich bei der Hilfsbatterie, aber keinesfalls mehr als 1 m davon entfernt.
- Überstromschutzeinrichtung für die Hilfsbatterie: am Ende des Batteriekabels und vor der fest errichteten Anlage.
- Überstromschutzeinrichtung sollte auch den Kleinspannungsausgang des Transformators und des Gleichspannungsgenerators schützen.
- Überstromschutzeinrichtungen nicht in einem Fach für die Brennstofflagerung oder einem Gehäuse für Lagerung von Flüssiggas oder in einem Fach für die Hilfsbatterie anordnen.

Erläuterungen: Damit die Abschaltbedingungen gewährleistet werden, muss die Schutzeinrichtung möglichst nahe an den Generatoranschlussklemmen angeordnet sein, denn der Kurzschlussstrom einer Erzeugereinrichtung kann niedriger als der Kurzschlussstrom von einem Niederspannungstransformator sein.

10.10.5 Anforderungen an Hilfsbatterien

Kurzübersicht

- Hilfsbatterien sollten wiederaufladbar sein; sind sie es nicht, dann dürfen diese Batterien zwar in Caravans verwendet werden, aber nur getrennt von anderen Stromquellen der elektrischen Versorgung.
- Entladezeit 20 h, mindestens eine Kapazität von 40 Ah.
- Klemmen: deutlich und dauerhafte Kennzeichnung mit „+“ und „–“; sicher geklemmt oder verschraubt.
- Hilfsbatterie in einem gesonderten Raum untergebracht, gegen Verrutschen gesichert.
- Anforderungen an ein gesondertes Fach für die Hilfsbatterie, wie gute Belüftung, Schutz gegen Korrosion usw. Details in Erläuterungen bzw. in DIN VDE 0100-721:2019-10, Anhang B.
- Kabel/Leitungen für die Hilfsbatterie sollten bis zur Überstromschutzeinrichtung zusätzlich umhüllt oder umwickelt sein.

Erläuterungen: Hilfsbatterien sind wieder aufladbar, sie sind für zyklische Belastungen ausgelegt und sollten nach DIN VDE 0100-721 eine Kapazität von mindestens 40 Ah bei einer Entladezeit von 20 h aufweisen. Nicht aufladbare Batterien können nicht als Hilfsbatterien bezeichnet werden. Sie dürfen zwar in Caravans verwendet werden, aber nur getrennt von anderen Stromquellen der elektrischen Versorgung. Die Hilfsbatterie wird in der Regel für die Bordversorgung des Caravans eingesetzt. Damit die verschiedensten Verbraucher versorgt werden können, ist ein Ladegerät integriert, das die Verbindung zum 230-V-Netz und zu der 12-V-Batterie herstellt. Das Gerät wandelt die eingespeisten 230 V in 12 V um und lädt die Hilfsbatterie. Wichtig ist die richtige Kapazität der Batterie, denn der Bedarf kann unterschiedlich sein: Ist der Camper eine nur kurze Zeit oder eine längere Zeit, je nach Standort, auf die Batterie angewiesen und/oder sollen wenige oder viele Verbraucher angeschlossen werden.

Klemmen der Hilfsbatterie: Verbindungen zu den Anschlüssen sicher geklemmt oder verschraubt, damit eine Unterbrechung des Kontakts vermieden wird. Idealerweise sind die Kontakte isoliert oder die gesamte Hilfsbatterie ist mit einem isolierten Gehäuse versehen. Kennzeichnung der Klemmen: „+“ und „–“ deutlich und dauerhaft.

Unterbringung der Hilfsbatterie: separater Raum mit leichtem Zugang für die Wartung der Batterie oder so untergebracht, dass das Herausnehmen für die Wartung leicht möglich ist. Da der Caravan auch bewegt wird, muss die Hilfsbatterie so gesichert sein, dass Bewegungen verhindert werden. Falls der Elektrolyt der Hilfsbatterie ausläuft, muss er durch ein entsprechendes Fach unterhalb aufgefangen werden können. Das Innere des Raums, in dem sich die Hilfsbatterie befindet, sollte gut belüftet sein und der korrosiven Wirkung der säurehaltigen Ladegase muss durch alternative Gegenmaßnahmen verhindert werden (Details: DIN VDE 0100-721:2019-10, Anhang B).

10.10.6 Weitere Hinweise

Kurzübersicht

- Stromkreis zum Laden der Hilfsbatterie: vom Stromkreis des Kühlschranks trennen; nur schließen, wenn die Zündung der Zugmaschine eingeschaltet ist; Betrieb des Kühlschranks nur bei eingeschalteter Zündung der Zugmaschine.
- Klemmleiste für die Verbindung Anschlusskabel zur Leitungsanlage Caravan sollte abgedeckt sein; außerhalb IP34.
- Auswahl und Anschluss der Geräte sollte mit den Angaben des Herstellers in der technischen Dokumentation übereinstimmen.
- Steckdosen für Kleinspannungen sollten unverwechselbar zur Niederspannungsanlage gekennzeichnet sein.
- Batterieladegerät in Übereinstimmung mit DIN EN 60335-2-29 (**VDE 0700-29**).
- Äußere Beleuchtung des Caravans geschützt gegen Eindringen von Wasser (IP34).

10.11 Prüfungen

Kurzübersicht

- Eine Erstprüfung nach DIN VDE 0100-600 ist in jedem Fall nach der Errichtung, einer Änderung oder Ergänzung der elektrischen Anlage des Caravans durchzuführen.
- Die Überprüfung der Funktion der Fehlerstromschutzeinrichtung (RCD) ist vom Nutzer durch das Betätigen der Prüftaste durchzuführen, und zwar mindestens nach jedem Wechsel bzw. erneutem Anschluss des Caravans an die Stromversorgung des Stellplatzes.
- Eine wiederkehrende Prüfung ist nach DIN VDE 0100-721:2019-10, Anhang A gefordert. Dabei sollte intensiv auf Nachrüstungen durch den Nutzer (Camper als elektrotechnischer Laie) geachtet werden, wobei unzulässige bzw. defekte Verbrauchsmittel zu entfernen sind.

Erläuterungen: In DIN VDE 0100-721 sind keine gesonderten Aussagen zu Prüfungen an Caravans gemacht worden, daher ist eine Erstprüfung nach DIN VDE 0100-600 durchzuführen. Eine solche Prüfung ist auch nach einer Änderung oder Ergänzung der elektrischen Anlage am Caravan zu empfehlen. Auch bei Wiederholungsprüfungen empfiehlt sich der Inhalt einer Erstprüfung, denn die praktische Erfahrung hat gezeigt, dass

- oftmals nicht normgerecht installiert wurde, z. B. falsche Schutzart, keine normgerechte Steckvorrichtung, falscher Leitungstyp oder falsche Zuordnung von Überstrom- und Fehlerstromschutzeinrichtungen (RCDs),
- falsch und nicht normgerecht nachgerüstet wurde,
- die Beanspruchung der elektrischen Anlagen durch den Campingbetrieb Mängel verursacht haben.

Der Camper muss die Funktion der Fehlerstromschutzeinrichtung (RCD) durch Betätigung der Prüftasten mindestens nach jedem Standortwechsel und damit nach jedem erneuten Anschluss an eine neue Stromversorgungseinrichtung eines anderen Stellplatzes durchführen.

Die Anforderungen aus DIN VDE 0100-721:2019-10 beinhalten keine zusätzlichen Anforderungen zum Thema Prüfungen, d. h., die Elektrofachkraft sollte sich nach DIN VDE 0100-600 richten. Im normativen Anhang A wird jedoch die Aussage getroffen, dass die elektrische Anlage eines häufig genutzten Caravans jährlich durch eine Elektrofachkraft besichtigt und geprüft und der festgestellte Zustand in einem Bericht dokumentiert werden sollte. Außerdem beinhaltet der Anhang A Anweisungen für die elektrische Stromversorgung zum Anschluss und zum Trennen der Verbindung der Caravananlage mit der elektrischen Stromversorgungseinrichtung, siehe **Bild 10.8**.

Ein Caravanverleih ist nach BGB verpflichtet, dafür zu sorgen, dass die vermieteten Produkte sich in einem ordnungsgemäßen Zustand befinden, d. h., der Vermieter sollte vor jeder Übergabe den Zustand der elektrischen Anlage von einer Elektrofachkraft untersuchen lassen. Ein ordnungsgemäßer Caravan ist auch für die Campingplatzbetreiber von hohem Wert, denn dadurch wird die Gefahr für andere Camper auf dem Campingplatz gemindert.

Anweisung für die elektrische Stromversorgung

Anschluss

a) Prüfen Sie vor der Verbindung der Caravan-Anlage mit der elektrischen Stromversorgung, ob
   1) die Stromversorgung, die an der Stromversorgungseinrichtung am Caravan-Stellplatz zur Verfügung steht, für die elektrische Anlage und die Geräte des Caravans hinsichtlich der Spannung, Frequenz und Strom geeignet ist und
   2) die Kabel/Leitungen und die Verbindungen geeignet sind und
   3) der Haupttrennschalter des Caravans in der Aus-Stellung ist.

   DIE FLEXIBLE VERSORGUNGSLEITUNG DES CARAVANS SOLLTE VOLLSTÄNDIG ABGEWICKELT SEIN, UM BESCHÄDIGUNG DURCH ÜBERHITZUNG ZU VERMEIDEN.
b) Überprüfen Sie die Kabel/Leitungen, die Stecker und die Kupplungen auf Beschädigungen.
c) Öffnen Sie die Abdeckung vom Anschluss am Caravan, falls vorhanden, und führen Sie die Kupplung der flexiblen Leitung ein.
d) Stecken Sie den Stecker der flexiblen Leitung in die elektrische Steckdose, die an der Stromversorgungseinrichtung am Caravan-Stellplatz vorgesehen ist.
e) Schalten Sie den Haupttrennschalter am Caravan ein.
f) Überprüfen Sie die Funktion der Fehlerstromschutzeinrichtungen (RCDs), die im Caravan eingebaut sind, durch Drücken der Prüftasten und schalten Sie wieder ein.

   IN ZWEIFELSFÄLLEN ODER WENN NACH DURCHFÜHRUNG DES VORGENANNTEN VERFAHRENS DIE VERSORGUNG NICHT VERFÜGBAR ODER FEHLERHAFT IST, SETZEN SIE SICH MIT DEM CARAVAN-STELLPLATZ-BETREIBER IN VERBINDUNG.

Beenden der Verbindung

Schalten Sie die Haupttrenneinrichtung des Caravans aus und entfernen Sie das Kabel/die Leitung. Zuerst an der Stromversorgungseinrichtung am Caravan-Stellplatz und dann, falls vorhanden, am Caravan-Anschluss.

Wiederkehrende Prüfung

Die elektrische Anlage des Caravans sollte vorzugsweise nicht weniger als alle drei Jahre, und wenn der Caravan häufig benutzt wird, jährlich durch einen kompetenten Elektriker besichtigt und geprüft werden, der einen Bericht über den Zustand ausstellen sollte.

Bild 10.8 Anweisung für die elektrische Stromversorgung nach DIN VDE 0100-721:2019-10, Anhang A

Merke: Wenn die Stromversorgung im Caravan unterbrochen ist, obwohl der Caravan an das 230-V-Netz angeschlossen ist, ist es möglich, dass die Fehlerstromschutzeinrichtung ausgeschaltet ist. Häufig ist die Fehlerstromschutzeinrichtung (RCD) in Einrichtungsgegenständen oder in einem sog. Stauraum untergebracht, sodass die Prüftaste versehentlich betätigt wurde, d. h.: Bei einer Stromunterbrechung zunächst die Fehlerstromschutzeinrichtung (RCD) überprüfen!

Hinweis zu Prüfungen: Die Anforderungen für elektrische Anlagen und Betriebsmittel (zusätzlich zu den Prüfungen aus den Hauptteilen der DIN VDE 0100) für Caravans und Motorcaravans lassen sich gut anhand der Inhalte aus der Schnellübersicht in Tabelle 10.5 bzw. Tabelle 19.2 und Tabelle 19.3 entnehmen.

11 Überspannungsschutz und Blitzschutz (DIN VDE 0100-443; DIN VDE 0100-534; DIN EN 62305-*x* (VDE 0185-305-*x*))

Kurzübersicht

- Überspannungen: durch atmosphärische Entladungen, Schalthandlungen, Kurzschlüsse, elektrostatische Vorgänge.
- Spannungsfestigkeit der Betriebsmittel könnte zerstört werden.
- Überspannungen verursacht durch Blitzeinschläge sind von der Einschlagstromstärke und den Erdungsverhältnissen des Netzsystems abhängig.
- Für Campingplätze ist am Stromübergabepunkt immer eine Überspannungsschutzeinrichtung Typ 2 nach DIN VDE 0100-443 erforderlich.
- Die regionale Blitzhäufigkeit kann nach DIN EN 62305-2 Beiblatt 1 (**VDE 0185-305-2 Beiblatt 1**) ermittelt werden.
- Überspannungsschutzeinrichtungen für Niederspannung: DIN EN 61643-11 (**VDE 0675-6-11**); TN-S-System: SPD-Typ-1, erhält immer einen Anschluss an die Erdungsanlage.
- Campingplätze: Zum Schutz der RCDs sind Überspannungsschutzeinrichtungen Typ 1 und Typ 2 als sog. Kombiableiter in der Hauptverteilung, den Unter- und Messverteilern einzusetzen.
- Betriebsmittel aus der Informationstechnik müssen eine festgelegte Störfestigkeit gegenüber leitungsgeführten impulsförmigen Störgrößen (Surges) aufweisen.

Erläuterungen: Überspannungen entstehen durch atmosphärische Entladungen, bei Schalthandlungen, Kurzschlüssen oder durch elektrostatische Vorgänge. Bei atmosphärischen Entladungen bildet sich ein Spannungstrichter rund um die Einschlagstelle aus, der auch nach mehreren 100 m noch hohe Potentialunterschiede aufweist. Zudem koppelt das elektromagnetische Feld sowohl induktiv als auch kapazitiv in Leitungen und Kabeln ein. Bei Schalthandlungen/Kurzschlüssen ist es der steile Stromanstieg $\mathrm{d}i/\mathrm{d}t$, der über der Leiterinduktivität einen hohen Spannungsfall verursacht, und die elektrostatischen Vorgänge beruhen auf der Ladungstrennung durch Reibungselektrizität von Nichtleitern. Alle beschriebenen Vorgänge verursachen Spannungen, welche die Spannungsfestigkeit von Betriebsmitteln übersteigen können und sie dadurch zerstören. Es können Spannungen von einigen 100 V bis zu mehreren 100 kV auftreten. Die hohen Spannungsimpulse liegen im Bereich von einigen Mikrosekunden und werden als transiente Überspannungen bezeichnet. Die durch Blitzeinschläge verursachten Überspannungen sind von der Einschlagstromstärke und den Erdungsverhältnissen des Netzsystems abhängig.

Man unterscheidet hierbei:

- Direkte Blitzeinschläge: Überspannungen resultieren aus dem Stromfluss des Blitzstroms innerhalb der betreffenden Anlage und den damit verbundenen Erdungssystemen. Der Einsatz von Blitzstromableitern zum Schutz elektrischer Anlagen und Systeme ist erforderlich.
- Nahe Blitzeinschläge: Überspannungen resultieren aus Induktionsspannungen in Leiterschleifen und aus dem Anstieg des Erdpotentials. Spitzenwerte von einigen 1 000 V können erreicht werden. Überspannungsschutzeinrichtungen für die Energietechnik und die Informationstechnik sind zum Schutz elektrischer Anlagen und Systeme erforderlich.
- Blitzeinschläge, die sich in einiger Entfernung ereignen: Überspannungen resultieren aus Induktionen in Leiterschleifen.

Merke: Überspannungen entstehen durch: atmosphärische Entladungen, Schalthandlungen, Kurzschlüsse oder durch elektrostatische Entladungen.

Transiente Überspannungen: vorübergehende, kurzzeitige Überspannungen, die sich in elektrischen Netzen mit sehr steilen Stromanstiegen, die dann in wenigen Millisekunden wieder abfallen, verbreiten. Diese Spannungsimpulse, die induktiv oder kapazitiv in die Leitungen eingekoppelt werden können, verursachen bei elektrischen Bauteilen starke Beanspruchungen.
Ursachen können sein: • atmosphärische Entladungen durch Blitzeinschlag (Direkt-, Nah- oder Ferneinschlag); • Schaltüberspannungen durch Schalthandlungen beim Schalten von Motoren, Stromkreisen, Netzen; • elektrostatische Entladungen bei Kontakt und Trennung leitender und nicht leitender Materialien.
Durch den Einbau von Überspannungsschutzeinrichtungen in elektrischen Anlagen von Gebäuden soll eine Begrenzung der transienten Überspannungen im Versorgungsnetz sichergestellt werden. Überspannungsschutzeinrichtungen sind jedoch nicht in allen elektrischen Anlagen eine Pflicht (siehe oben). Die Auswahl der Überspannungsschutzeinrichtungen erfolgt nach den **Überspannungskategorien**. Die Überspannungskategorie klassifiziert die Spannungsfestigkeit der Isolierung von elektrischen Betriebsmitteln in Abhängigkeit der Nennspannung der Stromversorgung und ist in die Kategorien I, II, III und IV unterteilt (siehe Tabelle 11.3).

Tabelle 11.1 Transiente Überspannungen

Überspannungen sollten möglichst vermieden bzw. auf ein annehmbares/vertretbares Maß reduziert werden. Die transienten Überspannungen können zur Gefährdung von Menschen und Nutztieren führen. Auch in der Isolierung von Betriebsmitteln können sie schwere Schäden verursachen. Außerdem werden Bauteile durch das Auftreten zu hoher dynamischer Kräfte zerstört. Besonders elektronische Bauteile sind sehr anfällig gegen transiente Überspannungen und können schon bei geringen Spannungserhöhungen ausfallen. DIN VDE 0100-100 sagt hierzu aus:

- Personen und Nutztiere müssen gegen Verletzungen und gegen schädigende Einwirkungen geschützt werden, die eintreten könnten, wenn Fehler zwischen aktiven Teilen von Stromkreisen unterschiedlicher Spannungen entstehen.
- Ebenso müssen Personen und Nutztiere gegen Schäden durch Überspannungen geschützt werden, die eintreten könnten, wenn atmosphärische Einwirkungen (gemeint sind hier sowohl Nah- als auch Ferneinschläge und Induktionen hieraus) oder Schaltüberspannungen entstehen.

Diese negativen Auswirkungen der Überspannungen können durch den Einsatz von Überspannungsschutzeinrichtungen herabgesetzt werden, sodass gar keine bzw. nur geringe Schäden zu erwarten sind.

Bei der Entscheidung, ob ein Überspannungsschutz erforderlich ist, müssen beachtet werden:
• die Höhe der möglichen Überspannungen in der elektrischen Anlage; • die Anforderungen an die Zuverlässigkeit der Versorgung; • die Sicherheit von Personen und Sachen; • der Überspannungspegel der einzusetzenden Betriebsmittel; • die Art des Versorgungsnetzes (Freileitungen, Kabel oder gemischtes Netz), das Vorhandensein von Überspannungsschutzeinrichtungen auf der Einspeiseseite der elektrischen Anlage; • die Häufigkeit der Gewittertage; • der Einbauort und die Kennlinie der Überspannungsschutzeinrichtung

Tabelle 11.2 Entscheidungshilfen zum Überspannungsschutz

Planer und Einrichter von elektrischen Anlagen müssen die Möglichkeit des Auftretens von Überspannungen am Energieeintrittspunkt bei der Projektierung miteinbeziehen. Für gewerbliche Anlagen und somit auch für einen Campingplatz ist am Speisepunkt immer eine Überspannungsschutzeinrichtung Typ 2 nach DIN VDE 0100-443 erforderlich. Bei der Entscheidung, ob ein Überspannungsschutz erforderlich wird, müssen folgende Punkte Beachtung finden:

- die Lage des Campingplatzes (z. B. exponiert oder nicht exponiert),
- die regionale Blitzhäufigkeit (DIN EN 62305-2 Beiblatt 1 (**VDE 0185-305-2 Beiblatt 1**)),
- die Anforderungen an die Zuverlässigkeit der Versorgung,
- die Sicherheit von Personen und Sachen,

- die Art des Versorgungsnetzes (Freileitung, Kabel oder eigener Transformator), das Vorhandensein von Überspannungsschutzeinrichtungen auf der Einspeiseseite der elektrischen Anlage,
- die geforderte Bemessungsstehstoßspannungsfestigkeit der elektrischen Betriebsmittel,
- der Einbauort und die Kennlinie der Überspannungsschutzeinrichtung.

Werden Überspannungsschutzeinrichtungen vorgesehen, müssen sie den folgenden Normen entsprechen:

- Überspannungsschutzeinrichtungen für die Niederspannung: DIN EN 61643-11 (**VDE 0675-6-11**),
- Überspannungsschutzeinrichtungen für die Informationstechnik: DIN EN 61643-21 (**VDE 0845-3-1**).

Auch zum Schutz informationstechnischer Einrichtungen vor Zerstörung werden Überspannungsableiter verwendet. Ihre Aufgabe ist es, in der informationstechnischen Anlage auftretende Überspannungen so abzuleiten und zu begrenzen, dass sie für die Geräte ungefährlich sind. Im Gegensatz zur Auswahl der Schutzgeräte für die Niederspannung mit einheitlichen Bedingungen hinsichtlich Spannung und Frequenz sind in der informationstechnischen Anlage verschiedenste Arten von zu übertragenden Signalen zu berücksichtigen. Diese Signale dürfen nicht unzulässig beeinflusst werden und genau dies ist die Schwierigkeit bei der Auswahl der geeigneten Schutzgeräte.

Ihr Einbau hat den Herstellervorgaben zu entsprechen:

- Bei Überspannungsschutzgeräten aus dem Bereich der Niederspannung bestimmt das Netzsystem (TN-C; TN-S bzw. TT) am Einbauort die Auswahl des einzusetzenden Produkts. Die max. und min. Vorsicherung ist ebenso von Bedeutung wie der Querschnitt und die zulässige Länge der Anschlussadern. In der Niederspannung sind vier Überspannungskategorien zu beachten (**Tabelle 11.3**).
- Bei Überspannungsschutzgeräten aus dem Bereich der Informationstechnik sind es die unterschiedlichen Typen je nach Erdverbindung des Systems, die diesbezüglich ausgewählt werden müssen, und auch der Betriebsstrom, der durch den oft seriellen Anschluss auf keinen Fall überschritten werden darf. In der Informationstechnik[1] sind vier Prüfschärfegrade[2] zu beachten (**Tabelle 11.4**).

---

[1] Ableiter dienen in der Informationstechnik den Endgeräten und verringern die Gefahr der Leitungsbeschädigung; Auswahl der Ableiter abhängig von: Blitzschutzzone der jeweiligen Region, abzuleitende Energie, Störfestigkeit und Anordnung der Endgeräte, symmetrische bzw. unsymmetrische Störungen, Anpassung an Umgebungsbedingungen und Normenübereinstimmungen.

[2] Die Störfestigkeit wird durch den Prüfschärfegrad (1 bis 4) festgestellt, wobei der Grad 1 die geringste und der Grad 4 die höchste Störfestigkeitsanforderung an das Endgerät ist (Tabelle 11.2).

Überspannungskategorie: ein Zahlenwert, der eine Stehstoßspannung festlegt
Überspannungskategorie I
• gilt für besonders bemessene Geräte – 1,5 kV; • die Betriebsmittel sind nur bestimmt zur Anwendung in Geräten oder Teilen von Anlagen, in denen keine Überspannungen auftreten können oder die besonders durch Überspannungsableiter, Filter oder Kapazitäten gegen Überspannungen geschützt sind; • Beispiel: Geräte mit Kleinspannung.
Überspannungskategorie II
• gilt für Betriebsmittel, die zum Anschluss an das Stromversorgungsnetz vorgegeben sind – 2,5 kV; • die Betriebsmittel sind bestimmt zur Anwendung in Anlagen oder Anlageteilen, in denen Blitzüberspannungen nicht berücksichtigt werden müssen; • Beispiel: elektrische Haushaltsgeräte.
Überspannungskategorie III
• gilt für Installationsmaterial – 4 kV; • die Betriebsmittel sind bestimmt zur Anwendung in Anlagen oder Anlageteilen, in denen Blitzüberspannungen nicht berücksichtigt werden müssen, wobei aber im Hinblick auf die Sicherheit und Verfügbarkeit des Betriebsmittels besondere Anforderungen gestellt werden; • Beispiele: Betriebsmittel der festen Installation wie Schutzeinrichtungen, Schalter, Steckdosen, Schütze u. Ä.
Überspannungskategorie IV
• gilt für die Stromversorgungsunternehmen und für die Projektierung des Einzelfalls – 6 kV

Tabelle 11.3 Überspannungskategorien – Anmerkung: Der Begriff Überspannungskategorie (nach DIN EN 60664-1 (**VDE 0110-1**)) und der Begriff Stehstoßspannungskategorie (nach DIN VDE 0100-443) sind gleichbedeutend

Prüfschärfegrade	Entspricht Ladespannung des Prüfgenerators
1	0,5 kV
2	1 kV
3	2 kV
4	4 kV

Tabelle 11.4 Prüfschärfegrade nach DIN EN 61000-4-5 (**VDE 0847-4-5**) (Informationstechnik)

Überspannungsschutzeinrichtungen (steht auch für den Begriff „Überspannungsschutzgerät“ und der internationalen Kurzbezeichnung SPD – Surge Protective Device) sind für die unterschiedlichen Prüfklassen und Typklassen eingeteilt:

- SPD Typ 1, Prüfklasse I, früher Anforderungsklasse B zum Blitzschutzpotentialausgleich, der Schutzpegel entspricht der Überspannungskategorie III + IV;

- SPD Typ 2, Prüfklasse II, früher Anforderungsklasse C zum Überspannungsschutz von Überspannungen aus dem öffentlichen Versorgungsnetz, hervorgerufen durch ferne Blitzeinschläge oder Schalthandlungen, der Schutzpegel entspricht der Überspannungskategorie II;
- SPD Typ 3, Prüfklasse III, früher Anforderungsklasse D zum Überspannungsschutz ortsveränderlicher Verbrauchsgeräte an Steckdosen, der Schutzpegel entspricht der Überspannungskategorie I.

Überspannungsschutzeinrichtungen in Niederspannungsverbraucheranlagen:

- TN-C-System: SPD Typ 1 und SPD Typ 2 werden mit allen Außenleitern und dem PEN-Leiter verbunden. Der SPD Typ 1 erhält immer einen Anschluss an die Erdungsanlage, der SPD Typ 2 nur, wenn er der Erste nach der Einspeisung ist; Ableiterbemessungsspannung: $U_C \geq 1{,}1 \cdot U_0$.
- TN-S-System: SPD Typ 1 und SPD Typ 2 werden mit allen Außenleitern, dem N-Leiter und dem PE-Leiter verbunden. Der SPD Typ 1 erhält immer einen Anschluss an die Erdungsanlage, der SPD Typ 2 nur, wenn er der Erste nach der Einspeisung ist; Ableiterbemessungsspannung: $U_C \geq 1{,}1 \cdot U_0$.
- TT-System: SPD Typ 1 und SPD Typ 2 werden mit allen Außenleitern, dem N-Leiter und dem PE-Leiter verbunden. Der SPD Typ 1 erhält immer einen Anschluss an die Erdungsanlage, der SPD Typ 2 nur, wenn er der Erste nach der Einspeisung ist. Ein SPD für das TT-System darf auch im TN-S-System eingesetzt werden; Ableiterbemessungsspannung: $U_C \geq 1{,}1 \cdot U_0$.
- IT-System: SPD Typ 1 und SPD Typ 2 werden mit allen Außenleitern (sofern vorhanden mit dem N-Leiter) und dem PE-Leiter verbunden. Der SPD Typ 1 erhält immer einen Anschluss an die Erdungsanlage. Da es kein öffentliches Versorgungsnetz ist, muss der Typ-2-Ableiter auch nicht geerdet werden; Ableiterbemessungsspannung: $U_C \geq 1{,}1 \cdot U$.
- Alle Netzsysteme: SPD Typ 3 werden erforderlichenfalls unter Beachtung der netzspezifischen U_C-Angaben eingesetzt.

Merke: Schutzwirkung von Ableitern für informationstechnische Systeme: Ableiter der Informationstechnik müssen leitungsgebundene Störungen auf ungefährliche Werte begrenzen, sodass die Störfestigkeit des Endgeräts nicht beeinflusst wird. Die Störfestigkeit eines Geräts ist an den Prüfschärfegrad gekoppelt, dieser kann der Gerätedokumentation des Herstellers entnommen werden.

Ein Blitzschutzsystem besteht aus der Gesamtheit aller Einrichtungen des äußeren (Fangeinrichtung, Ableitung und Erdungsanlage) und inneren Blitzschutzes (Blitzschutzpotentialausgleich) sowie der Einhaltung des Trennungsabstands der zu schützenden Anlage. Wird ein Blitzschutzsystem nach DIN EN 62305-4 (**VDE 0185-305-4**) errichtet, sind weiterführende Betrachtungen (Potentialausgleichnetzwerk, Raum- und Gebäudeschirmung usw.) zu beachten. Schutzziel des Blitzschutzes ist es, bauliche Anlagen, Sachwerte und Personen gegen Blitzschutzeinwirkungen möglichst dauerhaft zu schützen. Das Ziel gilt als erreicht, wenn die Anforderungen der Normenreihe DIN EN 62305-*x* (**VDE 0185-305-*x***) erfüllt sind.

Überspannungsschutz für Campingplätze: Eine sichere Stromversorgung zählt zu den elementaren Grundvoraussetzungen für den Betrieb eines Campingplatzes. Hierbei ist nicht nur die Verfügbarkeit der elektrischen Energie gemeint, sondern auch der Schutz vor elektrischem Schlag. Während die Versorgungssicherheit heutzutage nicht mehr problematisch ist, stellt der Schutz vor elektrischem Schlag sehr hohe Anforderungen. Daher sind RCDs für die Steckdosenanschlüsse der Stellplätze bzw. Parzellen obligatorisch. Wie bereits im Vorfeld angeführt, müssen nach DIN VDE 0100-100 Personen gegen schädigende Exposition durch atmosphärische Einwirkungen oder Schaltüberspannungen geschützt werden. Hieraus folgt zwangsläufig, dass zum Schutz der RCDs Überspannungsschutzeinrichtungen Typ 1 und Typ 2 als sog. Kombiableiter in der Hauptverteilung, den Unter- und Messverteilern zum Einsatz kommen. Nur so kann die Funktion der eingesetzten RCDs sichergestellt werden. Diese Überspannungsschutzeinrichtungen sind in Energierichtung (konventionelle Energierichtung) gesehen vor den RCDs zu platzieren. Um der Versorgungssicherheit Rechnung zu tragen, müssen diese über eine ausreichende Folgestrombegrenzung verfügen und möglichst geringe Reststörenergien aufweisen, um in Verbindung mit den sehr oft nahe gelegenen Endgerätevaristoren (es sind oft nur wenige Meter zwischen dem Verteiler und der Energieversorgung zum Caravan) eine energetische Koordination sicher zu stellen.

Merke: Blitzstromableiter (Typ 1): Ist erforderlich, wenn für das zu schützende Objekt aufgrund der Lage eine erhöhte Blitzeinschlagsgefahr besteht und/oder eine äußere Blitzfangeinrichtung montiert ist. Überspannungsableiter (Typ 2): Zum Schutz vor häufig auftretenden Überspannungen, wie direkter Blitzeinschlag und/oder Schalthandlungen. Kombination aus Überspannungsableiter Typ 2 und einer Fehlerstromschutzeinrichtung (RCD): Bei dieser Gerätekombination werden der Überspannungsschutz und der Personenschutz in einem Gerät vereint.

Als Selbstverständlichkeit sollten das Empfangs- bzw. Wirtschaftsgebäude mit einem Blitzschutzsystem ausgestattet sein, das als zentraler Punkt der Infrastruktur zu schützen ist. Neben der Hauptstromversorgung und der Allgemeinbeleuchtung sind die informationstechnischen Anlagen (z. B. Telefon, ELA-Anlage) mit Überspannungsschutzeinrichtungen zu beschalten.

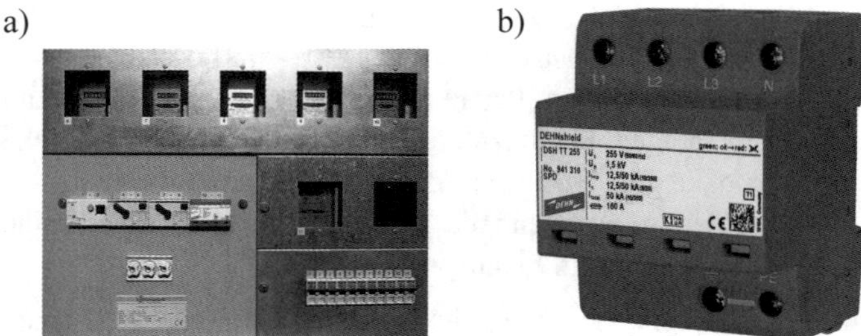

Bild 11.1 Überspannungsschutz –
a) DEHNshield in Elektrizitätsmesserverteiler, b) Kombiableiter für TT- und TN-S-Systeme.
Foto (b): Dehn SE + Co. KG, Neumarkt (Oberpfalz)

Tabelle 11.5 zeigt zusammenfassend wichtige Normen zum Thema Überspannungsschutz.

Bezeichnung der Norm	Titel der Norm
DIN VDE 0100-443 (**VDE 0100-443**)	Errichten von Niederspannungsanlagen – Teil 4-44: Schutzmaßnahmen – Schutz bei Störspannungen und elektromagnetischen Störgrößen – Abschnitt 443: Schutz bei transienten Überspannungen infolge atmosphärischer Einflüsse oder von Schaltvorgängen
DIN VDE 0100-534 (**VDE 0100-534**)	Errichten von Niederspannungsanlagen – Teil 5-53: Auswahl und Errichtung elektrischer Betriebsmittel – Trennen, Schalten und Steuern – Abschnitt 534: Überspannungs-Schutzeinrichtungen (SPDs)
DIN EN 61643-11 (**VDE 0675-6-11**)	Überspannungsschutzgeräte für Niederspannung – Teil 11: Überspannungsschutzgeräte für den Einsatz in Niederspannungsanlagen – Anforderungen und Prüfungen
DIN EN 60664-1 (**VDE 0110-1**)	Isolationskoordination für elektrische Betriebsmittel in Niederspannungsanlagen – Teil 1: Grundsätze, Anforderungen und Prüfungen
DIN EN 62305-3 (**VDE 0185-305-3**)	Blitzschutz – Teil 3: Schutz von baulichen Anlagen und Personen
DIN EN 61643-4 (**VDE 0185-305-4**)	Blitzschutz – Teil 4: Elektrische und elektronische Systeme in baulichen Anlagen

Tabelle 11.5 Normen für den Überspannungsschutz

12 Brandschutz – Schutz gegen thermische Auswirkungen (DIN VDE 0100-420)

Kurzübersicht

- Fehlerquellen für eine Brandentwicklung auf Campingplätzen können sein: Isolationsfehler, Überlastung der Leiter, „provisorische" Errichtung, unzureichende Sicherheitsabstände, Reparatur durch elektrotechnische Laien, technische Defekte.
- Die Elektrofachkraft muss den Brandschutz auf Campingplätzen und in Caravans berücksichtigen.

Erläuterungen: Bei der Errichtung elektrischer Anlagen müssen den Umgebungsbedingungen entsprechend angemessene Brandschutzmaßnahmen ergriffen werden. Hierbei ist zu beachten, dass elektrische Betriebsmittel sowohl durch Entzündung als auch durch Erwärmung aktive Brandverursacher und wegen der räumlichen Ausdehnung elektrischer Anlagen durch passive Brandfortleiter Gefahren mit sich bringen können. Brandgefahren auf Campingplätzen und in Caravans können durch die Brennbarkeit von Materialien, die verwendet werden und die dort zeitweise lagern, entstehen oder durch brandgefährliche Arbeiten, die der Campingplatzbetreiber veranlasst hat. Erfahrungsgemäß entstehen Brände durch Heißarbeiten (wie Schweißen, Schneiden, Löten oder Trennschleifen), durch Arbeiten mit leicht entzündlichen Stoffen, durch Arbeiten mit mobilen Heizanlagen oder auch durch Elektroinstallationsarbeiten. Voraussetzungen für die Entstehung eines Brands sind immer, dass

- brennbare Stoffe mit entsprechender Zündtemperatur vorhanden sind,
- die Zündenergie von einer Wärmequelle mit ausreichender Leistung und Einwirkdauer geliefert wird,
- Sauerstoff in ausreichender Menge vorhanden ist.

Nur wenn alle drei Bedingungen erfüllt sind, kommt es zu einem Brand. Allerdings sind diese drei Bedingungen auf Campingplätzen sehr leicht erfüllt. Entsprechende Materialien sind in ausreichender Menge vorhanden, Wärmequellen in Form von Wärmestrahlern, Elektrogeräten, Leuchten usw. sind auf jedem Campingplatz ebenfalls selbstverständlich eingesetzt, sodass bei falscher Handhabung bzw. Unachtsamkeit schnell ein Brand entstehen kann. Außerdem kann man unter Umständen von einer

Wechselwirkung ausgehen, denn ein Brand kann durch elektrische Anlagen ausgelöst werden. Zum anderen zerstört ein Brand elektrische Anlagen, benutzt sie als Zündschnur und setzt in einigen Fällen auch lebenserhaltende Funktionen außer Betrieb.

Elektrische Anlagen und Betriebsmittel können ein Brandgeschehen durch einen Isolationsfehler, durch Überspannungen oder durch mechanische Einwirkungen auslösen.

Brandursachen:

- Überlastung der Betriebsmittel, z. B. Kabel, Leitungen, Motoren, Transformatoren,
- Isolationsfehler,
- mangelhafter Kontakt,
- Störlichtbogen,
- unzulässig hohe Temperatur an der Oberfläche elektrischer Betriebsmittel,
- Überspannungen,
- Anhäufung von brennbarem Material bzw. Staub, brennbare Baustoffe.

In den meisten Fällen, in denen elektrische Betriebsmittel als Brandverursacher ermittelt wurden, lag eine rein thermische Brandentzündung vor, z. B. nehmen Leuchten in der Brandstatistik eine herausragende negative Rolle ein. Die Ursache für derartige Fehler kann sowohl bei der Auswahl als auch beim Errichten wie auch dem Betrieb der Anlagen zu suchen sein.

Auswahl der elektrischen Betriebsmittel	Errichtung der elektrischen Anlagen	Betrieb elektrischer Anlagen
Um thermische Überlastung auszuschließen, bei der Auswahl zu erwartender Belastungen und Umgebungsbedingungen u. a. berücksichtigen, wie • Leitungsquerschnitte, • Verlegeart, • Häufung von Leitungen, • Anzahl der belasteten Adern, • Umgebungstemperatur, • keine brennbaren Bauteile für elektrische Anlagen, • rechtzeitige Planung	Darauf achten bei der Errichtung, dass u. a. • Leuchten in vorgeschriebener Einbaulage installiert sind, • die max. zulässige Lampenleistung berücksichtigt ist, • ausreichend Abstand zu Wärmequellen besteht, • Verbindungselemente eine gute Kontaktkraft aufweisen, • eine erhöhte Erwärmung nicht zur Zersetzung des Isoliermaterials führt	Beim Betrieb von Wärme produzierenden Betriebsmitteln die Belange des Brandschutzes beachten.

Tabelle 12.1 Berücksichtigung des Brandschutzes bei der Auswahl, der Errichtung und dem Betrieb elektrischer Anlagen und Betriebsmittel

Der beste Schutz gegen thermische Auswirkungen von elektrischen Anlagen und Betriebsmitteln, also der Schutz gegen Brände, ist

- die richtige Auswahl,
- die normgerechte Errichtung und Installation,
- das vorschriftsmäßige Betreiben der Anlagen.

So ist denn auch der Brandschutz ein wichtiges Thema innerhalb der Normen.

Normensituation: Die DIN VDE 0100-420:1991-11 (zurückgezogen) mit dem Titel „Errichten von Starkstromanlagen mit Nennspannungen bis 1 000 V – Schutzmaßnahmen – Schutz gegen thermische Einflüsse“ und DIN VDE 0100-482:2003-06 (zurückgezogen) mit dem Titel „Errichten von Niederspannungsanlagen – Teil 4: Schutzmaßnahmen – Kapitel 48: Auswahl von Schutzmaßnahmen – Hauptabschnitt 482: Brandschutz bei besonderen Risiken oder Gefahren“ sind im Jahr 2013 zusammengeführt in die DIN VDE 0100-420:2013-02 (zurückgezogen) „Errichten von Niederspannungsanlagen – Teil 4-42: Schutzmaßnahmen – Schutz gegen thermische Auswirkungen“. Diese ist erneut überarbeitet und im Jahr 2016 neu erschienen.

Jetzt **gültige Norm** zum Schutz gegen thermische Auswirkungen: **DIN VDE 0100-420: 2019-10** „Errichten von Niederspannungsanlagen – Teil 4-42: Schutzmaßnahmen – Schutz gegen thermische Auswirkungen“.

Anwendungsbereich der DIN VDE 0100-420:

- gegen thermische Einflüsse, Verbrennung oder Zersetzung von Materialien sowie Brandgefahr, ausgehend von elektrischen Betriebsmitteln,
- im Brandfall gegen die Verbreitung von Flammen und Rauch von elektrischen Anlagen in benachbarte Brandabschnitte und
- gegen die Beeinträchtigung der sicheren Funktion elektrischer Einrichtungen einschließlich der für Sicherheitszwecke.

Auch wenn alle genannten Maßnahmen des vorbeugenden Brandschutzes getroffen wurden, sollten doch die Schutzmaßnahmen für den Fehlerfall nicht vernachlässigt werden. Die schnelle Abschaltung eines Fehlers ist für die Beseitigung der Brandgefahr entscheidend. Richtig bemessene und einwandfrei ausgeführte Schutzleiterschutzmaßnahmen gegen gefährliche Berührungsströme und der Überstromschutz von Kabeln und Leitungen gegen zu hohe Erwärmung sorgen unter Beachtung aller Umgebungs- und Verlegebedingungen für einen ausreichenden Brandschutz. Je empfindlicher und schneller die Schutzeinrichtung anspricht, desto wirksamer übernimmt sie auch den Brandschutz. Es muss jedoch nochmals darauf hingewiesen werden, dass die genannten Schutzeinrichtungen einen Brandschutz bei mangelhafter Anlagenausführung (z. B. Nichtbeachtung der Reduktionsfaktoren bei Leitungsbündelung oder schlechte Kontaktausführung) nicht übernehmen können, da in diesen Fällen weder Über- noch Fehlerströme für die Brandentstehung notwendig sind.

Merke: Nach DIN VDE 0100-100 gilt für den Schutz gegen thermische Auswirkungen der Grundsatz: Die elektrische Anlage muss so angeordnet sein, dass von ihr keine Gefahr der Entzündung brennbaren Materials infolge zu hoher Temperatur oder eines Lichtbogens ausgeht. Zusätzlich dürfen während des normalen Betriebs von elektrischen Anlagen und Betriebsmitteln Personen keiner Gefahr von Verbrennungen ausgesetzt sein. Der Brandschutz kann in drei Hauptgruppen unterteilt werden:

- Bereits bei der Planung/Auswahl und bei der Errichtung elektrischer Anlagen und Betriebsmittel an Maßnahmen für den Brandschutz denken,
- bestimmungsgemäßer Gebrauch und Betrieb der Betriebs- und Verbrauchsmittel,
- technischen Defekten möglichst vorbeugen.

Einige Fehlerquellen auf Campingplätzen und in Caravans sollen schlagwortartig kurz angesprochen werden:

- Isolationsfehler können auf Campingplätzen vorkommen: durch Überspannungen, Überströme, mechanische Einwirkungen, Beschädigungen der Betriebsmittel, z. B. durch Fahrzeuge. Umweltbedingte Einwirkungen wie Wärme, Feuchtigkeit, Strahlung sind keine Seltenheit auf dem Campingplatz. Die Zerstörung des Isolierstoffs kann verschiedene Fehlerströme zur Folge haben, die einen Brand auslösen können.
- Überlastung elektrischer Leiter: Ausgeglühte Leitungsadern oder verschmorte Klemmen können zum Brand führen. Eine Erweiterung der elektrischen Anlage auf dem Campingplatz, ohne dass die Elektrofachkraft diese vorher überprüft hat, ist häufig die Ursache für Überlastungserscheinungen an Kabeln und Leitungen, Verlängerungen oder anderen Betriebsmitteln, die einen Brand verursachen können.
- Sogenannte provisorische Errichtung von Elektroanlagen auf Campingplätzen sind keine Seltenheit: Der Camper erreicht den Campingplatz zu vorgerückter Stunde. Schnell muss ein Stromanschluss her. Der Fachmann ist nicht immer in der Nähe, sodass man sich schnell über „irgendwelche Steckvorrichtungen“ Strom „besorgt“. Da es ja funktioniert hat, bleibt das Provisorium über den gesamten Campingplatzaufenthalt bestehen. Ein negatives Beispiel ist die Verwendung von ortsveränderlichen Mehrfachsteckdosenleisten und Verlängerungsleitungen als Ersatz für eine bestimmungsgemäße Installation. Somit ist die Unfall- und Brandgefahr vorprogrammiert.

Merke: Mehrfachsteckdosen sind in Caravans nicht zulässig.

- Unzureichende Sicherheitsabstände zu brennbaren Stoffen: Auf Campingplätzen stellen falsch geplante, errichtete oder betriebene Beleuchtungsanlagen in der Praxis oft eine Brandgefahr dar, denn die Temperaturen können an den Leuchten schon im normalen Betrieb 60 °C bis 70 °C erreichen. Im Fehlerfall erhöht sich die Temperatur um ein Vielfaches, befinden sich dann brennbare Gegenstände in der Nähe dieser Leuchten, kann es schnell zu Bränden führen.
- Reparaturen der Elektroinstallationen durch elektrotechnische Laien sind gerade auf Campingplätzen häufig anzutreffen. Die Gefahren, die entstehen können, werden oft unterschätzt.
- Technische Defekte wie Wärmestau an elektrischen Betriebsmitteln, mangelhaft ausgeführte elektrische Anschlüsse oder Verbindungen und damit Erhöhung des Übergangswiderstands (Wärmeentwicklung), unvollkommene Kurz- oder Erdschlüsse und damit die Nichtauslösung der Überstromschutzorgane und in der Folge stetig ansteigende Erwärmung können zwar nicht ganz verhindert, aber durch eine Elektrofachkraft „vorgedacht“ und entsprechend fachgerecht errichtet und somit möglichst unterbunden werden.

13 Ersatzstromversorgungsanlagen (DIN VDE 0100-410; DIN VDE 0100-551; DIN 6280-10; DIN 14685-1)

Ersatzstromversorgungsanlagen sind netzunabhängige Stromversorgungsanlagen. Sie übernehmen die elektrische Energieversorgung von Netzteilen, Verbraucheranlagen oder einzelnen Verbrauchsmitteln nach dem Ausfall oder der Abschaltung der normalen Stromversorgung. Auch bei Nichtvorhandensein einer netzabhängigen Stromversorgung kann die Ersatzstromversorgungsanlage eingesetzt werden, wie dies häufig während des Campings der Fall ist. Den Standort kann der Camper jederzeit frei wählen und ständig wechseln. Soll jedoch überall und an allen, auch an für leitungsgebundene Elektrizität unzugänglichen Stellen, Strom eingesetzt werden, muss er vor Ort erzeugt werden.

Unabhängig von der Netzspannung auf dem Campingplatz ist man beim Camping durch einen oder mehrere Stromspeicher (Bordbatterie), die immer unabhängig von der Fahrzeug-Starterbatterie arbeiten. Die Starterbatterie gewährleistet das Starten des Motors und versorgt die Basisverbraucher des Fahrzeugs mit Strom. Die zusätzliche Bordbatterie macht den Camper ein wenig unabhängiger vom Stromnetz, große Leistungen über einen längeren Zeitraum können jedoch nicht angeschlossen werden. Auch Brennstoffzellen oder Solarzellen halten Einzug in den Campingbereich, aber die altbewährten 230-V-Stromgeneratoren glänzen mit guter Technik und einer enormen Leistungsfähigkeit. In der Regel werden beim Camping nur kleine motorische Verbraucher wie Bohrmaschine oder Heckenschere oder Wirklastverbraucher wie Lampen, Heizgeräte oder Toaster betrieben. Die ohmschen (Wirklast-)Verbraucher sind für Stromerzeuger unproblematisch, da sie den aufgenommenen Strom komplett in Wärme oder Licht umsetzen. Die Leistung des Aggregats muss der Summe der elektrischen Leistung aller angeschlossenen Verbraucher (in Watt) entsprechen. Zusätzlich ist ein Sicherheitsaufschlag von 10 % bis 20 % anzusetzen. Elektrogeräte, die durch einen Elektromotor angetrieben werden, sind induktive Verbraucher. Durch die Wicklungs- und Reibungsverluste in den Geräten steht als Abgabeleistung nur ein Teil der Aufnahmeleistung zur Verfügung. Stromerzeugungsaggregate kleiner Leistung bis etwa 10 kVA werden auch als Kleinstromerzeuger bezeichnet. Es werden sowohl Asynchron- als auch Synchrongeneratoren verwendet. Außerdem wird noch in ungeregelte (haben keine last- oder drehzahlabhängige Regelung der Ausgangsspannung) und geregelte Generatoren (die Ausgangsspannung wird in Abhängigkeit von Last und Drehzahl konstant gehalten) unterschieden.

Anforderungen an diese Aggregate sind in DIN 6280-10 enthalten. Kleinstromerzeuger nach DIN 6280-10 müssen so gebaut sein, dass sie die Anforderungen aus DIN VDE 0100-410 erfüllen. Danach ist die Schutzmaßnahme IT-System anzuwenden. In IT-Systemen müssen die aktiven Teile gegen Erde isoliert sein oder über eine ausreichend hohe Impedanz mit Erde verbunden werden. Außerdem ist in DIN VDE 0100-410 die Forderung nach der Isolationsüberwachung mit Abschaltung enthalten. Fehlerstromschutzeinrichtungen (RCDs) sind nicht unbedingt erforderlich, können jedoch verwendet werden. Der RCD wirkt beim ersten Fehler nur, wenn das System über eine Impedanz (> 40 Ω gilt als ausreichend) geerdet ist, oder er wirkt erst beim zweiten Fehler.

DIN 14685-1 enthält Anforderungen für tragbare Stromerzeuger ≥ 5 kVA, wie sie bei Feuerwehren und anderen technischen Hilfsorganisationen für den netzunabhängigen Einsatz elektrischer Betriebsmittel verwendet werden. Diese Produktnorm behandelt insbesondere Aspekte der Qualität und der Sicherheit und beinhaltet zu den Schutzmaßnahmen den normativen Hinweis zur Isolationsüberwachung mit Fehlermeldung. Die Schutzart für den Schaltkasten des Stromerzeugers ist IP44 und für die Steckdosen mindestens IP67. Als Schutzmaßnahme ist die Schutztrennung mit Potentialausgleich gefordert. Ein Absinken des Isolationswiderstands zwischen den aktiven Teilen und dem ungeerdeten Potentialausgleichsleiter unter 100 Ω/V Nennspannung muss optisch und akustisch angezeigt werden. Dabei muss das akustische Signal quittierbar und die optische Meldung darf nicht abschaltbar sein.

Niederspannungsstromerzeugungseinrichtungen (Anlagen, die im Parallelbetrieb zum Stromversorgungsnetz betrieben werden, alternativ oder unabhängig vom Netz, sie können vorübergehend errichtet oder ortsveränderlich wie auf Campingplätzen betrieben werden) müssen nach den Anforderungen der DIN VDE 0100-551 elektrotechnisch errichtet werden. Für die Schutzmaßnahme Schutz durch automatische Abschaltung der Stromversorgung gelten auch bei diesen Stromerzeugungseinrichtungen die Anforderungen aus DIN VDE 0100-410.

Schutztrennung bei Ersatzstromerzeugern:

- Nach DIN VDE 0100-410 darf bei der Anwendung der Schutztrennung nur ein Verbrauchsmittel an einen Trenntransformator oder an eine Sekundärwicklung eines Transformators angeschlossen werden, dies gilt auch bei Ersatzstromerzeugern.
- Ein nachgeschalteter Verteiler mit mehreren Steckvorrichtungen ist nicht erlaubt.

Merke: Für die Schutzmaßnahme Schutztrennung bei Ersatzstromerzeugern ist keine Erdung des Stromerzeugers oder der Verbrauchsgeräte erforderlich, daher ist auch für elektrotechnische Laien diese Schutzmaßnahme gut einzusetzen. Aber es ist wichtig, daraufhinzuweisen, dass der Anschluss von mehreren Verbrauchsmitteln nicht zulässig ist, auch dann nicht, wenn der Ersatzstromerzeuger z. B. zwei Steckvorrichtungen enthält. Ausnahmen siehe Schutztrennung mit mehreren Verbrauchsmitteln.

Schutztrennung mit mehreren Verbrauchsmitteln: In der Praxis kann es immer wieder vorkommen, dass die Schutztrennung angewendet werden soll, obwohl nicht nur ein Verbrauchsmittel, sondern mehrere Verbrauchsmittel angeschlossen werden sollen. Dazu erforderliche Voraussetzungen bzw. Bedingungen:

- Nach DIN VDE 0100-410 ist dies zulässig, wenn ausschließlich die Anlagen durch Elektrofachkräfte oder elektrotechnisch unterwiesene Personen betrieben und überwacht werden. Diese Voraussetzung lässt sich auf Campingplätzen schwer bzw. nicht erfüllen.
- Nach DGUV-Information 203-032 ist beim Betrieb von Ersatzstromerzeugern der Anschluss mehrerer Verbrauchsmittel unter der Bedingung möglich, dass alle Körper der angeschlossenen Betriebsmittel mit einem ungeerdeten Potentialausgleichsleiter verbunden sind. Der Isolationswiderstand (bei $< 100\ \Omega/V$ automatische Abschaltung innerhalb 1 s) zwischen aktiven Teilen und dem ungeerdeten Potentialausgleichsleiter wird durch eine Isolationsüberwachungseinrichtung überwacht.

Schutz durch Kleinspannung SELV oder PELV:

- Vorteil: Die Anwendung der Kleinspannung bietet einen sehr guten Schutz für den Basis- (mindestens Schutzart IP2X oder IPXXB) und Fehlerschutz.
- Nachteil: Kann nur bei relativ geringen Leistungen angewendet werden, also z. B. für Sicherheitszwecke.

Wichtiger Hinweis aus DIN VDE 0100-551: Ein Ausfall der Niederspannungsstromversorgung einer Kleinspannungsquelle darf nicht zu einer Gefahr oder Beschädigung der relevanten Betriebsmittel führen.

Für den schnellen Überblick: Für Kleinstromversorger können von der Elektrofachkraft die alternativen Schutzmaßnahmen angewendet werden:

- Isolationsüberwachung mit Abschaltung im IT-System nach DIN VDE 0100-410;
- Schutztrennung nach DIN VDE 0100-551: Die Körper der Stromerzeugungseinrichtung müssen mit dem Potentialausgleichsleiter verbunden sein, wenn es sich um Betriebsmittel der Schutzklasse I handelt.

Sollen mehr als ein elektrisches Verbrauchsmittel an die Stromerzeugungseinrichtung angeschlossen werden, so müssen nach DIN VDE 0100-551 vorhanden sein

- Schutztrennung mit einer Isolationsüberwachung und Abschaltung, Bedingungen: Sinkt der Isolationswiderstand zwischen aktiven Teilen und dem ungeerdeten Potentialausgleichsleiter unter 100 Ω/V Nennspannung, so müssen die Stromkreise der Verbrauchsmittel innerhalb 1 s von der Stromerzeugungseinrichtung abgeschaltet werden

oder

- Schutztrennung mit Kabel- und Leitungsbegrenzung und Abschaltung, Bedingung: Leitungslänge kleiner 500 m, Spannung kleiner 500 V, Produkt aus Spannung und Leitungslänge kleiner 100 000, alle aktiven Teile sind ungeerdet, die Körper angeschlossener Verbraucher sind in einem Potentialausgleich einbezogen.

Kleinstromerzeuger dürfen nicht an ortsfesten Installationen betrieben werden, sollen sie jedoch in ortsfeste Anlagen integriert werden, so sind die Bedingungen des TN- oder TT-Systems einzuhalten und der Neutralleiter ist zu erden. Außerdem müssen in diesem Fall dringend Fehlerstromschutzeinrichtungen (RCDs) mit einem Nennfehlerstrom von höchstens 30 mA am Aggregat oder in der ortsfesten Anlage vorhanden sein.

Bei den vorangegangenen Ausführungen handelt es sich bei den Stromerzeugungsanlagen um verschiedene parallel existierende Normen aus den Bereichen der Produktnormen bzw. der Errichternormen, die je nach Anwendungsfall die Elektrofachkraft vor Ort für das Campen zu berücksichtigen hat. Sind weitergehende Informationen zu Ersatzstromversorgungsanlagen gewünscht, kann folgender Literaturtipp gegeben werden:

Rosa, A.: Projektierung von Ersatzstromaggregaten. VDE-Schriftenreihe 122, 3. Auflage. Berlin · Offenbach: VDE VERLAG, 2018 [34].

In der Regel werden jedoch 230-V-Stromgeneratoren – tragbar oder zum Festeinbau – direkt von den Campern, also den elektrotechnischen Laien, mitgeführt und dann entsprechend eingesetzt. Diese Geräte können auf Knopfdruck eine Sinusspannung mit 50 Hz so produzieren, dass der Camper die haushaltsüblichen Geräte direkt und ohne Spannungswandler einsetzen kann. Sie verfügen außerdem meistens auch über einen 12-V-Gleichstromausgang, sodass parallel zu den 230-V-Verbrauchern auch die Bordbatterie aufgeladen werden kann. Die Nennleistung dieser tragbaren Geräte (z. B. Hersteller Honda: Typ EU20i) bewegt sich zwischen 600 W und 2 800 W. Die Bedienungsanleitungen der Hersteller und die dort gemachten Hinweise zu den elektrotechnischen Daten und Sicherheitsvorkehrungen sind dringend einzuhalten.

Tipps für die Projektierung vor einem Einsatz einer Ersatzstromerzeugeranlage:

- Feststellung der Anzahl der Verbrauchsmittel, die versorgt werden müssen,
- Klärung der Maßnahmen zum Schutz gegen elektrischen Schlag beim einzusetzenden Ersatzstromerzeuger,
- Berücksichtigung der Verwendung von ohmschen, induktiven oder elektronischen Verbrauchsmitteln und damit der Anforderungen an die Qualität und Stabilität der Ausgangsspannung und der Frequenz der Ersatzstromerzeuger,
- Klärung des Aufstellungsorts von Ersatzstromerzeuger mit Verbrennungsmotoren (gut belüftet),
- Berücksichtigung der Herstellerangaben für den jeweiligen Einsatz der Ersatzstromerzeuger,
- Klärung der Erdungsverhältnisse in Abhängigkeit von der angewendeten Schutzmaßnahme,
- Abschätzung der Gefahrenpotenziale durch den Campingplatzbetreiber, wenn ein Ersatzstromaggregat auf dem Platz betrieben werden soll (Nutzung durch Elektrofachkraft oder elektrotechnische Laien).

Empfehlungen kurz gefasst: Ersatzstromversorgungsanlagen

- Schutzart mindestens IP43, im Freien IP54.
- Schutzmaßnahmen Fehlerschutz: automatische Abschaltung im TN- oder TT-System; Isolationsüberwachung im IT-System; Schutztrennung; Schutzkleinspannung; doppelte oder verstärkte Isolierung.
- Vorteil TN- und TT-System: Die Anzahl der an den Ersatzstromversorger angeschlossenen Verbrauchsmittel ist nicht beschränkt, im Gegensatz zur Schutztrennung, bei der nur ein Verbrauchsmittel an einen Transformator angeschlossen werden darf.
- Nachteil TN-, TT-System: die erforderlichen Erder.
- Vorteil der Kleinspannung SELV oder PELV: guter Schutz für Basis- und Fehlerschutz.
- Nachteil Kleinspannung SELV oder PELV: nur verwendbar für kleinere Leistungen.

14 Schaltgerätekombinationen (DIN EN IEC 61439-7 (VDE 0660-600-7))

Schaltgerätekombinationen bestehen aus einem Gehäuse (Umhüllung) in dem ein oder mehrere Niederspannungsschaltgeräte mit den zugehörigen Betriebsmitteln zum Steuern, Messen, Melden, Schützen oder Regeln zusammengefasst sind und sich mit allen elektrischen und mechanischen Verbindungen und Konstruktionsteilen in diesem einen Gehäuse befinden. Dazu zählen auch Sammelschienen, Betriebsmittel und Funktionseinheiten, innere Verdrahtungen, die Ein- und Ausgangsklemmen und die Umhüllung selbst.

DIN EN IEC 61439-*x* (VDE 0660-600-*x*)
„Niederspannungs-Schaltgerätekombinationen"

Die zuvor gültige Normenreihe DIN EN 60439-*x* (**VDE 0660-50*x***) (zurückgezogen) hatte erstmals die Anforderungen an unterschiedlichen Arten von Schaltanlagen in einer Norm zusammengefasst. Einige Leser erinnern sich insbesondere an die damalige Unterscheidung von:

- TSK (= im Labor typgeprüfte Schaltgerätekombinationen; eine Schaltgerätekombination, die unter Verantwortung des Herstellers komplett zusammengebaut wurde und ohne wesentliche Abweichungen vom Ursprungstyp übereinstimmt) und
- PTSK (= partiell typgeprüfte Schaltgerätekombinationen; eine Schaltgerätekombination, die typgeprüfte oder nicht typgeprüfte Baugruppen enthält.
  Es sind Schaltgerätekombinationen, die für Einzelfälle oder in geringen Stückzahlen beim Hersteller oder vor Ort gebaut wurden).

Die alten Kategorien TSK und PTSK sind durch die „Niederspannungs-Schaltgerätekombination" nach der Norm DIN EN IEC 61439-1 (**VDE 0660-600-1**) ersetzt worden, d. h. die Unterscheidung zwischen typgeprüften und partiell typgeprüften Schaltgerätekombinationen ist aufgegeben worden. An deren Stelle sind nach der neuen Norm Nachweisverfahren eingeführt, und zwar der Nachweis durch Prüfung, oder durch Berechnung und/oder Messung oder der Nachweis durch Erfüllung von Konstruktionsregeln.

Die Normenreihe **DIN EN IEC 61439-*x*** (**VDE 0660-600-*x***) richtet sich in erster Linie an Hersteller und Entwickler. Doch auch die Elektrofachkraft, die Schaltgerätekombinationen montiert, anschließt, prüft, inspiziert, wartet, instand setzt und

Komponenten austauscht, steht in der Verantwortung und sollte die Grundzüge dieser Normenreihe kennen.

Die Grundnorm DIN EN IEC 61439-1 (**VDE 0660-600-1**)

- *stellt Anforderungen für die Schaltgerätekombinationen mit einer Bemessungsspannung von AC 1 000 V und DC 1 500 V*
- *zur Verwendung bei der Erzeugung, Übertragung, Verteilung und Umformung elektrischer Energie und für die Steuerung von Betriebs- und Verbrauchsmitteln und gilt*
- *für ortsfeste und ortsveränderbare Schaltgerätekombinationen mit und ohne Umhüllung (früher: Gehäuse) und sie gilt*
- *unabhängig davon, ob es sich um ein Einzelstück oder ein Serienprodukt handelt und führt die Unterscheidung von „Hersteller der Schaltgerätekombination" und „ursprünglichem Hersteller" ein. Außerdem ist die Grundnorm durch weitere Einzelbestimmungen ergänzt worden, wie*
  - *Teil 3: Installationsverteiler für die Bedienung durch Laien (DBO),*
  - *Teil 4: Baustromverteiler (BV),*
  - *Teil 5: Schaltgerätekombinationen in öffentlichen Energieverteilungsnetzen,*
  - *Teil 6: Schienenverteilersysteme (Busways),*
  - *Teil 7: Schaltgerätekombinationen für bestimmte Anwendungen, wie Marinas,* ***Campingplätze****, Marktplätze, Ladestationen für Elektrofahrzeuge.*

Hinweis: *Der ursprüngliche Hersteller* ist derjenige, der die Reihe von Schaltgerätekombinationen des betreffenden Typs entwickelt hat und demzufolge auch die Typprüfungen (alte Norm)/Bauartnachweise (neue Norm) erbracht hat. Der *Hersteller der Schaltgerätekombination* ist derjenige, der aus den verschiedenen Komponenten die konkrete Schaltgerätekombination tatsächlich zusammenbaut und die fertige Konstruktion auch montiert und verdrahtet hat, d. h. die ursprüngliche Schaltgerätekombination kann durch eine weitere Person oder ein weiteres Unternehmen erweitert und/oder ergänzt werden, es muss dann aber auch die Verantwortung für die endgültig fertige Schaltgerätekombination übernommen werden.

Der Teil 7 ist im Zusammenhang mit Campingplätzen hier relevant und einige Erläuterungen sollen ergänzt werden.

DIN EN IEC 61439-7 (VDE 0660-600-7)
„Niederspannungs-Schaltgerätekombinationen – Teil 7: Schaltgerätekombinationen für bestimmte Anwendungen wie Marinas, Campingplätze, Marktplätze, Ladestationen für Elektrofahrzeuge"

Der Anwendungsbeginn dieser Norm ist der 1. Juni 2021 mit einer Übergangsfrist der Vorgängernorm DIN IEC/TS 61439-7 (**VDE V 0660-600-7**):2014-10 (zurückgezogen) bis zum 1. Mai 2023.

Anwendungsbereich der DIN EN IEC 61439-7 (VDE 0660-600-7):

Niederspannungs-Schaltgerätekombinationen für bestimmte Anwendungen, hier: insbesondere für Schaltgerätekombinationen auf Campingplätzen und in ähnlichen Bereichen (ACCS), sie gilt unabhängig davon, ob die Kombinationen als Einzelstück konstruiert oder als Serienprodukt hergestellt werden, sie gilt nicht für: einzelne elektrische Betriebsmittel; für sich allein verwendbare Baugruppen, wie Leistungsschalter und für Dosen und Gehäuse für elektrische Installationsgeräte.

Wesentliche Inhalte der DIN EN IEC 61439-7 (VDE 0660-600-7):

Niederspannungs-Schaltgerätekombinationen, äußere Bauformen, Aufstellungsbedingungen, kennzeichnende Merkmale, Bemessungsbelastungsfaktor (*RDF*), Kennzeichnung der Schaltgerätekombination, Angaben für die Schaltgerätekombination, Betriebsbedingungen, Schutz gegen elektrischen Schlag, Einbau von Betriebsmitteln.

Erläuterungen der DIN EN IEC 61439-7 (VDE 0660-600-7) enthalten:

Niederspannungs-Schaltgerätekombinationen für Camping- und Caravanplätze: Es handelt sich um eine Zusammenfassung von mehreren Umform- oder Schalteinrichtungen mit zugehörigen Betriebsmitteln. Diese Betriebsmittel sind zum Steuern, Messen, Melden, Schützen und Regeln geeignet. Zu den Schaltgerätekombinationen gehören auch alle inneren elektrischen und mechanischen Verbindungen und Konstruktionsteile, die für die Anwendung auf allen Camping- und Caravanplätzen und ähnlichen Bereichen ausgelegt und gebaut sind, also einem kompletten Verteilerschrank. Dieser Teil 7 beschreibt auch die Ausführung und die Prüfvorgaben.

In der DIN EN IEC 61439-7 (VDE 0660-600-7) sind folgende Hauptbereiche ausgearbeitet:

- Sicherheit: Spannungs- und Kurzschlussfestigkeit der Anlagen, Strombelastbarkeit, Schutz gegen elektrischen Schlag, Beständigkeit gegen Wärme und Feuer;
- Funktion der Anlage: Schutz vor Umwelteinflüssen, Betriebsfähigkeit und Stabilität;
- Errichtung: Installation, Anschluss und Inbetriebnahmen

Einige Schlagworte zu den Anforderungen aus DIN EN IEC 61439-7 (**VDE 0660-600-7**) für die Bauartnachweise von Schaltgerätekombinationen:

- mechanische Festigkeit,
- statische Belastbarkeit,
- mechanische Festigkeit der Türen,
- Stoßfestigkeit,
- Verwindungssteifigkeit.

Diese Anforderungen werden ausführlich erläutert und DIN EN IEC 61439-7 (**VDE 0660-600-7**):2021-06, Anhang BB enthält eine Liste der durchzuführenden Bauartnachweise. DIN EN IEC 61439-7 (**VDE 0660-600-7**):2021-06, Anhang AA beinhaltet *Einzelheiten, die einer Vereinbarung zwischen dem Hersteller der Schaltgerätekombination und dem Anwender unterliegen*, wie kennzeichnende Merkmale zum elektrischen Netz, zur Kurzschlussfestigkeit, zur Installationsumgebung, zur Art der Aufstellung, zum Schutz von Personen gegen elektrischen Schlag, zur Bedienbarkeit, zur Lagerung und Handhabung, zur Wartung und Erweiterung und zur Stromtragfähigkeit.

Empfehlungen kurz gefasst:

Schaltgerätekombinationen

- Auf Campingplätzen verwendete Schaltgerätekombinationen sollten DIN EN IEC 61439-7 (**VDE 0660-600-7**):2021-06 entsprechen.
- Es handelt sich um eine Hersteller- und keine Errichternorm, die Elektrofachkraft ist dennoch gut beraten, diese Normen in den Grundzügen für die Montage, den Anschluss, die Prüfung, die Inspektion, die Wartung und Instandsetzung und den Austausch von Komponenten zu kennen.

15 Elektrische Anlagen für feuchte und nasse Bereiche und Räume und Anlagen im Freien (DIN VDE 0100-737)

Kurzübersicht

- Es wird noch zusätzlich unterschieden in geschützte und ungeschützte Anlagen.
- Stromkreise mit Steckdosen müssen mit Fehlerstromschutzeinrichtungen (RCDs) $I_{\Delta n} \leq 30$ mA ausgerüstet sein.
- Schutzarten von IPX1 bis IPX3.

Anmerkung: Für die Errichtung elektrischer Anlagen auf Campingplätzen können die Anforderungen aus DIN VDE 0100-737 „Errichten von Niederspannungsanlagen – Feuchte und nasse Bereiche und Räume und Anlagen im Freien" Relevanz für die Elektrofachkraft erhalten, daher werden die Anforderungen aus dieser Norm in diesem Buch ebenfalls kurz angesprochen.

In „Räumen besonderer Art – feuchte und nasse Bereiche und Räume und Anlagen im Freien" erhöht sich das Gefahrenpotenzial bei elektrischen Anlagen und Betriebsmitteln dadurch, dass die Sicherheit durch Feuchtigkeit, Kondenswasser, chemische oder ähnliche Einflüsse beeinträchtigt werden kann.

Erläuterungen: Anlagen im Freien, darunter werden elektrische Anlagen und Betriebsmittel verstanden, die nicht in Gebäuden installiert oder aufgestellt sind, sondern sich außerhalb der Gebäude, also im Freien befinden. Es kann sich auch um einen Teil bzw. um Teile der elektrischen Anlage handeln. Für diese sind dann die erhöhten Anforderungen aus der DIN VDE 0100-737 zu berücksichtigen.

Zusätzlich wird unterschieden in *geschützte* Anlagen im Freien (überdacht, z. B. Toreinfahrten, Bahnsteige, Tankstellen) und *ungeschützte* Anlagen im Freien (nicht überdacht, z. B. Rampen oder im freien Gelände).

Geschützte Anlagen im Freien	Ungeschützte Anlagen im Freien
die Anlagen und Betriebsmittel sind überdacht, z. B. Toreinfahrten, Bahnsteige, Tankstellen	die Anlagen und Betriebsmittel sind nicht überdacht, z. B. Rampen oder im freien Gelände.

Bei der Auswahl der elektrischen Betriebsmittel unter Berücksichtigung der äußeren Einflüsse ist die Wirksamkeit der Schutzarten sicherzustellen, und anschließend muss ein ordnungsgemäßer Betrieb möglich sein. Betriebsmittel, die den erhöhten Anforderungen innerhalb feuchter und nasser Räume nicht entsprechen, dürfen dennoch verwendet werden, wenn sie durch geeignete zusätzliche Maßnahmen geschützt werden. Dieser Schutz darf dann allerdings die Betriebsmittel in ihrem einwandfreien Betrieb nicht beeinträchtigen.

Neben den in elektrischen Anlagen üblichen Schutzmaßnahmen gegen direktes Berühren (Basisschutz) und bei indirektem Berühren (Fehlerschutz) wird in Stromkreisen mit Bemessungsspannungen über 50 V Wechselspannung und mit Steckdosen bis 20 A Bemessungsstrom der Zusatzschutz mit Fehlerstromschutzeinrichtung (RCD) mit einem Bemessungsdifferenzstrom $I_{\Delta n} \leq 30$ mA gefordert, wenn die Steckdosen für die Benutzung durch Laien bzw. zur allgemeinen Verwendung bestimmt sind. Der Zusatzschutz kann im gewerblichen Bereich entfallen, wenn die Steckdosen ausschließlich für Elektrofachkräfte oder elektrotechnisch unterwiesene Personen zugänglich sind oder die elektrischen Anlagen regelmäßig überprüft werden, wie dies z. B. in der Unfallverhütungsvorschrift DGUV-Vorschrift 3 gefordert wird. Der Zusatzschutz wird vor allem in Verbindung mit Wohngebäuden für Einphasen-Wechselstromkreise mit 16-A-Steckdosen zum Anschluss von elektrischen Betriebsmitteln verlangt, die im Freien betrieben werden. Dadurch sollen mögliche Gefahrenpotenziale bei der Verwendung elektrischer Betriebsmittel im Freien (z. B. Rasenmäher, Heckenschere) gemindert werden. Ferner wird der Zusatzschutz für Endstromkreise im Außenbereich mit einem Bemessungsstrom bis 32 A verlangt, wenn tragbare Betriebsmittel angeschlossen werden. In solchen Fällen wird der Einsatz von netzspannungsunabhängigen Fehlerstromschutzeinrichtungen (RCDs) mit eingebautem Überstromschutz (RCD/LS-Schalter) für jeden Endstromkreis empfohlen.

Schutzarten für Betriebsmittel:

- geschützte Anlage IPX1: mindestens tropfwassergeschützt;
- ungeschützte Anlage IPX3: mindestens sprühwassergeschützt;
- Anlagen in Bereichen mit Strahlwasser: IPX4/IPX5 strahlwassergeschützt;
- Zusatzschutz: Fehlerstromschutzeinrichtung (RCD) mit $I_{\Delta n} \leq 30$ mA ist gefordert, damit das Gefahrenpotenzial bei der Verwendung von z. B. Gartengeräten, wie Rasenmäher und Heckenschere, gesenkt wird.

16 Beleuchtungsanlagen im Freien (DIN VDE 0100-714)

Kurzübersicht

- Speisepunkt der Beleuchtungsanlage im Freien: Übergabepunkt aus dem öffentlichen Verteilungsnetz oder dem Punkt des Stromkreises, der die Anlage im Freien versorgt.
- IP-Schutzarten Auftreten von Wasser: AD3; Auftreten von festen Fremdkörpern AE2; evtl. andere Klassen, abhängig von den örtlichen Verhältnissen.
- Mindestschutz für Beleuchtungsanlagen IP33.
- Schutz gegen elektrischen Schlag: Folgende Schutzmaßnahmen dürfen nicht verwendet werden: „nicht leitende Umgebung“ und „Schutz durch erdfreien örtlichen Schutzpotentialausgleich“.
- Es muss ein zusätzlicher Schutz für Endstromkreise für den Außenbereich und Steckdosen durch eine Fehlerstromschutzeinrichtung (RCD) 30 mA für Einrichtungen wie beleuchtete Hinweistafeln auf Campingplätzen eingesetzt werden.

Anmerkung: Für die Errichtung elektrischer Anlagen auf Campingplätzen können die Anforderungen aus DIN VDE 0100-714 „Errichten von Niederspannungsanlagen – Teil 7-714: Anforderungen für Betriebsstätten, Räume und Anlagen besonderer Art – Beleuchtungsanlagen im Freien“ Relevanz für die Elektrofachkraft erhalten, daher werden die Anforderungen aus dieser Norm in diesem Buch ebenfalls kurz angesprochen.

Die besonderen Anforderungen des Teils 714 der DIN VDE 0100 gelten für die Auswahl und die Errichtung von Leuchten und Beleuchtungsanlagen. Diese Betriebsmittel und Anlagen müssen ein Teil einer festen Anlage im Freien sein, dann gelten diese Anforderungen:

für	Anforderungen beziehen sich auf
die Auswahl und Errichtung von Leuchten sowie Beleuchtungsanlagen, wenn sie Teil einer festen Anlage im Freien sind	Beleuchtungsanlagen für Straßen, Parks, Gärten, Plätze mit öffentlichem Zugang, Sportplätze, Beleuchtung von Denkmälern, Flutlicht, Telefonzellen, Autobuswartehäuschen, Hinweistafeln, Stadtpläne und Verkehrszeichen

Beleuchtungsanlagen sind so zu errichten, dass keine Gefährdung durch Berührungsströme oder durch zu hohe Temperaturen auftreten kann. In „Räumen besonderer Art – Beleuchtungsanlagen im Freien" erhöht sich das Gefahrenpotenzial bei elektrischen Anlagen und Betriebsmitteln dadurch, dass die Anlagen und Betriebsmittel den Witterungs- und Umwelteinflüssen direkt ausgesetzt und Straßenbeleuchtungsanlagen durch den Straßenverkehr zusätzlich gefährdet sind.

Erläuterungen: Zum Schutz gegen elektrischen Schlag sind die Schutzmaßnahmen nach DIN VDE 0100-410 zu beachten. Eine Gefährdung durch zu hohe Temperaturen ist durch die richtige Auswahl der Leuchten und durch ihre normgerechte Anbringung auf Bauteilen und Einrichtungsgegenständen sowie durch ausreichenden Abstand zur thermisch beeinflussten (angestrahlten) Fläche auszuschließen. Es handelt sich um ortsfeste Beleuchtungsanlagen, die im Freien aufgestellt sind, z. B. Beleuchtungsanlagen für Straßen, Parks, Plätze, Sportstätten, Denkmäler, Flutlichtanlagen, Telefonzellen, Haltestellenunterkünfte, Hinweistafeln, Verkehrszeichen, Stadtpläne (Einrichtungen mit integrierter Beleuchtung).

Von diesen zusätzlichen Anforderungen der DIN VDE 0100-714 sind nicht erfasst z. B. vorübergehende Girlandenbeleuchtung, Straßenverkehrssignalanlagen, außen am Gebäude angebrachte Leuchten, die direkt vom Leitungssystem dieses Gebäudes versorgt werden.

Speisepunkt einer Beleuchtungsanlage im Freien ist der Übergabepunkt der elektrischen Energie vom Stromversorger oder von dem Punkt des Stromkreises, von dem ausschließlich die Beleuchtungsanlage versorgt wird. Die Verbraucheranlage (Endstromkreis) beginnt hinter der Überstromschutzeinrichtung zwischen Netz und Leuchte (z. B. im Mastfuß der Leuchte). Für diesen Teil der Anlage gelten dann die beschriebenen Anforderungen.

Für Leuchten in Schwimmbädern oder Springbrunnen gilt DIN VDE 0100-702.

Schutz gegen elektrischen Schlag

Alle aktiven Teile müssen gegen Berühren durch Isolierung, Abdeckung oder Umhüllung geschützt sein. Gehäuse, in denen sich aktive Teile befinden, dürfen nur mit Werkzeug oder Schlüssel zu öffnen sein. Bis zu einer Höhe von 2,5 m über der Grundfläche müssen die aktiven Teile hinter der Tür mindestens nach IP2X oder IPXXB abdeckt werden. Bei Leuchten mit einer Höhe von weniger als 2,8 m über der Grundfläche darf der Zugang zur Lichtquelle nur mit einem Werkzeug möglich sein. Der Schutz bei indirektem Berühren durch nicht leitende Räume oder durch erdfreien örtlichen Potentialausgleich ist nicht zulässig. In der Nähe von Beleuchtungsanlagen befindliche Metallteile (Zäune, Gitter usw.) brauchen nicht mit der Erdungsklemme verbunden zu werden. Nach DIN VDE 0100-714 muss ein zusätzlicher Schutz für

Endstromkreise für den Außenbereich und Steckdosen durch RCDs mit $I_{\Delta n} \leq 30$ mA geschützt werden, da die Sicherheit von Personen im Allgemeinen wichtiger ist als die Beleuchtung der jeweiligen Einrichtungen. Zu den Einrichtungen gehören z. B. Hinweistafeln, die beleuchtet sind, Wartehäuschen, Stadtpläne oder ähnliche Anlagen.

Äußere Einflüsse: Für die Schutzklassen gelten folgende Mindestanforderungen: Auftreten von Wasser: IPX3 (Sprühwasser), Auftreten von Fremdkörpern: IP3X (kleine Gegenstände), somit gelten für elektrische Betriebsmittel nach DIN VDE 0100-714 mindestens Schutzart IP33. Es kann je nach Erfordernis (Betriebs- und Reinigungsarbeiten) auch eine höhere Schutzart notwendig sein oder, anders ausgedrückt, eine höhere Schutzart kann den Instandhaltungsaufwand (Reinigung) verringern.

Trennen und Schalten: Jeder Stromkreis muss einzeln von den aktiven Leitern der Versorgungsleitung getrennt werden können, es sei denn der Netzbetreiber hat erklärt, dass entweder der PEN-Leiter oder der Neutralleiter zuverlässig mit einem geeignet niedrigen Widerstand mit Erde im TN-C-S- und TN-S-System verbunden ist (nach DIN VDE 0100-460).

17 Kleinspannungsbeleuchtungsanlagen (DIN VDE 0100-715)

Kurzübersicht

- Schutz gegen elektrischen Schlag: Es ist Schutz durch Kleinspannung, SELV zulässig.
- Verwendung von blanken Leitern: max. AC 25 V und DC 60 V.
- Spannungsfall: max. 5 % der Nennspannung der Kleinspannungsanlage.
- Die Verwendung von Arten der Kabel- und Leitungsanlagen sind vorgeschrieben.
- Anforderungen an den Schutz gegen thermische Auswirkungen.
- Jeder Stromkreis muss von den aktiven Leitern der Versorgungsleitung getrennt werden können.
- Schutzeinrichtungen müssen leicht zugänglich sein oder es müssen entsprechende Gegenmaßnahmen getroffen werden, siehe Erläuterungen.

Anmerkung: Für die Errichtung elektrischer Anlagen auf Campingplätzen in Caravans können die Anforderungen aus DIN VDE 0100-715 „Errichten von Niederspannungsanlagen – Teil 7-715: Anforderungen für Betriebsstätten, Räume und Anlagen besonderer Art – Kleinspannungsbeleuchtungsanlagen“ Relevanz für die Elektrofachkraft erhalten, daher werden die Anforderungen aus dieser Norm in diesem Buch ebenfalls kurz angesprochen.

In „Räumen besonderer Art – Kleinspannungsbeleuchtungsanlagen“ sind die Gefahren durch den elektrischen Schlag auf der Ausgangsseite der Transformatoren gering, auf der Primärseite sind der Basis- und Fehlerschutz nach DIN VDE 0100-410 anzuwenden. Dennoch kann sich das Gefahrenpotenzial bei elektrischen Anlagen und Betriebsmitteln dadurch erhöhen, dass aufgrund der geringen Spannungen relativ große Betriebsströme fließen, die Kurzschlussströme erhöht sind, diese wiederum erhöhen die Brandgefahr und auch durch die abgestrahlte Wärmeenergie der Leuchtmittel (z. B. Niedervolt-Halogenglühlampen) kann sich die Brandgefahr erhöhen.

DIN VDE 0100-715 enthält Anforderungen an die Auswahl und Errichtung von Kleinspannungsbeleuchtungsanlagen (Niedervolt-Beleuchtungsanlagen), die von einer Stromquelle versorgt werden und die max. eine Bemessungsspannung von AC 50 V oder DC 120 V erzeugen. Diese Anlagen werden häufig dort eingesetzt, wo akzentuiertes Licht mittels Halogenleuchten gute lichttechnische Effekte erzielen soll.

Erläuterungen: Als Schutz gegen elektrischen Schlag ist die Schutzmaßnahme Kleinspannung mittels SELV (Safety Extra-Low Voltage) zulässig. Der Schutz wird in diesem Fall durch kleine Spannungen (AC 50 V und DC 120 V) und durch eine sichere Trennung vom Primärnetz erreicht. Bei der Verwendung von blanken Leitern (Leitungen müssen durch Schutzgeräte überwacht werden, die bei Überlastung oder Kurzschluss abschalten) sind höchstens AC 25 V und DC 60 V zugelassen. Außerdem sind die Anforderungen zu erfüllen:

- Mindestquerschnitt 4 mm^2 Cu bei Systemen mit Leuchten, die von den Leitern abgehängt werden, also frei hängenden Leitungen, ansonsten Auswahl entsprechend dem Laststrom, mindestens 1,5 mm^2 Cu (bei max. 3 m Leiterlänge ist 1 mm^2 Cu erlaubt),
- Anordnungen der Leiter nicht direkt auf brennbaren Materialien,
- die Anlage ist so umhüllt oder errichtet, dass ein evtl. Kurzschluss sehr begrenzt bleibt.

Der Spannungsfall zwischen dem Transformator und der installierten Leuchte darf in der größten Entfernung zwischen Erzeuger und Verbraucher 5 % nicht überschreiten.

Als Kabel- und Leitungsarten sind zu verwenden:

- Aderleitungen im Installationsrohr nach Normenreihe DIN EN 50085 (**VDE 0604**),
- Kabel- und Mantelleitungen,
- flexible Leitungen,
- Beleuchtungssysteme nach DIN EN IEC 60598-2-23 (**VDE 0711-2-23**),
- Stromschienensysteme nach DIN EN 60570 (**VDE 0711-300**),
- blanke Leiter.

Metallene Konstruktionsteile von Möbeln dürfen nicht als aktive Leiter verwendet werden.

Schutz gegen thermische Auswirkungen:

- Leuchten und ihre Einsatzorte müssen so ausgewählt werden, dass eine schädliche Erhitzung von Materialien der Umgebung dieser Standorte ausgeschlossen wird.
- Eine Brandgefahr durch Transformatoren/Konverter (Geräte, die zwischen die Spannungsversorgung und die Halogenglühlampen geschaltet werden, um sie mit hochfrequenter Spannung zu versorgen) muss durch Schutzeinrichtungen der Primärseite der Transformatoren, durch Einsatz von kurzschlussfesten Transformatoren, durch Konverter, die z. B. LED-Modulen der DIN EN 61347-2-13 (**VDE 0712-43**) entsprechen, vermieden werden.

- Eine Brandgefahr durch Kurzschluss muss durch besondere Schutzeinrichtungen (DIN VDE 0100-715:2014-02, Abschnitt 422.102.2), durch Leistungsbegrenzung des Transformators auf 200 VA, durch Verwendung von Kleinspannungsbeleuchtungssysteme nach DIN EN IEC 60598-2-23 (**VDE 0711-2-23**) vermieden werden.

Transformatoren dürfen auf der Sekundärseite nur parallel geschaltet werden, wenn sie gleiche Eigenschaften haben und auch auf der Primärseite parallel geschaltet sind.

Schutzeinrichtungen zum Trennen, Schalten und Steuern und Stromquellen für SELV müssen leicht zugänglich sein. Werden sie oberhalb abgehängter Zwischendecken oder an vergleichbaren Plätzen untergebracht, müssen sie

- fest angeschlossen,
- mechanisch geschützt,
- thermisch isoliert

sein, sodass eine Überhitzung vermieden wird.

Die Zwischendecken oder andere vergleichbare Plätze müssen leicht entfernbar sein. Zusätzlich muss ein Hinweis vorhanden sein, der deutlich macht, dass Schutzeinrichtungen wo vorhanden und wie sie angeordnet sind.

Die Montageanweisungen der Hersteller sind zu beachten.

18 Elektrische Anlagen in Möbeln und ähnlichen Einrichtungsgegenständen (DIN VDE 0100-713)

Kurzübersicht

- Netzanschlussstellen für die Betriebsmittel in den Möbeln oder ähnlichen Einrichtungsgegenständen müssen jederzeit zugänglich sein;
- Schutz gegen elektrischen Schlag: Schutz durch Kleinspannung mittels SELV oder PELV;
- Zusatzschutz: mit RCDs mit einem Bemessungsdifferenzstrom nicht größer als 30 mA;
- Arten der Kabel und Leitungen: Anschluss der Möbel und innerhalb der Möbel mit gummiisolierten und PVC-isolierten, flexiblen Leitungen und der Anschluss der Möbel auch mit starren Leitungen möglich;
- Leitungsquerschnitt: 1,5 mm^2; Verringerung auf 0,75 mm^2 nur unter bestimmten Voraussetzungen;
- keine Verwendung von Aderleitungen, auch nicht in Elektroinstallationsrohren;
- Verwendung von Hohlraumdosen möglich;
- elektrische Verbindungen: nur mit geeigneten Installationssteckverbindern.

Anmerkung: Für die Errichtung elektrischer Anlagen in Caravans können die Anforderungen aus DIN VDE 0100-713 „Errichten von Niederspannungsanlagen – Teil 7-713: Anforderungen für Betriebsstätten, Räume und Anlagen besonderer Art – Möbel und ähnliche Einrichtungsgegenstände" Relevanz für die Elektrofachkraft erhalten, daher werden die Anforderungen aus dieser Norm in diesem Buch ebenfalls kurz angesprochen.

In „Räumen besonderer Art – Anlagen in Möbeln und ähnlichen Einrichtungsgegenständen" erhöht sich das Gefahrenpotenzial dadurch, dass es sich bei Möbeln um leicht brennbare Materialien handeln kann und dadurch sich die Brandgefahr gegenüber „normalen" Verhältnissen erheblich erhöht.

Für die Errichtung elektrischer Anlagen in Möbeln und Einrichtungsgegenständen wie Dekorationsverkleidungen, Einbauschränken, Gardinenleisten sind daher zusätzliche Anforderungen zu berücksichtigen. Die elektrischen Betriebsmittel und

Verbrauchsmittel müssen so ausgewählt und die Anlagen so errichtet werden, dass sie diesen Anforderungen der DIN VDE 0100-713 genügen und die Schutzart, den Brandschutz und die mechanische Festigkeit am Einsatzort berücksichtigen.

Schutz gegen elektrischen Schlag: Als Schutzmaßnahme ist der Schutz durch Kleinspannung mittels SELV oder PELV gefordert. Danach sind Konstruktionsbauteile von Möbeln oder ähnlichen Einrichtungsgegenständen, die dafür bestimmt sind, Betriebsströme zu führen, fest mit Spannungsquellen zu verbinden, die die Anforderungen der Schutzmaßnahme nach Abschnitt 414 aus DIN VDE 0100-410:2018-10 erfüllen, also Schutz durch Kleinspannung mittels SELV oder PELV. Nach DIN VDE 0100-713:2017-10 ist die max. Spannung auf AC 25 V und DC 60 V und die zu übertragene Leistung auf 50 VA zu begrenzen.

Zusatzschutz: Nach DIN VDE 0100-410:2018-10, Abschnitt 415.1.1 haben sich Fehlerstromschutzeinrichtungen (RCDs) mit einem Bemessungsdifferenzstrom, der 30 mA nicht überschreitet, in Wechselstromsystemen als zusätzlicher Schutz beim Versagen von Vorkehrungen für den Basisschutz und für den Fehlerschutz bewährt. Allerdings ist dieser Zusatzschutz, wie der Name sagt, als Zusatz zu verstehen, er schließt die Anwendung einer der Schutzmaßnahmen gegen elektrischen Schlag nach DIN VDE 0100-410:2018-10, Abschnitte 411 bis 414 nicht aus. Für die elektrische Installation von Möbeln muss diese durch eine Fehlerstromschutzeinrichtung (RCD) mit einem Bemessungsdifferenzstrom nicht größer als 30 mA nach DIN VDE 0100-713:2017-10 geschützt sein.

Auswahl und Errichtung elektrischer Betriebsmittel: Für die Berücksichtigung äußerer Einflüsse und für die Einhaltung der Betriebsbedingungen müssen Konstruktionsbauteile von Möbeln oder ähnlichen Einrichtungsgegenständen, die dafür bestimmt sind Betriebsströme zu führen, auch dazu geeignet sein, den Strom führen zu können, d. h. sie müssen vom Hersteller für diese Verwendung vorgesehen sein.

Arten von Kabel- und Leitungsanlagen: Grundsätzlich müssen die Anforderungen der DIN VDE 0100-520:2013-06, Abschnitt 521 bei der Errichtung elektrischer Anlagen und Betriebsmittel in Möbeln und ähnlichen Einrichtungsgegenständen Berücksichtigung finden. Die DIN VDE 0100-713:2017-10 ergänzt für die Verwendung flexibler/starrer Leitungen:

flexible Leitungen	Für den Anschluss der Möbel an die elektrische Anlage: • gummiisolierte flexible Leitungen nach DIN EN 50525-2-21 (**VDE 0285-525-2-21**) oder • PVC-isolierte flexible Leitungen nach DIN EN 50525-2-11 (**VDE 0285-525-2-11**), dann, wenn die Verbindung über Stecker und Steckdose oder Installationssteckverbinder erfolgt. Für die Verbindungen innerhalb der Möbel, wenn die Leitungen einer Bewegung ausgesetzt werden könnten: flexible Leitungen nach DIN EN 50525-2-21 (**VDE 0285-525-2-21**) oder DIN EN 50525-2-11 (**VDE 0285-525-2-11**).
starre Leitungen	Für den **Anschluss der Möbel** an die elektrische Anlage durch **starre Leitungen mit der festen Kabel- und Leitungsanlage:** nach DIN EN 50525-2-31 (**VDE 0285-525-2-31**) und DIN EN 50525-1 (**VDE 0285-525-1**).

Merke: Aderleitungen für die Verlegung in Möbeln oder ähnlichen Einrichtungsgegenständen sind nicht mehr zulässig, auch dann nicht, wenn sie durch Elektroinstallationsrohre geführt werden.

Auswahl und Errichtung elektrischer Betriebsmittel in Hohlwänden: Elektrische Betriebsmittel dürfen in Hohlwänden eingebaut und Kabel und Leitungen fest oder beweglich angebracht werden, wenn die Anforderungen nach DIN VDE 0100-520:2013-06, Abschnitt 15 eingehalten werden. In DIN VDE 0100-713:2017-10 wird gefordert, Hohlwanddosen so einzubauen, dass sie vor mechanischer Beschädigung geschützt sind. Der Schutz vor mechanischer Beschädigung kann so umgesetzt werden, dass unzugängliche Hohlräume bzw. Nischen genutzt werden oder ein zusätzlicher mechanischer Schutz installiert wird.

Mechanische Beanspruchungen der Kabel und Leitungen: müssen weitestgehend vermieden werden. Nach DIN VDE 0100-520:2013-06 sind Kabel- und Leitungsanlagen so auszuwählen und zu errichten, dass Schäden durch mechanische Beanspruchung, wie Schlag, Druck, Eindringen während der Errichtung oder der Nutzung bzw. bei der Instandhaltung weitestgehend vermieden werden. In Möbeln müssen die Leitungen sicher befestigt, dürfen nicht gequetscht oder über scharfe Kanten verlegt werden. Zum Schutz vor mechanische Beschädigungen können sich die Leitungen auch

- in geschlossenen Elektroinstallationskanalsystemen,
- in zu öffnenden Elektroinstallationskanalsystemen,
- in Elektroinstallationsrohren oder
- in einem Kanal, der durch die Konstruktion der Möbel gebildet wird,

befinden. An dieser Stelle erneut der Hinweis: **Aderleitungen sind für die Installation in Möbeln nicht mehr zulässig**.

Querschnitte von Leitern: mindestens 1,5 mm^2 Cu. Flexible Leitungen dürfen einen geringeren Querschnitt als < 1,5 mm^2 haben, aber nicht noch geringer als < 0,75 mm^2; dazu müssen jedoch zwei Voraussetzungen erfüllt sein: Die flexible Leitung speist keine Steckdose und ihre Länge überschreitet nicht 10 m.

Elektrische Verbindungen: Grundsätzlich gelten die Anforderungen aus DIN VDE 0100-520:2013-06, Abschnitt 526. Zur Verbindung von Leitungsanlagen in Möbeln oder ähnlichen Einrichtungsgegenständen wird im Teil 713 von DIN VDE 0100 darauf hingewiesen, dass **geeignete Installationssteckverbinder** (DIN EN IEC 61535 (**VDE 0606-200**) oder DIN EN 60320-1 (**VDE 0625-1**)), auch für den Fall einer Trennung der elektrischen Leitungsanlage verwendet werden müssen. Eine Verbindung zwischen verwendungsfertigen Betriebsmitteln und anderen installierten Betriebsmitteln ist nur dann zulässig, wenn der Hersteller der verwendungsfertigen Betriebsmittel explizit auf diese Möglichkeit hingewiesen hat.

Elektrische Antriebe: Sie müssen den Anforderungen nach DIN EN 60335-1 (**VDE 0700-1**) entsprechen.

19 Prüfung von elektrischen Anlagen und Betriebsmitteln

Da die Prüfung ein wichtiger Bestandteil bei der Errichtung und vor der Inbetriebnahme elektrischer Anlagen ist, sollen an dieser Stelle einige allgemeine Aussagen zu Prüfungen elektrischer Anlagen und Betriebsmittel gemacht werden (Tabelle 19.1) und zu Prüfungen von elektrischen Anlagen auf Campingplätzen und in Caravans sind in entsprechenden Schnellübersichten (Tabelle 19.2 und Tabelle 19.3) Hinweise zur Überprüfung der Anforderungen gegeben. Weitere Details zu Prüfungen sind in Kapitel 9.10 und Kapitel 10.11 enthalten.

Die Erstprüfung begleitet alle Arbeiten der Errichtung, Teile dieser Prüfungen schließen die Arbeiten der Errichtung ab. Auch bei einer Erweiterung bestehender Anlagen ist bei dem neuen Teil eine Erstprüfung durchzuführen. Die Forderungen an die Prüfungen sind in DIN VDE 0100-600 enthalten. Bei älteren Anlagen gelten jeweils die Bestimmungen, die zum Zeitpunkt der Errichtung der elektrischen Anlage gültig waren. Zu den Prüfungen gehören alle Maßnahmen, mit denen festgestellt werden kann, inwieweit die Ausführung der elektrischen Anlage mit den Errichtungsnormen übereinstimmt.

Prüfungen umfassen das Besichtigen, das Erproben, das Messen und das Dokumentieren in einem Prüfbericht. In **Tabelle 19.1** sind die Bestandteile der Prüfungen erläutert.

Besichtigen	Erproben	Messen	Dokumentieren
Besichtigen ist das bewusste Ansehen einer elektrischen Anlage, um den ordnungsgemäßen Zustand festzustellen. Es ist Voraussetzung für das Erproben und Messen und muss vor dem Erproben und Messen durchgeführt werden.	Erproben umfasst die Durchführung von Maßnahmen in elektrischen Anlagen, durch welche die Wirksamkeit von Schutz- und Meldeeinrichtungen nachgewiesen werden soll.	Messen ist das Feststellen von Werten mit geeigneten Messgeräten, die für die Beurteilung der Wirksamkeit einer Schutz- und Meldeeinrichtung erforderlich und die durch Besichtigen und/oder Erproben nicht feststellbar sind.	Die Ergebnisse der Prüfungen sind in einem Prüfbericht zu dokumentieren. Das Protokoll soll so ausführlich sein, dass langfristig die Prüfungen nachzuvollziehen sind.
Inaugenscheinnahme und Vergleich des Zustands mit den Anforderungen aus den Normen; äußerlich erkennbare Mängel und Schäden an Betriebsmitteln und Isolationsfehler feststellen	Überprüfen, z. B. Betätigen von Prüftasten, Probelauf	Feststellen der Messwerte und Vergleich mit Grenzwerten	Die Prüfungen müssen nicht nur in den Zahlenwerten dokumentiert, sondern auch entsprechend bewertet sein.

Tabelle 19.1 Bestandteile der Prüfungen und Dokumentation

Die wichtigen Anforderungen an Prüfungen aus DIN VDE 0100-708 und DIN VDE 0100-721 sowie Empfehlungen des Autors sind in Kapitel 9.10 und Kapitel 10.11 enthalten. Wird der Campingplatz als Unternehmen betrieben, handelt es sich um einen Betrieb und es gelten die Unfallverhütungsvorschriften DGUV-Information 203-006, DGUV-Information 203-071 (Auswahl des Prüfpersonals, Organisation und Dokumentation der Prüfungen) und die DGUV-Information 203-070 (Prüfung ortsveränderlicher elektrischer Betriebsmittel). Diese beinhalten Anforderungen, die nachfolgend aus Gründen der Vollständigkeit übersichtlich zusammengefasst sind:

- Wichtig: Es wird eine Unterscheidung zu ortsfesten und ortsveränderlichen Betriebsmitteln gemacht.
- Ortsfeste Betriebsmittel sind in regelmäßigen Abständen im Rahmen einer wiederkehrenden Prüfung durch eine befähigte Person (Elektrofachkraft) zu prüfen. Als Richtwert gilt eine Frist von einem Jahr.
- Ortsveränderliche Betriebsmittel: sind in regelmäßigen Abständen im Rahmen einer wiederkehrenden Prüfung durch eine befähigte Person (Elektrofachkraft; elektrotechnisch unterwiesene Person nur unter Aufsicht einer Elektrofachkraft) zu prüfen. Für die Wiederholungsprüfungen ist DIN EN 50699 (**VDE 0702**):2021-06 anzuwenden. Außerdem müssen die Betriebsmittel vor jeder Nutzung von dem jeweiligen Nutzer auf erkennbare äußere Schäden untersucht werden. Als Richtwert für die wiederkehrenden Prüfungen gilt eine Frist von etwa drei Monaten. Diese Frist kann in begründeten Fällen verlängert, aber auch verkürzt werden.
- Fehlerstromschutzeinrichtungen (RCDs) und Isolationsüberwachungseinrichtungen: arbeitstäglich von dem Nutzer durch Betätigung der Prüftaste auf ihre einwandfreie Funktion überprüfen und mindestens einmal monatlich eine Prüfung auf Wirksamkeit durch eine Elektrofachkraft oder elektrotechnisch unterwiesene Person durchführen (siehe Kapitel 8).
- Dokumentation der Prüfungen und Kennzeichnen der geprüften und als mängelfrei beurteilten Betriebsmittel.
- Ortsveränderliche Ersatzstromversorgungsanlagen: vor jeder Benutzung vom Nutzer auf erkennbare äußere Schäden untersuchen und in regelmäßigen Abständen eine Wiederholungsprüfung nach DIN EN 50699 (**VDE 0702**):2021-06 durch eine befähigte Person durchführen. Eine Prüfung der Fehlerstromschutzeinrichtungen (RCDs) – falls vorhanden – ist wie oben beschrieben durchzuführen.

Tipp: Zum Thema Prüfungen sind aktualisierte Werke mit sehr ausführlichen Inhalten auf dem Markt, siehe Literatur.

Merke: Die Prüfung ist ein wichtiger Bestandteil bei der Errichtung und während des Betriebs elektrischer Anlagen und Betriebsmittel.

Tabelle 19.2 gibt einen schnellen Überblick über Prüfungen durch Besichtigen (Erstprüfung) auf Campingplätzen und ähnlichen Bereichen. Weitere Prüfungen sind nach DIN VDE 0100-600 selbstverständlich durchzuführen.

Bei Verwendung des TN-Systems handelt es sich um ein TN-S-System.
Die Endstromkreise im TN-System enthalten keinen PEN-Leiter.
Die Bemessungsspannung ist bei einphasiger Stromversorgung ≤ 230 V.
Die Bemessungsspannung ist bei dreiphasiger Stromversorgung ≤ 400 V.
Alle elektrischen Betriebsmittel sind in der Schutzart ≥ IPX4 ausgeführt.
Alle elektrischen Betriebsmittel, die auf dem Campingplatz errichtet sind, haben einen Schutz gegen mechanische Beanspruchung.
Schutzabstände von Freileitungen (1 m bis 5 m) sind eingehalten.
Unterirdisch verlegte Kabel sind in einer Mindesttiefe von 0,5 m mit einem zusätzlichen mechanischen Schutz verlegt.
Oberirdisch verlegte Leitungen sind isoliert und in Bereichen von Fahrzeugen in einer Mindesthöhe von 6 m und in allen anderen Bereichen in einer Mindesthöhe von 3,5 m verlegt.
Für die Versorgung der Stellplätze sind keine Schutzkontaktsteckdosen eingesetzt.
Jede einzelne Steckdose ist mit einer Überstromschutzeinrichtung geschützt.
Jede einzelne Steckdose ist zusätzlich mit einer Fehlerstromschutzeinrichtung (RCD) mit einem Bemessungsdifferenzstrom von $I_{\Delta n} \leq 30$ mA geschützt.
In jeder Verteilerstation (Anschlusspunkt) ist eine Netztrenneinrichtung errichtet, die sowohl alle Außenleiter als auch den Neutralleiter schaltet.
Schutz durch Schutztrennung wird außer für Rasiersteckdosen nicht verwendet.
Es werden keine Adapter verwendet.
Die Steckdosen entsprechen der DIN EN 60309-2 (**VDE 0623-2**) für industrielle Anwendung.
Die Steckdosen (max. vier Stück) sind in einem Verteiler eingebaut und so nahe (< 25 m) wie möglich an den vorgesehenen Stellplätzen errichtet.
Die Steckdosen sind im Verteiler in einer Höhe zwischen 0,5 m bis 1,5 m angeordnet.
Schutzpotentialausgleich ist durchgeführt.
Ein oder mehrere Erder befinden sich auf dem Campingplatz.

Tabelle 19.2 Schnellübersicht über Prüfungen durch Besichtigen auf Campingplätzen und ähnlichen Bereichen nach DIN VDE 0100-708:2010-02

Tabelle 19.3 gibt einen schnellen Überblick über Prüfungen durch Besichtigen (Erstprüfung) in Caravans und Motorcaravans. Weitere Prüfungen sind nach DIN VDE 0100-600 selbstverständlich durchzuführen.

Netzspannung beträgt bei Wechselspannungsversorgung bei • einphasiger Versorgung ≤ 230 V, • dreiphasiger Versorgung ≤ 400 V
Netzspannung bei Gleichspannungsversorgung beträgt ≤ 48 V; auf der Wechselspannungsseite darf die Spannung 48 V (Effektivwert) nicht überschritten werden.
SELV- und PELV-Stromkreise haben eine Bemessungsspannung von 12 V, 24 V oder 48 V.
Jede unabhängige elektrische Anlage ist mit einem eigenen Anschluss ausgerüstet.
Berührbare metallene Konstruktionsteile innerhalb des Caravans sind mit dem Schutzleitersystem verbunden.
Beim Schutz durch automatische Abschaltung ist am Einspeisepunkt eine Fehlerstromschutzeinrichtung (RCD) mit einem Bemessungsdifferenzstrom von $I_{\Delta n} \leq 30$ mA errichtet.
Jeder Endstromkreis ist durch eine Überstromschutzeinrichtung geschützt.
Es liegt eine Bedienungsanleitung für die elektrische Ausrüstung vor, die folgende Information enthält: • Beschreibung der Anlage, • Beschreibung der Funktion der Fehlerstromschutzeinrichtungen (RCDs) und die Verwendung der Prüftaste, • Beschreibung der Funktion des Hauptschalters, • Anweisungen für den Anwender bei: – Anschließen, – Beenden der Verbindung, – wiederkehrender Prüfung.
Bei Kabel- und Leitungsanlagen sind: • flexible Leitungen der Klasse 5 in Elektroinstallationsrohre oder in zu öffnende Elektroinstallationskanäle verlegt, • Leiter der Klasse 2 sind in Elektroinstallationsrohre oder in zu öffnende Elektroinstallationskanäle verlegt, • umhüllte flexible Leitungen, • einadrige Leiter müssen isoliert sein.
Wenn Kabel- und Leitungsanlagen Schwingungen ausgesetzt werden, ist ein zusätzlicher Schutz vorgesehen, nicht über scharfe Kanten verlegt.
Kabel und Leitungen haben einen zusätzlichen Schutz bei Durchführungen durch Metallteile.
Senkrecht verlegte Leitungen sind im Abstand von 0,4 m und waagerecht verlegte in einem Abstand von 0,25 m befestigt.
Leiterquerschnitte betragen mindestens 1,5 mm^2 Cu.

Tabelle 19.3 Schnellübersicht über Prüfungen durch Besichtigen in Caravans und Motorcaravans nach DIN VDE 0100-721:2019-10

Verbindungen zwischen Leitern sind entweder in Verteilerdosen oder in elektrischen Betriebsmitteln hergestellt.
Elektrische Betriebsmittel und Kabel und Leitungen sind nicht in Fächern mit Gasflaschen errichtet, es sei denn, sie sind mittels Elektroinstallationsrohre oder durch geschlossene Elektroinstallationskanäle für eine mechanische Beanspruchung von AG3 geschützt.
Elektrische Betriebsmittel und deren Leitungen zur Überwachung in Fächern von Gasflaschen entsprechen SELV oder PELV.
Es ist ein zentraler Trennschalter für die elektrische Anlage errichtet.
In der Nähe des Trennschalters ist dauerhaft ein Hinweis auf den Trennschalter in der Amtssprache des Landes, in dem das Fahrzeug erstmals verkauft wurde, angebracht.
Schutzleiter sind gemeinsam mit ihren zugehörigen aktiven Leitern verlegt.
Alle elektrischen Anschlüsse sind mittels Steckdosen entsprechend DIN EN 60309-2 (**VDE 0623-2**), in der Schutzart IP44 ausgerüstet (auch ohne gestecktem Stecker). Nach DIN VDE 0100-721:2019-10 auch Steckvorrichtungen nach DIN EN 60309-1 (**VDE 0623-1**) zugelassen.
Der Anschluss ist nicht höher als 1,8 m vom Boden in einer gut erreichbaren Position angeordnet.
Jede Steckdose verfügt über einen Schutzkontakt.
Jede Steckdose mit Kleinspannung ist mit der Höhe der Spannung beschriftet.
Elektrisches Zubehör, das an einer Stelle errichtet ist, an dem mit Feuchtigkeit gerechnet werden muss, hat eine Schutzart von mindestens IP44.
Leuchten sind fest an die Konstruktion befestigt.
Hängeleuchten verfügen über eine zusätzliche Sicherung, die eine Beschädigung durch Bewegungen verhindert.
Die Verlängerungsleitung zum Anschluss eines Caravans mit der Steckdose am Stellplatz entspricht DIN EN 60309-2 (**VDE 0623-2**) und • hat eine max. Länge von 25 m, • ist mit H07RN-F gekennzeichnet (nach DIN VDE 0100-721:2019-10 ist auch H05RN-F möglich), • verfügt über einen Schutzleiter in den Farben Grün/Gelb, • hat einen Querschnitt in Abhängigkeit des Bemessungsstroms:

Bemessungsstrom	Mindestquerschnitt
16 A	2,5 mm^2
25 A	4 mm^2
32 A	6 mm^2
63 A	16 mm^2
100 A	35 mm^2

Tabelle 19.3 (*Fortsetzung*) Schnellübersicht über Prüfungen durch Besichtigen in Caravans und Motorcaravans nach DIN VDE 0100-721:2019-10

Empfehlungen kurz gefasst: Prüfungen

- Erstprüfungen schließen die Arbeiten der Errichtung ab; auch bei Erweiterungen sind die neuen Teile der Anlage einer Erstprüfung zu unterziehen.
- Für die Anforderungen an die Prüfungen gelten DIN VDE 0100-600.
- Ortsfeste Betriebsmittel: regelmäßige Abstände einer Wiederholungsprüfung (Richtwert ein Jahr).
- Ortsveränderliche Betriebsmittel: regelmäßige wiederkehrende Prüfung durch befähigte Person (Richtwert etwa drei Monate).
- RCDs: durch den Nutzer Prüftaste; mindestens monatlich bzw. bei einem Standortwechsel der Caravans.
- Ortsveränderliche Ersatzstromversorgungsanlagen: vor jeder Benutzung durch den Nutzer auf erkennbare Mängel untersuchen und in regelmäßigen Abständen Wiederholungsprüfung nach DIN EN 50699 (**VDE 0702**) durch eine befähigte Person.

20 Betrieb und Instandhaltung von elektrischen Anlagen und Betriebsmitteln

Der Betrieb von elektrischen Anlagen (DIN VDE 0105-100 „Betrieb von elektrischen Anlagen“; Unfallverhütungsvorschrift DGUV-Vorschrift 3) umfasst das Bedienen und das Arbeiten. Das Bedienen elektrischer Anlagen und Betriebsmittel sind das Beobachten sowie das Schalten, Einstellen und Steuern. Das Beobachten kann vor, während oder nach dem Tätigwerden notwendig sein. Es dient sowohl dem Verhindern möglicher Unfälle (Personenschutz) als auch zur Feststellung des ordnungsgemäßen Funktionierens der elektrischen Anlagen und Betriebsmittel. Das Bedienen elektrischer Anlagen und Betriebsmittel durch elektrotechnische Laien darf nur bei vollständigem Schutz gegen direktes Berühren erfolgen.

Der Begriff Arbeiten an und in elektrischen Anlagen sowie an elektrischen Betriebsmitteln umfasst das Instandhalten, das Ändern und das Inbetriebnehmen. Zum Ändern zählen Maßnahmen, bei denen Teile einer Anlage durch andere Teile ersetzt oder Anlagen erweitert bzw. verkleinert werden. Zur Instandhaltung werden nach DIN 31051 alle Maßnahmen gezählt, die zur Bewahrung und Wiederherstellung des Sollzustands sowie zur Feststellung des Istzustands notwendig sind, also die Inspektion, die Wartung und die Instandsetzung.

Bei der Tätigkeit Arbeit ist zu unterscheiden, ob an Anlagen im spannungsfreien Zustand in der Nähe oder unmittelbar an unter Spannung stehenden Teilen gearbeitet wird. Für das Arbeiten an aktiven Teilen ist der spannungsfreie Zustand der Anlage herzustellen und für die Dauer der Arbeiten zu sichern. Dabei sind die fünf Sicherheitsregeln zu beachten:

- Freischalten,
- gegen Wiedereinschalten sichern,
- Spannungsfreiheit feststellen,
- Erden und Kurzschließen,
- benachbarte, unter Spannung stehende Teile abdecken oder abschranken.

Anstelle des Abdeckens oder Abschrankens benachbarter, unter Spannung stehender Teile kann ebenfalls ihr spannungsfreier Zustand hergestellt werden. Dies kann auch vorübergehend erforderlich werden, um die Arbeiten zum Abdecken oder Abschranken auszuführen. Das Arbeiten in der Nähe unter Spannung stehender Teile ist nur erlaubt, wenn:

- die aktiven Teile gegen direktes Berühren geschützt sind,
- der spannungsfreie Zustand hergestellt und sichergestellt ist,
- spannungsführende Teile entsprechend abgedeckt sind,
- zulässige Annäherungen nicht unterschritten werden.

Zu unterscheiden sind elektrotechnische Arbeiten durch Elektrofachkräfte oder elektrotechnisch unterwiesene Personen und nicht elektrotechnische Arbeiten (gärtnerische Arbeiten und Reinigungsarbeiten auf dem Campingplatz) durch elektrotechnische Laien.

Arbeiten an unter Spannung stehenden Teilen sind mit erhöhten Gefahren für das Montagepersonal verbunden. Deshalb wird von den Arbeitenden und Vorgesetzten ein hohes Maß an Kenntnissen, Erfahrungen und Verantwortungsbewusstsein verlangt. An unter Spannung stehenden Teilen darf nur gearbeitet werden, wenn alle erforderlichen Voraussetzungen erfüllt sind.

Die Instandhaltung ist als übergeordneter Begriff die Gesamtheit aller Maßnahmen zur Bewahrung und Wiederherstellung des Sollzustands sowie zur Feststellung und Beurteilung des Istzustands. Sie wird in Inspektion, Wartung und Instandsetzung unterteilt. Die Inspektion ist die Feststellung und Beurteilung des Istzustands und dient dem Zweck, notwendige Instandhaltungsmaßnahmen frühzeitig zu erkennen. Die Wartung beinhaltet Maßnahmen zur Bewahrung des Sollzustands und die Instandsetzung Maßnahmen zur Wiederherstellung des Sollzustands.

Instandhaltungsarbeiten an elektrischen Anlagen und Betriebsmitteln sind notwendig, um diese in einem sicheren und funktionierenden Zustand zu erhalten und vor Mängeln oder gar Ausfall zu schützen. Nach den Unfallverhütungsvorschriften dürfen Instandsetzungs- und Wartungsarbeiten nur von Elektrofachkräften ausgeführt werden. Elektrische Betriebs- und Verbrauchsmittel sind nach Feststellung von Mängeln sofort der weiteren Nutzung zu entziehen.

Wenn mechanische Wartungsarbeiten an einer Maschine auf dem Campingplatz durchgeführt werden sollen, müssen geeignete Maßnahmen vorgesehen werden, die ein unbeabsichtigtes Wiedereinschalten während der Instandhaltungsarbeiten verhindern. Das kann durch Verschließeinrichtungen, Warnhinweise oder durch Unterbringung der Schaltgeräte in einem abschließbaren Raum oder in dem abschließbaren Verteiler erreicht werden. Geräte zum Ausschalten bei der Wartung können mehrpolige Lastschalter, Leistungsschalter oder Steckvorrichtungen sein. Diese Einrichtungen, die zum Ausschalten verwendet werden, müssen den Stromkreisen bzw. den Anlageteilen oder Maschinen eindeutig zugeordnet werden können. Daher ist eine eindeutige Kennzeichnung dringend durchzuführen. Zum Reinigen sind elektrische Geräte spannungsfrei zu schalten, wenn aktive Teile berührt werden können.

Der spannungsfreie Zustand kann durch Herausziehen des Steckers, durch Herausnehmen (nicht nur lockern) von Sicherungseinsätzen bzw. Ausschalten von Leistungsschaltern hergestellt werden.

Schlecht instand gehaltene tragbare Elektrowerkzeuge und andere Verbrauchsmittel auf Campingplätzen und in Caravans sind ein großes Risiko für die Sicherheit der Camper, daher muss der Instandhaltung dieser Geräte besondere Aufmerksamkeit zukommen. Bei Kabeln und Leitungen, Verlängerungen, Steckern und Kupplungen treten oft Mängel auf, die durch genaue Inaugenscheinnahme erkannt werden können. Sie müssen dann allerdings sofort instandgesetzt werden, z. B. blanke Drähte, Beschädigung der Kabelmäntel, Risse in Gehäusen oder schlechte Verbindungsstellen.

Tipps für eine sichere Instandhaltung
• Werkzeuge müssen vor der Wartung, Kalibrierung, dem Ölen, Reinigen oder der Reparatur unbedingt vom Netz getrennt werden. • Bei der Instandsetzung und Wartung sowie beim Austausch von Teilen und Zubehör müssen die Anweisungen der Hersteller in den Bedienungsanleitungen befolgt werden. • Zur Instandhaltung dürfen nur geeignete Werkzeuge und eine geeignete Ausrüstung verwendet werden. • Instandhaltungsarbeiten dürfen nur von Elektrofachkräften durchgeführt werden. • Werkzeuge dürfen in keinem Fall abgeändert werden, z. B. dürfen Schutzhauben nicht entfernt oder weggebunden werden. Sicherheitsvorkehrungen dürfen nicht beseitigt werden. • Verbrauchsmittel, die Mängel aufweisen, sind sofort den Nutzern zu entziehen.

Tabelle 20.1 Tipps für eine sichere Instandhaltung
Quelle: nach Aussagen der Europäischen Agentur für Sicherheit und Gesundheitsschutz am Arbeitsplatz

Hinweis: Die DIN VDE 0109:2020-01 beinhaltet allgemeine Aspekte und Verfahren der Instandhaltung von Anlagen und Betriebsmitteln. Das Dokument dient dem Zweck, in allgemeiner Form die Managementverfahren, Prozesse und Techniken in Bezug auf die Instandhaltung von Anlagen und Betriebsmitteln zu beschreiben, um die Personensicherheit, die Verkehrssicherheit und die Zuverlässigkeit der Anlagen und Betriebsmittel zu erreichen. Der Hauptanwendungsbereich bezieht sich auf öffentliche Netze, jedoch können die Empfehlungen auch auf andere Anlagen und Betriebsmittel übertragen werden. Vor allem die Erläuterungen zu den Instandhaltungsarten (DIN VDE 0109:2020-01, Anhang A) und die Zustandsfeststellungen von elektrischen Anlagen und Betriebsmitteln (DIN VDE 0109:2020-01, Anhang B) können für die Elektrofachkraft unter Umständen hilfreich in Bezug auf die Instandhaltung sein.

Empfehlungen kurz gefasst: Betrieb und Instandhaltung

- Für den Betrieb (Bedienen und Arbeiten) elektrischer Anlagen gelten DIN VDE 0105-100 und DGUV-Vorschrift 3.
- Bedienen durch elektrotechnische Laien darf nur bei vollständigem Schutz gegen direktes Berühren durchgeführt werden.
- Arbeiten an Anlagen im spannungsfreien Zustand oder in der Nähe oder unmittelbar an unter Spannung stehenden Teilen: fünf Sicherheitsregeln beachten!
- Instandhaltung besteht aus: Inspektion, Wartung, Instandsetzung, Änderung.
- Instandhaltung nur durch Elektrofachkräfte.

21 Camping und Elektromobilität

Die Elektromobilität ist auf dem Vormarsch, in Deutschland, in Europa, aber auch weltweit. Nach Ansicht des Autors wird es bei dem Personenverkehr und zeitversetzt auch um den Transport von Lasten und bei weiteren Mobilitätsarten, in eine batterieelektrische Richtung gehen, und zwar für die ganze Welt – natürlich mit unterschiedlichen Entwicklungsgeschwindigkeiten, aber überall möchte man Elektromobilität in den Vordergrund rücken.

Die Gründe dafür waren und sind sicher vielfältig, wie der Dieselskandal, die immer mehr zunehmende Klimadiskussion, das schlechte Gewissen einzelner bei der weiteren Nutzung der Verbrennertechnologie, mehrere heiße Sommer, die dem Einzelnen die Notwendigkeit der Veränderung in der Klimasituation deutlich machten, staatliche Förderungen der Elektrofahrzeuge und der Ladeinfrastruktur, die Entwicklungen neuer Automobilkonzerne mit herausragenden wirtschaftlichen Erfolgen und die konsequente Umsetzung des Verkehrs in Richtung Elektromobilität in einigen europäischen Staaten und in China. Die Corona-Pandemie hat sicher auch in weiten Teilen zum Umdenken geführt.

Für eingeweihte Techniker kommen sicher noch die Veränderungen innerhalb der Fahrzeuge zu Computer auf Rädern hinzu und gewaltige technologische Fortschritte in der Batterietechnik. Bei den Elektrofahrzeugen wird es sich sicher nicht um eine vorübergehende Modeerscheinung handeln, sondern um die Zukunft der Autoindustrie und einer veränderten Verkehrssituation.

Wie sieht die Situation im Reisemobilsektor bzw. im Camping- und Caravanbereich aus?

Im Pkw-Bereich sind erste Hürden genommen, die Entwicklung schreitet rasant voran, die Jahre 2021/2022 werden dazu beitragen, dass einzelne Details bei den Fahrzeugen und der Ladeinfrastruktur sich verbessern lassen und die Akzeptanz bei allen Marktteilnehmern wird sich erhöhen. Die Elektromobilität im Reisemobil muss jedoch noch einige Herausforderungen meistern, denn ein Motorcaravan muss zuverlässig viele 100 km zurücklegen können, möglichst ohne Ladung. Außerdem muss dieser Idealfall für viele Camper finanziell machbar sein.

Erfreulicherweise ist die Entwicklung auch im Campingbereich in letzter Zeit vorangeschritten, und es gibt nicht nur Studien und Prototypen, sondern bereits konkrete Ansätze und erste Schritte, die in absehbarer Zeit auch massentauglich werden könnten. Für das Caravaning mithilfe der Elektromobilität werden sich mehrere Vorteile ergeben, von denen hier nur kurz einige genannt werden sollen:

- Elektromobilität kann für das Caravaning nicht nur der Austausch des Verbrenners durch einen Elektromotor bedeuten, sondern es ergeben sich komplett andere, neue Fahrzeugkonzepte.
- Das Konzept mit einer einzigen Energiequelle kann so aufgebaut werden, dass leistungsstarke Batterien alle Verbrauchsgeräte mit Energie versorgen könnten, wie Motor, Heizung, Kühlschrank, Herd, Fernseher, Computer und das komplette elektronische Equipment, wie Fotokameras, Mobiltelefon, Tablet, also eine Energiequelle für alle Anwendungen.
- Der Preis pro gefahrenem Kilometer mit einem Elektrofahrzeug könnte preiswerter als mit einem Verbrenner werden.
- Elektromotoren sind zuverlässiger, weniger anfällig und langlebiger als Verbrenner, und das würde sich gerade im Campingbereich positiv umsetzen lassen.
- Geringere Steuern und evtl. weitere Förderungen würden ebenfalls die Kosten für das Camping senken lassen.
- Durch eine völlig andere Konstruktion der Fahrzeuge (z. B. Entfall des Schaltgetriebes und der Kardanwelle) ließe sich der Grundriss komplett überarbeiten, und es könnten neue Möglichkeiten für den Stau- bzw. Wohnraum geschaffen werden.
- Durch einen niedrigeren Schwerpunkt (Anordnung der Batterien im Boden der Fahrzeuge) könnte sich die Straßenlage der oft großen Fahrzeuge verbessern.
- Durch die konstruktiven Veränderungen/Verbesserungen ist eine höhere Flexibilität für einen evtl. Umbau der Fahrzeuge für andere Anwendungsfälle gegeben.
- Durch Solarpanels könnte zusätzliche Unabhängigkeit für Reisen außerhalb der Zivilisation denkbar werden.

Die genannten Vorteile sind aktuell sicher noch Zukunftsvisionen, aber einige Hersteller arbeiten bereits an deren Verwirklichung, wie die Fa. Dethleffs (www.dethleffs.de). Außerdem ist eine Vorstufe zum vollelektrischen Wohnmobil, wie im Pkw-Bereich, auch beim Caravaning möglich – nämlich als Hybrid. Das Unternehmen AL-KO (www.alko-tech.com/de) hat mit dem Hybrid-Power-Chassis in diesem Bereich eine zukunftsweisende Technologie auf den Markt gebracht.

Die Entwicklung bleibt abzuwarten, aber die Elektrofachkraft kann sich auf spannende Zeiten bei elektrischen Anlagen auf Campingplätzen und in Caravans einstellen.

Literatur

[1] *Ayx, R.*; *Kasikci, I.*: Projektierungshilfe elektrischer Anlage in Gebäuden. VDE-Schriftenreihe 148. Berlin · Offenbach: VDE VERLAG, 2018. – ISBN 978-3-8007-4691-0, ISSN 0506-6719

[2] *Behrends, P.*; *Maske, D.*; *Soboll, R.* (alle Hrsg.): Elektrotechnik für Handwerk und Industrie 2022. de-Jahrbuch. München · Heidelberg: Hüthig, 2021. – ISBN 978-3-8101-0557-8, ISSN 1434-3541

[3] *Biegelmeier, G.*; *Kiefer, G.*; *Krefter, K.-H.*: Schutz in elektrischen Anlagen – Band 4: Schutz gegen Überströme und Überspannungen. VDE-Schriftenreihe 83. Berlin · Offenbach: VDE VERLAG, 2001. – ISBN 3-8007-2051-5, ISSN 0506-6719

[4] *Bödeker, K.*; *Feulner, D.*; *Kammerhoff, U.*; *Kindermann, R.*: Prüfung elektrischer Geräte in der betrieblichen Praxis. VDE-Schriftenreihe 62. Berlin · Offenbach: VDE VERLAG, 2014. – ISBN 978-3-8007-3615-7, ISSN 0506-6719

[5] *Bödeker, K.*; *Lochthofen, M.*; *Rohlof, K.*: Wiederholungsprüfungen nach DIN VDE 0105. Heidelberg: Hüthig, 2022. – ISBN 978-3-8101-0573-8

[6] *Bödeker, K.*; *Lochthofen, M.*: Prüfung ortsfester und ortveränderlicher Geräte. Berlin: Huss, 2016. – ISBN 978-3-341-01617-6

[7] *Cichowski, R. R.* (Hrsg.): Anlagentechnik für elektrische Verteilungsnetze, Buchreihe mit mehr als 20 Einzelbänden. Berlin · Offenbach: VDE VERLAG, 1990–2021

[8] *Cichowski, R. R.*: Lexikon der Anlagentechnik. Berlin · Offenbach: VDE VERLAG, 2017. – ISBN 978-3-8007-4485-5

[9] *Cichowski, R. R.*; *Cichowski, A.*: Lexikon der Elektroinstallation. VDE- Schriftenreihe 52. Berlin · Offenbach: VDE VERLAG, 2020. – ISBN 978-3-8007-5163-1, ISSN 0506-6719

[10] *Cichowski, R. R.* (Hrsg.): Jahrbuch der Anlagentechnik. Berlin · Offenbach: VDE VERLAG, 2008–2021

[11] *Cichowski, R. R.*: Baustellen-Fibel der Elektroinstallation. VDE-Schriftenreihe 142. Berlin · Offenbach: VDE VERLAG, 2019. – ISBN 978-3-8007-4926-3, ISSN 0506-6719

[12] *Cichowski, R. R.*: Kenngrößen für die Elektrofachkraft. VDE-Schriftenreihe 59. Berlin · Offenbach: VDE VERLAG, 2020. – ISBN 978-3-8007-5323-9, ISSN 0506-6719

[13] *Cichowski. R. R.*: Kenngrößen für die Automatisierungstechnik. VDE-Schriftenreihe 101. Berlin · Offenbach: VDE VERLAG, 2018. – ISBN 978-3-8007-4724-5, ISSN 0506-6719

[14] *Cichowski, R. R.*: Der rote Faden durch die Gruppe 700 der DIN VDE 0100. VDE-Schriftenreihe 168. Berlin · Offenbach: VDE VERLAG, 2019. – ISBN 978-3-8007-4923-2, ISSN 0506-6719

[15] *Cichowski, R. R.*: Elektroinstallation und Ladeinfrastruktur der Elektromobilität. VDE-Schriftenreihe 175. Berlin · Offenbach: VDE VERLAG, 2021. – ISBN 978-3-8007-5489-2, ISSN 0506-6719

[16] *Gerber, G.*: Brandmeldeanlagen. München · Heidelberg: Hüthig, 2019. – ISBN 978-3-8101-0464-9

[17] *Häberle, H. O.*; *Häberle, G.*: Einführung in die Elektroinstallation. München · Heidelberg: Hüthig, 2020. – ISBN 978-3-8101-0518-9

[18] *Hasse, P.*; *Kathrein, W.*; *Kehne, H.*: Arbeitsschutz in elektrischen Anlagen. VDE-Schriftenreihe 48. Berlin · Offenbach: VDE VERLAG, 2003. – ISBN 3-8007-2762-5, ISSN 0506-6719

[19] *Heinhold, L.*; *Stubbe, R.* (beide Hrsg.): Kabel und Leitungen für Starkstrom. Erlangen: Publicis, 1999. – ISBN 3-89578-088-X

[20] *Hennig, W.*: VDE-Prüfung nach BetrSichV, TRBS und DGUV-Vorschrift 3. VDE-Schriftenreihe 43. Berlin · Offenbach: VDE VERLAG, 2019. – ISBN 978-3-8007-4812-9, ISSN 0506-6719

[21] *Hoffmann, R.*; *Lantwin, A.*; *Nied, A.*; *Schäfer, J.* (alle Hrsg.): Betrieb von elektrischen Anlagen. VDE-Schriftenreihe 13. Berlin · Offenbach: VDE VERLAG, 2017. – ISBN 978-3-8007-4322-3, ISSN 0506-6719

[22] *Hofheinz, W.*: Fehlerstrom-Überwachung in elektrischen Anlagen. VDE-Schriftenreihe 113. Berlin · Offenbach: VDE VERLAG, 2014. – ISBN 978-3-8007-3647-8, ISSN 0506-6719

[23] *Hofheinz, W.*: Schutztechnik mit Isolationsüberwachung. VDE-Schriftenreihe 114. Berlin · Offenbach: VDE VERLAG, 2020. – ISBN 978-3-8007-5389-5, ISSN 0506-6719

[24] *Hörmann, W.*: *Schröder, B.*: Schutz gegen elektrischen Schlag in Niederspannungsanlagen. VDE-Schriftenreihe 140. Berlin · Offenbach: VDE VERLAG, 2010. – ISBN 978-3-8007-3190-9, ISSN 0506-6719

[25] *Hösl, A.*; *Ayx, R.*; *Busch, H.-W.*: Die vorschriftsmäßige Elektroinstallation. Berlin · Offenbach: VDE VERLAG, 2019. – ISBN 978-3-8007-4709-2

[26] *Just, W.*; *Hofmann, W.*: Blindstromkompensation in der Betriebspraxis. Berlin · Offenbach: VDE VERLAG, 2003. – ISBN 3-8007-2651-3

[27] *Kern, A.*; *Wettingfeld, J.*: Blitzschutzsysteme 1. VDE-Schriftenreihe 44. Berlin · Offenbach: VDE VERLAG, 2014. – ISBN 978-3-8007-3511-2, ISSN 0506-6719

[28] *Kiefer, G.*; *Schmolke, H.*; *Callondann, K.*: VDE 0100 und die Praxis. Berlin · Offenbach: VDE VERLAG, 2021. – ISBN 978-3-8007-5281-2

[29] *Krefter, K.-H.*; *Schmolke, H.*: DIN VDE 0100. VDE-Schriftenreihe 105. Berlin · Offenbach: VDE VERLAG, 2012. – ISBN 978-3-8007-3472-6, ISSN 0506-6719

[30] *Kreienberg, M.*: Wo steht was im VDE-Vorschriftenwerk? 2021 VDE-Schriftenreihe 1. Berlin · Offenbach: VDE VERLAG, 2021. – ISBN 978-3-8007-5462-5, ISSN 0506-6719

[31] *Kasikci, I.*; *Markgraf, U.*: Erlaubt? Verboten? Berlin · Offenbach: VDE VERLAG, 2022. – ISBN 978-3-8007-5368-0

[32] *Neumann, T.*: BetrSichV – die verantwortliche Elektrofachkraft in der Pflicht. VDE-Schriftenreihe 121. Berlin · Offenbach: VDE VERLAG, 2015. – ISBN 978-3-8007-3919-6, ISSN 0506-6719

[33] *Pusch, P.*: Schaltberechtigung für Elektrofachkräfte und befähigte Personen. VDE-Schriftenreihe 79. Berlin · Offenbach: VDE VERLAG, 2017. – ISBN 978-3-8007-4295-0, ISSN 0506-6719

[34] *Rosa, A.*: Projektierung von Ersatzstromaggregaten. VDE-Schriftenreihe 122. Berlin · Offenbach: VDE VERLAG, 2018. – ISBN 978-3-8007-4547-0, ISSN 0506-6719

[35] *Rudnik, S.*: EMV-Fibel für Elektrofachkräfte – Errichten von Niederspannungsanlagen gemäß DIN VDE 0100-444. VDE-Schriftenreihe 55. Berlin · Offenbach: VDE VERLAG, 2021. – ISBN 978-3-8007-5595-0, ISSN 0506-6719

[36] *Rudnik, S.*: Erstprüfung von elektrischen Anlagen. VDE-Schriftenreihe 63. Berlin · Offenbach: VDE VERLAG, 2020. – ISBN 978-3-8007-5261-4, ISSN 0506-6719

[37] *Rudnik, S.*; *Pelta, R.*: Der Lotse durch die DIN VDE 0100. VDE-Schriftenreihe 144. Berlin · Offenbach: VDE VERLAG, 2018. – ISBN 978-3-8007-4373-5, ISSN 0506-6719

[38] RWE Bau-Handbuch. Frankfurt am Main: EW Medien und Kongresse, 2014. – ISBN 978-3-8022-0974-1

[39] *Schmolke, H.*: Auswahl und Bemessung von Kabeln und Leitungen. München · Heidelberg: Hüthig, 2021. – ISBN 978-3-8101-0556-1

[40] *Schmolke, H.*: Potentialausgleich, Fundamenterder, Korrosionsgefährdung. VDE-Schriftenreihe 35. Berlin · Offenbach: VDE VERLAG, 2013. – ISBN 978-3-8007-3545-7, ISSN 0506-6719

[41] *Schmolke, H.*; *Callondann, K.*: Elektroinstallation in Wohngebäuden. VDE-Schriftenreihe 45. Berlin · Offenbach: VDE VERLAG, 2021. – ISBN 978-3-8007-5478-6, ISSN 0506-6719

[42] *Schmolke, H.*; *Callondann, K.*: DIN VDE 0100 richtig angewandt. VDE-Schriftenreihe 106. Berlin · Offenbach: VDE VERLAG, 2022. – ISBN 978-3-8007-5633-9, ISSN 0506-6719

[43] *Schultke, H.*; *Fuchs, W.*: ABC der Elektroinstallation. Frankfurt am Main: EW Medien und Kongresse, 2012. – ISBN 978-3-8022-1055-6

[44] *Sieper, P.*; *Klotz, W.*: Errichten von Starkstromanlagen mit Nennspannungen über 1 kV. VDE-Schriftenreihe 11. Berlin · Offenbach: VDE VERLAG, 2018. – ISBN 978-3-8007-4688-0, ISSN 0506-6719

[45] *Spindler, U.*: Schutz bei Überlast und Kurzschluss in elektrischen Anlagen. VDE-Schriftenreihe 143. Berlin · Offenbach: VDE VERLAG, 2010. – ISBN 978-3-8007-3283-8, ISSN 0506-6719

[46] *Warner, A.*; *Kloska, S.*: Kurzzeichen an elektrischen Betriebsmitteln. VDE-Schriftenreihe 15. Berlin · Offenbach: VDE VERLAG, 2006. – ISBN 978-3-8007-2683-7, ISSN 0506-6719

Normenverzeichnis

ArbStättV	**Verordnung über Arbeitsstätten** Arbeitsstättenverordnung – ArbStättV
DGUV-Information 203-006 2012-05	**Auswahl und Betrieb elektrischer Anlagen und Betriebsmittel auf Bau- und Montagestellen**
DGUV-Vorschrift 1 2013-11	**Unfallverhütungsvorschrift** Grundsätze der Prävention
DGUV-Vorschrift 3 1997-01	**Unfallverhütungsvorschrift** Elektrische Anlagen und Betriebsmittel
DGUV-Vorschrift 38 1997-01	**Unfallverhütungsvorschrift** Bauarbeiten
DIN 4102-9: 1990-05	**Brandverhalten von Baustoffen und Bauteilen** Kabelabschottungen; Begriffe, Anforderungen und Prüfungen
DIN 18014: 2014-03	**Fundamenterder – Allgemeine Planungsgrundlagen**
DIN 43627: 2018-12	**Kabel-Hausanschlusskästen für NH-Sicherungen Größe 00 bis 100 A, 500 V und Größe 1 bis 250 A, 500 V**
DIN VDE 0100 Beiblatt 5 (**VDE 0100 Beiblatt 5**): 2021-06	**Errichten von Niederspannungsanlagen** Beiblatt 5: Maximal zulässige Längen von Kabeln und Leitungen unter Berücksichtigung des Fehlerschutzes, des Schutzes bei Kurzschluss und des Spannungsfalls
DIN VDE 0100-100 (**VDE 0100-100**): 2009-06	**Errichten von Niederspannungsanlagen** Teil 1: Allgemeine Grundsätze, Bestimmungen allgemeiner Merkmale, Begriffe
DIN VDE 0100-200 (**VDE 0100-200**): 2006-06	**Errichten von Niederspannungsanlagen** Teil 200: Begriffe
DIN VDE 0100-410 (**VDE 0100-410**): 2018-10	**Errichten von Niederspannungsanlagen** Teil 4-41: Schutzmaßnahmen – Schutz gegen elektrischen Schlag
DIN VDE 0100-420 (**VDE 0100-420**): 2019-10	**Errichten von Niederspannungsanlagen** Teil 4-42: Schutzmaßnahmen – Schutz gegen thermische Auswirkungen
DIN VDE 0100-430 (**VDE 0100-430**): 2010-10	**Errichten von Niederspannungsanlagen** Teil 4-43: Schutzmaßnahmen – Schutz bei Überstrom

DIN VDE 0100-442 (**VDE 0100-442**): 2013-06	**Elektrische Anlagen von Gebäuden** Teil 4-442: Schutzmaßnahmen – Schutz von Niederspannungsanlagen bei vorübergehenden Überspannungen infolge von Erdschlüssen im Hochspannungsnetz und bei Fehlern im Niederspannungsnetz
DIN VDE 0100-443 (**VDE 0100-443**): 2016-10	**Errichten von Niederspannungsanlagen** Teil 4-44: Schutzmaßnahmen – Schutz bei Störspannungen und elektromagnetischen Störgrößen – Abschnitt 443: Schutz bei transienten Überspannungen infolge atmosphärischer Einflüsse oder von Schaltvorgängen
DIN VDE 0100-444 (**VDE 0100-444**): 2010-10	**Errichten von Niederspannungsanlagen** Teil 4-444: Schutzmaßnahmen – Schutz bei Störspannungen und elektromagnetischen Störgrößen
DIN VDE 0100-450 (**VDE 0100-450**): 1990-03	**Errichten von Starkstromanlagen mit Nennspannungen bis 1 000 V** Schutzmaßnahmen – Schutz gegen Unterspannung
DIN VDE 0100-460 (**VDE 0100-460**): 2018-06	**Errichten von Niederspannungsanlagen** Schutzmaßnahmen – Trennen und Schalten
DIN VDE 0100-510 (**VDE 0100-510**): 2014-10	**Errichten von Niederspannungsanlagen** Teil 5-51: Auswahl und Errichtung elektrischer Betriebsmittel – Allgemeine Bestimmungen
DIN VDE 0100-520 (**VDE 0100-520**): 2013-06	**Errichten von Niederspannungsanlagen** Teil 5-52: Auswahl und Errichtung von elektrischen Betriebsmitteln – Kabel- und Leitungsanlagen
DIN VDE 0100-530 (**VDE 0100-530**): 2018-06	**Errichten von Niederspannungsanlagen** Teil 530: Auswahl und Errichtung elektrischer Betriebsmittel – Schalt- und Steuergeräte
DIN VDE 0100-540 (**VDE 0100-540**): 2012-06	**Errichten von Niederspannungsanlagen** Teil 5-54: Auswahl und Errichtung elektrischer Betriebsmittel – Erdungsanlagen und Schutzleiter
DIN VDE 0100-557 (**VDE 0100-557**): 2014-10	**Errichten von Niederspannungsanlagen** Teil 5-557: Auswahl und Errichtung elektrischer Betriebsmittel – Hilfsstromkreise
DIN VDE 0100-559 (**VDE 0100-559**): 2014-02	**Errichten von Niederspannungsanlagen** Teil 5-559: Auswahl und Errichtung elektrischer Betriebsmittel – Leuchten und Beleuchtungsanlagen
DIN VDE 0100-560 (**VDE 0100-560**): 2013-10	**Errichten von Niederspannungsanlagen** Teil 5-56: Auswahl und Errichtung elektrischer Betriebsmittel – Einrichtungen für Sicherheitszwecke
DIN VDE 0100-600 (**VDE 0100-600**): 2017-06	**Errichten von Niederspannungsanlagen** Teil 6: Prüfungen

DIN VDE 0100-704 (**VDE 0100-704**): 2018-10	**Errichten von Niederspannungsanlagen** Teil 7-704: Anforderungen für Betriebsstätten, Räume und Anlagen besonderer Art – Baustellen
DIN VDE 0100-706 (**VDE 0100-706**): 2021-06	**Errichten von Niederspannungsanlagen** Teil 7-706: Anforderungen für Betriebsstätten, Räume und Anlagen besonderer Art – Leitfähige Bereiche mit begrenzter Bewegungsfreiheit
DIN VDE 0100-711 (**VDE 0100-711**): 2020-06	**Errichten von Niederspannungsanlagen – Anforderungen für Betriebsstätten, Räume und Anlagen besonderer Art** Teil 711: Ausstellungen, Shows und Stände
DIN VDE 0100-712 (**VDE 0100-712**): 2016-10	**Errichten von Niederspannungsanlagen** Teil 7-712: Anforderungen für Betriebsstätten, Räume und Anlagen besonderer Art – Photovoltaik-(PV)-Stromversorgungssysteme
DIN VDE 0100-714 (**VDE 0100-714**): 2014-02	**Errichten von Niederspannungsanlagen** Teil 7-714: Anforderungen für Betriebsstätten, Räume und Anlagen besonderer Art – Beleuchtungsanlagen im Freien
DIN VDE 0100-717 (**VDE 0100-717**): 2010-10	**Errichten von Niederspannungsanlagen** Teil 7-717: Anforderungen für Betriebsstätten, Räume und Anlagen besonderer Art – Ortsveränderliche oder transportable Baueinheiten
DIN VDE 0100-718 (**VDE 0100-718**): 2014-06	**Errichten von Niederspannungsanlagen** Teil 7-718: Anforderungen für Betriebsstätten, Räume und Anlagen besonderer Art – Öffentliche Einrichtungen und Arbeitsstätten
DIN VDE 0100-721 (**VDE 0100-721**): 2019-10	**Errichten von Niederspannungsanlagen** Teil 7-721: Anforderungen für Betriebsstätten, Räume und Anlagen besonderer Art – Elektrische Anlagen in Caravans und Motorcaravans
DIN VDE 0100-729 (**VDE 0100-729**): 2010-02	**Errichten von Niederspannungsanlagen** Teil 7-729: Anforderungen für Betriebsstätten, Räume und Anlagen besonderer Art – Bedienungsgänge und Wartungsgänge
DIN VDE 0100-731 (**VDE 0100-731**): 2014-10	**Errichten von Niederspannungsanlagen** Teil 7-731: Anforderungen für Betriebsstätten, Räume und Anlagen besonderer Art – Abgeschlossene elektrische Betriebsstätten
DIN VDE 0100-737 (**VDE 0100-737**): 2002-01	**Errichten von Niederspannungsanlagen** Feuchte und nasse Bereiche und Räume und Anlagen im Freien
DIN VDE 0100-740 (**VDE 0100-740**): 2007-10	**Errichten von Niederspannungsanlagen** Teil 7-740: Anforderungen für Betriebsstätten, Räume und Anlagen besonderer Art – Vorübergehend errichtete elektrische Anlagen für Aufbauten, Vergnügungseinrichtungen und Buden auf Kirmesplätzen, Vergnügungsparks und für Zirkusse
DIN EN 61936-1 (**VDE 0101-1**): 2014-12	**Starkstromanlagen mit Nennwechselspannungen über 1 kV** Teil 1: Allgemeine Bestimmungen

DIN EN 60865-1 (**VDE 0103**): 2012-09	**Kurzschlussströme – Berechnung der Wirkung** Teil 1: Begriffe und Berechnungsverfahren
DIN VDE 0105-100 (**VDE 0105-100**): 2015-10	**Betrieb von elektrischen Anlagen** Teil 100: Allgemeine Festlegungen
DIN EN 50172 (**VDE 0108-100**): 2005-01	**Sicherheitsbeleuchtungsanlagen**
DIN V VDE V 0108-100-1 (**VDE V 0108-100-1**): 2018-12	**Sicherheitsbeleuchtungsanlagen** Teil 100-1: Vorschläge für ergänzende Festlegungen zu EN 50172:2004
DIN VDE 0109 (**VDE 0109**): 2020-01	**Elektrische Energieversorgungsnetze** Allgemeine Aspekte und Verfahren der Instandhaltung von Anlagen und Betriebsmitteln
DIN VDE 0132 (**VDE 0132**): 2018-07	**Brandbekämpfung und technische Hilfeleistung im Bereich elektrischer Anlagen**
DIN EN 61140 (**VDE 0140-1**): 2016-11	**Schutz gegen elektrischen Schlag** Gemeinsame Anforderungen für Anlagen und Betriebsmittel
DIN IEC/TS 60479-1 (**VDE V 0140-479-1**): 2007-05	**Wirkungen des elektrischen Stroms auf Menschen und Nutztiere** Teil 1: Allgemeine Aspekte
DIN VDE 0151 (**VDE 0151**): 1986-06	**Werkstoffe und Mindestmaße von Erdern bezüglich der Korrosion**
DIN EN 50178 (**VDE 0160**): 1998-04	**Ausrüstung von Starkstromanlagen mit elektronischen Betriebsmitteln**
DIN EN 60079-14 (**VDE 0165-1**): 2014-10	**Explosionsgefährdete Bereiche** Teil 14: Projektierung, Auswahl und Errichtung elektrischer Anlagen
DIN EN 62305-1 (**VDE 0185-305-1**): 2011-10	**Blitzschutz** Teil 1: Allgemeine Grundsätze
DIN EN 62305-2 (**VDE 0185-305-2**): 2013-02	**Blitzschutz** Teil 2: Risiko-Management
DIN EN 62305-3 (**VDE 0185-305-3**): 2011-10	**Blitzschutz** Teil 3: Schutz von baulichen Anlagen und Personen

DIN EN 62305-4 (**VDE 0185-305-4**): 2011-10	**Blitzschutz** Teil 4: Elektrische und elektronische Systeme in baulichen Anlagen
DIN EN 50341-1 (**VDE 0210-1**): 2013-11	**Freileitungen über AC 1 kV** Teil 1: Allgemeine Anforderungen – Gemeinsame Festlegungen
DIN VDE 0211 (**VDE 0211**): 1985-12	**Bau von Starkstrom-Freileitungen mit Nennspannungen bis 1 000 V**
DIN 57250-1 (**VDE 0250-1**): 1981-10	**Isolierte Starkstromleitungen** Allgemeine Festlegungen
DIN VDE 0250-204 (**VDE 0250-204**): 2000-12	**Isolierte Starkstromleitungen** PVC-Installationsleitung NYM
DIN VDE 0250-813 (**VDE 0250-813**): 1985-05	**Isolierte Starkstromleitungen** Leitungstrosse
DIN VDE 0271 (**VDE 0271**): 2007-01	**Starkstromkabel** Festlegungen für Starkstromkabel ab 0,6/1 kV für besondere Anwendungen
DIN VDE 0276-603 (**VDE 0276-603**): 2010-03	**Starkstromkabel** Teil 603: Energieverteilungskabel mit Nennspannung 0,6/1 kV
DIN VDE 0276-1000 (**VDE 0276-1000**): 1995-06	**Starkstromkabel** Strombelastbarkeit, Allgemeines; Umrechnungsfaktoren
DIN EN 50525-1 (**VDE 0285-525-1**): 2012-01	**Kabel und Leitungen – Starkstromleitungen mit Nennspannungen bis 450/750 V (U_0/U)** Teil 1: Allgemeine Anforderungen
DIN VDE 0289-1 (**VDE 0289-1**): 1988-03	**Begriffe für Starkstromkabel und isolierte Starkstromleitungen** Allgemeine Begriffe
DIN VDE 0293-1 (**VDE 0293-1**): 2006-10	**Kennzeichnung der Adern von Starkstromkabeln und isolierten Starkstromleitungen mit Nennspannungen bis 1 000 V** Teil 1: Ergänzende nationale Festlegungen
DIN VDE 0293-308 (**VDE 0293-308**): 2003-01	**Kennzeichnung der Adern von Kabeln/Leitungen und flexiblen Leitungen durch Farben**
DIN EN 60228 (**VDE 0295**): 2005-09	**Leiter für Kabel und isolierte Leitungen**

DIN VDE 0298-3 (**VDE 0298-3**): 2006-06	**Verwendung von Kabeln und isolierten Leitungen für Starkstromanlagen** Teil 3: Leitfaden für die Verwendung nicht harmonisierter Starkstromleitungen
DIN VDE 0298-4 (**VDE 0298-4**): 2013-06	**Verwendung von Kabeln und isolierten Leitungen für Starkstromanlagen** Teil 4: Empfohlene Werte für die Strombelastbarkeit von Kabeln und Leitungen für feste Verlegung in und an Gebäuden und von flexiblen Leitungen
DIN EN 50565-1 (**VDE 0298-565-1**): 2015-02	**Kabel und Leitungen** Leitfaden für die Verwendung von Kabeln und isolierten Leitungen mit einer Nennspannung nicht über 450/750 V (U_0/U) – Teil 1: Allgemeiner Leitfaden
DIN EN 60085 (**VDE 0301-1**): 2008-08	**Elektrische Isolierung** Thermische Bewertung und Bezeichnung
DIN EN 61557-1 (**VDE 0413-1**): 2007-12	**Elektrische Sicherheit in Niederspannungsnetzen bis AC 1000 V und DC 1500 V – Geräte zum Prüfen, Messen oder Überwachen von Schutzmaßnahmen** Teil 1: Allgemeine Anforderungen
DIN EN 61557-2 (**VDE 0413-2**): 2008-02	**Elektrische Sicherheit in Niederspannungsnetzen bis AC 1000 V und DC 1500 V – Geräte zum Prüfen, Messen oder Überwachen von Schutzmaßnahmen** Teil 2: Isolationswiderstand
DIN EN 61557-8 (**VDE 0413-8**): 2015-12	**Elektrische Sicherheit in Niederspannungsnetzen bis AC 1000 V und DC 1500 V – Geräte zum Prüfen, Messen oder Überwachen von Schutzmaßnahmen** Teil 8: Isolationsüberwachungsgeräte für IT-Systeme
DIN EN 60529 (**VDE 0470-1**): 2014-09	**Schutzarten durch Gehäuse (IP-Code)**
DIN EN IEC 62485-1 (**VDE 0510-485-1**): 2019-01	**Sicherheitsanforderungen an Sekundär-Batterien und Batterieanlagen** Teil 1: Allgemeine Sicherheitsinformationen
DIN VDE 0603-1 (**VDE 0603-1**): 2017-06	**Zählerplätze** Teil 1: Allgemeine Anforderungen
DIN EN 50085-1 (**VDE 0604-1**): 2014-05	**Elektroinstallationskanalsysteme für elektrische Installationen** Teil 1: Allgemeine Anforderungen
DIN EN 61386-1 (**VDE 0605-1**): 2020-08	**Elektroinstallationsrohrsysteme für elektrische Energie und für Informationen** Teil 1: Allgemeine Anforderungen

DIN VDE 0606-1 (**VDE 0606-1**): 2000-10	**Verbindungsmaterial bis 690 V** Installationsdosen zur Aufnahme von Geräten und/oder Verbindungsklemmen
DIN EN IEC 61535 (**VDE 0606-200**): 2020-08	**Installationssteckverbinder für dauernde Verbindung in festen Installationen**
DIN VDE 0620-1 (**VDE 0620-1**): 2021-02	**Stecker und Steckdosen für den Hausgebrauch und ähnliche Anwendungen** Teil 1: Allgemeine Anforderungen an ortsfeste Steckdosen
DIN VDE 0620-101 (**VDE 0620-101**): 1992-05	**Steckvorrichtungen bis 400 V 25 A** Flache, nichtwiederanschließbare zweipolige Stecker, 2,5 A 250 V, mit Leitung, für die Verbindung von Klasse-II-Geräten für Haushalt und ähnliche Zwecke
DIN EN 61242 (**VDE 0620-300**): 2016-12	**Elektrisches Installationsmaterial** Leitungsroller für den Hausgebrauch und ähnliche Zwecke
DIN EN 60309-1 (**VDE 0623-1**): 2013-02	**Stecker, Steckdosen und Kupplungen für industrielle Anwendungen** Teil 1: Allgemeine Anforderungen
DIN EN 60309-2 (**VDE 0623-2**): 2013-01	**Stecker, Steckdosen und Kupplungen für industrielle Anwendungen** Teil 2: Anforderungen und Hauptmaße für die Austauschbarkeit von Stift- und Buchsensteckvorrichtungen
DIN EN 61316 (**VDE 0623-100**): 2000-09	**Leitungsroller für industrielle Anwendung**
DIN EN IEC 60799 (**VDE 0626**): 2021-08	**Elektrisches Installationsmaterial – Geräteanschlussleitungen und Weiterverbindungs-Geräteanschlussleitungen**
DIN 57635 (**VDE 0635**): 1984-02	**Niederspannungssicherungen** D-Sicherungen E 16 bis 25 A, 500 V; D-Sicherungen bis 100 A, 750 V; D-Sicherungen bis 100 A, 500 V
DIN EN 60269-1 (**VDE 0636-1**): 2015-05	**Niederspannungssicherungen** Teil 1: Allgemeine Anforderungen
DIN VDE 0636-2 (**VDE 0636-2**): 2014-09	**Niederspannungssicherungen** Teil 2: Zusätzliche Anforderungen an Sicherungen zum Gebrauch durch Elektrofachkräfte bzw. elektrotechnisch unterwiesene Personen (Sicherungen überwiegend für den industriellen Gebrauch) – Beispiele für genormte Sicherungssysteme A bis K
DIN VDE 0636-3 (**VDE 0636-3**): 2013-12	**Niederspannungssicherungen** Teil 3: Zusätzliche Anforderungen an Sicherungen zum Gebrauch durch Laien (Sicherungen überwiegend für Hausinstallationen und ähnliche Anwendungen) – Beispiele für genormte Sicherungssysteme A bis F

DIN EN 60898-1 (**VDE 0641-11**): 2020-11	**Elektrisches Installationsmaterial – Leitungsschutzschalter für Hausinstallationen und ähnliche Zwecke** Teil 1: Leitungsschutzschalter für Wechselstrom (AC)
DIN VDE 0660-505 (**VDE 0660-505**): 2018-12	**Niederspannung-Schaltgerätekombinationen** Teil 505: Bestimmung für Hausanschlusskästen und Sicherungskästen
DIN EN 50274 (**VDE 0660-514**): 2002-11	**Niederspannungs-Schaltgerätekombinationen** Schutz gegen elektrischen Schlag – Schutz gegen unabsichtliches direktes Berühren gefährlicher aktiver Teile
DIN EN 61439-2 Beiblatt 1 (**VDE 0660-600-2 Beiblatt 1**): 2016-01	**Niederspannungs-Schaltgerätekombinationen** Teil 2: Energie-Schaltgerätekombinationen – Beiblatt 1: Leitfaden für die Prüfung unter Störlichtbogenbedingungen
DIN EN 61439-3 (**VDE 0660-600-3**): 2013-02	**Niederspannungs-Schaltgerätekombinationen** Teil 3: Installationsverteiler für die Bedienung durch Laien (DBO)
DIN EN 61439-4 (**VDE 0660-600-4**): 2013-09	**Niederspannungs-Schaltgerätekombinationen** Teil 4: Besondere Anforderungen an Baustromverteiler (BV)
DIN EN IEC 61439-7 (**VDE 0660-600-7**): 2021-06	**Niederspannungs-Schaltgerätekombinationen** Teil 7: Schaltgerätekombinationen für bestimmte Anwendungen wie Marinas, Campingplätze, Marktplätze, Ladestationen für Elektrofahrzeuge
DIN EN IEC 62020-1 (**VDE 0663-1**): 2021-10	**Elektrisches Installationsmaterial** Differenzstrom-Überwachungsgeräte (RCMs) – Teil 1: RCMs für Hausinstallationen und ähnliche Verwendungen
DIN EN 61008-1 (**VDE 0664-10**): 2018-03	**Fehlerstrom-/Differenzstrom-Schutzschalter ohne eingebauten Überstromschutz (RCCBs) für Hausinstallationen und für ähnliche Anwendungen** Teil 1: Allgemeine Anforderungen
DIN EN 60282-1 (**VDE 0670-4**): 2015-05	**Hochspannungssicherungen** Teil 1: Strombegrenzende Sicherungen
DIN EN 50064 (**VDE 0670-803**): 2019-09	**Hochspannungs-Schaltgeräte und -Schaltanlagen** Gasgefüllte Kapselungen aus Aluminium und Aluminium-Knetlegierungen
DIN EN 60137 (**VDE 0674-500**): 2018-05	**Isolierte Durchführungen für Wechselspannungen über 1 000 V**
DIN EN 61643-11 (**VDE 0675-6-11**): 2019-03	**Überspannungsschutzgeräte für Niederspannung** Teil 11: Überspannungsschutzgeräte für den Einsatz in Niederspannungsanlagen – Anforderungen und Prüfungen

DIN VDE 0680-1 (**VDE 0680-1**): 2013-04	**Persönliche Schutzausrüstungen, Schutzvorrichtungen und Geräte zum Arbeiten an unter Spannung stehenden Teilen bis 1 000 V** Teil 1: Isolierende Schutzvorrichtungen
DIN EN 60900 (**VDE 0682-201**): 2019-04	**Arbeiten unter Spannung** Handwerkzeuge zum Gebrauch bis AC 1 000 V und DC 1 500 V
DIN EN 61243-3 (**VDE 0682-401**): 2015-08	**Arbeiten unter Spannung – Spannungsprüfer** Teil 3: Zweipoliger Spannungsprüfer für Niederspannungsnetze
DIN VDE 0682-552 (**VDE 0682-552**): 2003-10	**Arbeiten unter Spannung** Isolierende Schutzplatten über 1 kV
DIN EN 61230 (**VDE 0683-100**): 2009-07	**Arbeiten unter Spannung** Ortsveränderliche Geräte zum Erden oder Erden und Kurzschließen
DIN EN 50678 (**VDE 0701**): 2021-02	**Allgemeines Verfahren zur Überprüfung der Wirksamkeit der Schutzmaßnahmen von Elektrogeräten nach der Reparatur**
DIN EN 50699 (**VDE 0702**): 2021-06	**Wiederholungsprüfung für elektrische Geräte**
DIN EN IEC 60598-1 (**VDE 0711-1**): 2022-*xx*	**Leuchten** Teil 1: Allgemeine Anforderungen und Prüfungen
DIN EN 61347-1 (**VDE 0712-30**): 2021-08	**Geräte für Lampen** Teil 1: Allgemeine und Sicherheitsanforderungen
DIN EN 61549 (**VDE 0715-12**): 2013-05	**Sonderlampen**
DIN EN 62841-1 (**VDE 0740-1**): 2016-07	**Elektrische motorbetriebene handgeführte Werkzeuge, transportable Werkzeuge und Rasen- und Gartenmaschinen – Sicherheit** Teil 1: Allgemeine Anforderungen
DIN VDE 0833-1 (**VDE 0833-1**): 2014-10	**Gefahrenmeldeanlagen für Brand, Einbruch und Überfall** Teil 1: Allgemeine Festlegungen
DIN VDE 1000-10 (**VDE 1000-10**): 2021-06	**Anforderungen an die im Bereich der Elektrotechnik tätigen Personen**
VDE-Anwendungsregel VDE-AR-E 2100-550: 2019-02	**Errichten von Niederspannungsanlagen** Teil 550: Auswahl und Errichtung elektrischer Betriebsmittel – Schalter und Steckdosen

VDE-Anwendungsregel VDE-AR-N 4100: 2019-04	**Technische Regeln für den Anschluss von Kundenanlagen an das Niederspannungsnetz und deren Betrieb (TAR Niederspannung)**
Elektromagnetische-Verträglichkeit-Gesetz	**Gesetz über die elektromagnetische Verträglichkeit von Betriebsmitteln**
TAB	**Technische Anschlussbedingungen für den Anschluss an das Niederspannungsnetz**

Abkürzungen

AC	Wechselstrom, alternating current
BG	Berufsgenossenschaft
BGB	Bürgerliches Gesetzbuch
BMA	Brandmeldeanlage
CIV D	Caravaning Industrie Verband e. V.
DC	Gleichstrom, direct current
DI-Schalter	Differenzstromschutzeinrichtung
DIN	Deutsches Institut für Normung e. V.
DKE	Deutsche Kommission Elektrotechnik Elektronik Informationstechnik in DIN und VDE
EFK	Elektrofachkraft
EltBauVO	Verordnung über den Bau von Betriebsräumen für elektrische Anlagen
ELV	Kleinspannung, Extra-Low Voltage
EMV	elektromagnetische Verträglichkeit
EnWG	Energiewirtschaftsgesetz
EuP	elektrotechnisch unterwiesene Person
EVG	elektronisches Vorschaltgerät
EVU	Elektrizitätsversorgungsunternehmen, siehe auch NB, VNB
FELV	Funktionskleinspannung ohne sichere Trennung, Functional Extra-Low Voltage
FI	Fehlerstromschutzeinrichtung, siehe auch RCD
HH-Sicherung	Hochspannungs-Hochleistungssicherung
IEC	Internationale Elektrotechnische Kommission
IEV	Internationales Elektrotechnisches Wörterbuch
ISO	Internationale Organisation für Normung
L	Außenleiter
L1, L2, L3	Wechselstrom
L+, L–	Gleichstrom

LS-Schalter	Leitungsschutzschalter
LV	Niederspannung
M	Mittelleiter
N	Neutralleiter
NAV	Niederspannungsanschlussverordnung
NB	Netzbetreiber
NH-Sicherung	Niederspannungs-Hochleistungssicherung
PA	Potentialausgleich, Potentialausgleichsleiter
PAS	Potentialausgleichsschiene
PE	Schutzleiter
PELV	Funktionskleinspannung mit sicherer Trennung, Protection Extra-Low Voltage
PEN	PEN-Leiter (früher: Nullleiter)
PVC	Polyvinylchlorid
RCD	Fehlerstromschutzeinrichtung, Residual Current protective Device
RCM	Differenzstromüberwachungsgerät
SELV	Schutzkleinspannung, Safety Extra-Low Voltage
TAB	Technische Anschlussbedingungen für den Anschluss an das Niederspannungsnetz
TAR	Technische Anschlussregel
TÜV	Technischer Überwachungsverein
USV	unterbrechungsfreie Stromversorgung
UVV	Unfallverhütungsvorschriften
VDE	Verband der Elektrotechnik Elektronik Informationstechnik e. V.
VNB	Verteilnetzbetreiber, siehe auch NB
ZVEH	Zentralverband der Deutschen Elektro- und Informationstechnischen Handwerke
ZVEI	Zentralverband der Elektrotechnik- und Elektronikindustrie e. V.

Stichwortverzeichnis

A
Adapter 117
Art der Erdverbindung 36

B
Bedienungsanleitung, elektrische Anlage 154
Begriff 39
Beleuchtungsanlage im Freien 197
Beleuchtung von Campingplätzen 125
Berührungsschutz 88
Betrieb, elektrische Anlage 27
Betriebsmittel im Innenraum 156
Blitzschutz 171
Brandschutz 179

C
Caravan, Anschluss 139
– Stromversorgung 138
CEE-Steckvorrichtung 132

D
doppelte oder verstärkte Isolierung 82

E
EFK *siehe* Elektrofachkraft (EFK)
Elektrische Anlage
– Bedienungsanleitung 154
– Betrieb 27
– Errichtung 26
– feuchte und nasse Bereiche 195
– in Möbeln 205
– Prüfung 105
Elektrofachkraft (EFK) 31
Elektromobilität 219
elektrotechnischer Laie 32
elektrotechnisch unterwiesene Person (EUP) 31
Erdungsanlage 126
Erdverbindung 36
Errichtung, elektrische Anlage 26
Ersatzstromversorgungsanlage 185
Erstprüfung 168
EUP *siehe* elektrotechnisch unterwiesene Person

F
Fehlerstromschutzeinrichtung (RCD) 99
– Typen 103
feuchte und nasse Bereiche und Räume und Anlagen im Freien 195
FI-Schalter *siehe* Fehlerstromschutzeinrichtung
Fremdkörperschutz 88

G
Gefährdungsbeurteilung 17
gegenseitige Beeinflussung, Vermeidung 163

H
Hilfsbatterie 166

I
Industriesteckvorrichtung (CEE) 132
Instandhaltung 217
IP-Schutzart 87
IT-System 80

K
Kabeltrommel *siehe* Leitungsroller

Kabel und Leitungen 120
Kleinspannungsbeleuchtungsanlage 201
Kleinspannungsgleichstromanlage 161

L
Laie, elektrotechnischer 32
Leistungsbedarf, Campingplatz 35
Leitungsroller 117

M
Motorcaravan *siehe* Caravan

N
Netzanschluss 59
Netzplanung 35
Niederspannungsschaltgeräte-kombinationen 191
Normen, Gültigkeit 49

P
PELV 85
Planung eines Netzes 35
Prüfung, elektrische Anlage 105

R
RCD *siehe* Fehlerstromschutzeinrichtung

S
Schaltgerätekombination 191
Schukosteckdose, Anschluss 68
Schutz
– bei direktem Berühren (zusätzlicher Schutz) 70
– bei indirektem Berühren (Fehlerschutz) 70
– der Betriebsmittel gegen schädliche Einwirkungen durch das Eindringen von Wasser 88
– des Betriebsmittels gegen Eindringen von festen Fremdkörpern 88
– durch Abschaltung oder Meldung 77
– durch Kleinspannung SELV und PELV 84
– durch Schutztrennung 85
– durch Trennen und Schalten 95
– für Endstromkreise für den Außenbereich 86
– gegen Berührung, Fremdkörper und Wasser 87
– gegen direktes Berühren (Basisschutz) 70
– gegen Überspannung 96
– gegen Überstrom und elektrischen Schlag 111
– gegen zu hohe Erwärmung 96
– von Personen gegen Zugang zu gefährlichen Teilen 88
Schutzklasse 94
Schutzklasse I 95
Schutzklasse II 95
Schutzklasse III 95
Schutzmaßnahmen, die nicht angewendet werden dürfen 149
Schutzpotentialausgleich 81
SELV 85
Steckdosen für Stellplatz 115
Stellplatz, Steckdosen 115
Stellplatz, Stromversorgung 109
Stromversorgung
– Stellplatz 109
– von Caravans 138

T
TN-System 80
Trennschalter, zentraler 153
TT-System 80

U
Überspannungsschutz 171

V
Verlängerungsleitung 117
Verteiler auf Campingplätzen 113

W
Wasserschutz 88
Wohnmobil *siehe* Caravan

Z
zentraler Trennschalter 153

Daher werden auch die dort enthaltenen Forderungen in diesem Buch genannt. Ohne Sachkenntnisse aus der Elektrotechnik sind die elektrotechnischen Normen für elektrotechnische Laien nur sehr schwierig zu verstehen, sie setzen in ihren Inhalten Fachkenntnisse voraus. Da jedoch gerade auf Campingplätzen und in Caravans viele elektrotechnische Laien die elektrischen Anlagen bzw. Betriebs- und Verbrauchsmittel nutzen, habe ich mich bemüht, die vielen Anforderungen systematisch zu gliedern, leicht verständlich darzustellen und nicht ständig darauf zu verweisen, aus welchen Quellen die eine oder andere Anforderung stammt.

Erstmals sind in diesem Buch auch einige Hinweise zu „Camping und Elektromobilität" im Kapitel 21 aufgenommen worden.

Gerne möchte ich *Michael Kreienberg* für seine Unterstützung seitens des Verlags danken. Er hat durch Ideen, Ergänzungen und Korrekturen zur Abrundung des Inhalts beigetragen und stand auch bei der dritten Auflage dieses Buchs wieder hilfreich zur Seite.

Holzwickede, im Oktober 2021 *Rolf Rüdiger Cichowski*

Inhalt

Vorwort zur 3. Auflage 5

1 Grundlagen für den elektrotechnischen Laien – Einführung zu elektrischen Anlagen und Betriebsmitteln auf Campingplätzen und in Caravans 13

1.1 Gefahren des elektrischen Stroms 13

1.2 Wirkungen des Stroms auf den Menschen 14

1.3 Gefährdungsbeurteilungen 17

1.4 Unfälle auf Campingplätzen und in Caravans 19

1.5 Einwirkungen auf und Auswirkungen von elektrischen Betriebsmitteln auf Campingplätzen und in Caravans 25

1.6 Errichten und Betreiben elektrischer Anlagen auf Campingplätzen und in Caravans 26

1.7 Normen und Unfallverhütungsvorschriften zu elektrischen Anlagen auf Campingplätzen und in Caravans 27

1.8 Der Elektrofachmann 30

2 Aufbau/Planung eines Netzes auf dem Campingplatz und in Caravans 35

3 Begriffe, die im Zusammenhang mit elektrischen Anlagen auf Campingplätzen oder in Caravans stehen 39

4 Gültigkeit der Normen und Unfallverhütungsvorschriften für Campingplätze und Caravans 49

5 Definition der elektrischen Anlagen und Betriebsmittel für den Einsatz auf Campingplätzen sowie in Caravans sowie Anwendungsbereiche von DIN VDE 0100-708 und DIN VDE 0100-721 55

5.1 Abgrenzung zum Geltungsbereich von DIN VDE 0100-708 und DIN VDE 0100-721 56

6 Anschluss der elektrischen Stromversorgungseinrichtungen auf Camping- und Caravanplätzen und ähnlichen Bereichen an das öffentliche Versorgungsnetz 59
6.1 Netzanschluss 59
6.2 Kabel oder Freileitung 61
6.3 Netzarten, Netzsysteme, Art der Erdverbindung 64
6.4 Anschluss an Schukosteckdosen 68

7 Schutzmaßnahmen, Grundlagen für die elektrische Stromversorgung von Campingplätzen und Caravans 69
7.1 Schutz gegen elektrischen Schlag 69
7.1.1 Basisschutz – Schutz gegen direktes Berühren 73
7.1.1.1 Schutz durch Isolierung 74
7.1.1.2 Schutz durch Abdeckung oder Umhüllung 74
7.1.1.3 Schutz durch Abstand 75
7.1.2 Fehlerschutz – Schutz bei indirektem Berühren 75
7.1.2.1 Schutz durch Abschaltung oder Meldung 77
7.1.2.2 Schutzerdung und Schutzpotentialausgleich 81
7.1.2.3 Schutzmaßnahme doppelte oder verstärkte Isolierung 82
7.1.2.4 Schutz durch Kleinspannung SELV und PELV 84
7.1.2.5 Schutz durch Schutztrennung 85
7.1.2.6 Zusätzlicher Schutz für Endstromkreise für den Außenbereich 86
7.2 Schutz gegen Berührung, Fremdkörper und Wasser 87
7.2.1 IP-Schutzarten 87
7.2.2 Schutzklassen 94
7.3 Schutz durch Trennen und Schalten 95
7.4 Schutz gegen Überspannungen 96
7.5 Schutz gegen zu hohe Erwärmung 96

8 Fehlerstromschutzeinrichtungen (RCDs) 99

9 Anforderungen an die Errichtung von Niederspannungsanlagen für Campingplätze und ähnliche Bereiche (DIN VDE 0100-708) 109
9.1 Stromversorgungen der Stellplätze 109
9.2 Schutz gegen Überstrom und elektrischen Schlag 111
9.3 Verteiler 112
9.4 Schutzarten der elektrischen Betriebsmittel 114
9.5 Steckdosen 115
9.6 Kabel- und Leitungsanlagen, Verlängerungsleitungen, Leitungsroller 117

9.7 Trennen und Schalten 124
9.8 Beleuchtung 125
9.9 Erdungsanlagen 126
9.10 Prüfungen 131

10 Anforderungen an das Errichten von Niederspannungsanlagen für elektrische Anlagen in Caravans und Motorcaravans (DIN VDE 0100-721) 137
10.1 Anwendungsbereich 137
10.2 Stromversorgung von Caravans 138
10.3 Anschluss des Caravans 139
10.4 Anschluss anderer elektrischer Betriebsmittel 143
10.5 Schutz gegen elektrischen Schlag und bei Überstrom 144
10.5.1 Schutzpotentialausgleich 144
10.5.2 Schutz durch Kleinspannung SELV oder PELV 145
10.5.3 Zusatzschutz durch Fehlerstromschutzeinrichtungen (RCDs) 147
10.5.4 Schutz bei Überstrom 148
10.5.5 Schutzmaßnahmen, die nicht angewendet werden dürfen 149
10.6 Kabel- und Leitungsanlagen 150
10.7 Zentraler Trennschalter 153
10.8 Bedienungsanleitung für die elektrische Anlage 154
10.9 Betriebsmittel im Innenraum 156
10.10 Kleinspannungsgleichstromanlage 161
10.10.1 Stromquellen zur Stromversorgung der Kleinspannungsgleichstromanlage 161
10.10.2 Vermeidung gegenseitiger Beeinflussung der Kleinspannungs- und Niederspannungsanlagen 163
10.10.3 Leitungen der Kleinspannungsgleichstromanlage 164
10.10.4 Überstromschutzeinrichtungen der Kleinspannungsgleichstromanlage 165
10.10.5 Anforderungen an Hilfsbatterien 166
10.10.6 Weitere Hinweise 167
10.11 Prüfungen 168

11 Überspannungsschutz und Blitzschutz (DIN VDE 0100-443; DIN VDE 0100-534; DIN EN 62305-*x* (VDE 0185-305-*x*)) 171

12 Brandschutz – Schutz gegen thermische Auswirkungen (DIN VDE 0100-420) 179

13 Ersatzstromversorgungsanlagen (DIN VDE 0100-410; DIN VDE 0100-551; DIN 6280-10; DIN 14685-1) 185

14 Schaltgerätekombinationen (DIN EN IEC 61439-7 (VDE 0660-600-7)) 191

15 Elektrische Anlagen für feuchte und nasse Bereiche und Räume und Anlagen im Freien (DIN VDE 0100-737) 195

16 Beleuchtungsanlagen im Freien (DIN VDE 0100-714) 197

17 Kleinspannungsbeleuchtungsanlagen (DIN VDE 0100-715) 201

18 Elektrische Anlagen in Möbeln und ähnlichen Einrichtungsgegenständen (DIN VDE 0100-713) 205

19 Prüfung von elektrischen Anlagen und Betriebsmitteln 209

20 Betrieb und Instandhaltung von elektrischen Anlagen und Betriebsmitteln 215

21 Camping und Elektromobilität 219

Literatur 221

Normenverzeichnis 225

Abkürzungen 235

Stichwortverzeichnis 237

1 Grundlagen für den elektrotechnischen Laien – Einführung zu elektrischen Anlagen und Betriebsmitteln auf Campingplätzen und in Caravans

1.1 Gefahren des elektrischen Stroms

Strom ist zur Erleichterung bzw. zur Unterstützung der menschlichen Arbeitskraft, im beruflichen Alltag, zur Kommunikation, aber auch für Anwendungen in der Freizeit nicht mehr wegzudenken, so ist es selbstverständlich auch im boomenden Campermarkt. Auf dem Campingplatz werden Wohnwagen, Zelte, Caravans und Motorcaravans mit elektrischem Strom versorgt und in den jeweiligen Wohneinheiten werden elektrische Anlagen, Betriebsmittel und Verbrauchsmittel von den Campern verwendet, um zu beleuchten, zu erwärmen, zu kommunizieren, also in vielen Anwendungsfällen Strom zu benutzen. Strom ist in diesem Freizeitbereich nicht wegzudenken.

Voraussetzungen für den Gebrauch des Stroms sind viele elektrische Anlagen und Betriebsmittel. Deren Qualität und ihr optimaler Einsatz spielen eine bedeutende Rolle für die Sicherheit der Camper und der Sachwerte. Gefahren durch den Strom können auf verschiedene Weise hervorgerufen werden:

- die direkte Berührung aktiver (unter Spannung stehender) Teile (blanke Stromschienen in Schalt- und Verteilungsanlagen, Freileitungen oder Berührung von Betriebsmitteln mit defekter Basisisolation),
- die Berührung von Teilen, die nur im Fehlerfall unter Spannung stehen, die indirekte Berührung eines Betriebsmittels,
- der zufällige Aufenthalt eines Menschen neben einer vom Strom durchflossenen Erdschlussstelle (z. B. Riss eines Freileitungsseils oder die Beschädigung eines Kabels durch das Eintreiben von Heringen oder anderen Befestigungsmaterials),
- der Kontakt mit elektrischem Strom niedriger Spannungswerte, der durch seine Stärke und Einwirkdauer zwar keine unmittelbare Gefahr darstellt, häufig jedoch durch die Schreckreaktion des betroffenen Menschen zu Sekundärunfällen führt (z. B. Sturz von der Leiter).

Ursachen für die Entstehung von Gefahren durch elektrischen Strom:

- zu hohe Beanspruchung der Betriebsmittel,
- Verwendung defekter Betriebsmittel,
- Beschädigung der Isolierung,
- Montagefehler,
- unsachgerechte betriebliche Einwirkung,
- mangelnde Instandhaltung oder Instandhaltungsfehler,
- mangelhafte Überprüfung,
- Schutzleiterunterbrechung oder Schutzleitervertauschung, meist durch elektrotechnische Laien verursacht,
- mangelndes Sicherheitsbewusstsein,
- mangelnde Kenntnis der DIN-VDE-Normen und Unfallverhütungsvorschriften.

Bei all diesen Fehlerquellen ist der vorausschauende Fachmann, die Elektrofachkraft, gefragt (siehe Kapitel 1.8). Gerade auf Campingplätzen und in Caravans werden durch elektrotechnische Laien, die die Gefahr häufig unterschätzen, Manipulationen an Betriebsmitteln bzw. Verbrauchsmitteln vorgenommen oder auch notwendige Arbeiten, z. B. Prüfungen, unterlassen, sodass Fehler zu Gefährdungen der Personen führen können.

1.2 Wirkungen des Stroms auf den Menschen

Die Gefährdung, die von der Elektrizität ausgeht, ist häufig mit dem elektrischen Strom verbunden, der durch den menschlichen Körper fließt. Je nach Größe und Zeitdauer treten unterschiedliche physikalische, chemische und physiologische Wirkungen auf. Zu den physikalischen Wirkungen zählen die Strommarken an der Stromeintrittsstelle der Hautoberfläche, Verbrennungen und Flüssigkeitsverluste durch Verdampfungen und Blendungen durch Lichtbögen. Als physiologische Wirkungen können u. a. Muskelverkrampfungen, Nervenerschütterungen, Blutdrucksteigerungen, Herzkammerflimmern und der Herzstillstand eintreten.

Je nach Art der Einwirkung des Stroms auf den Körper können direkt oder mittelbar schädigende Auswirkungen auftreten. Bei einer Durchströmung wirkt sich der Strom schädigend auf Nerven, Muskeln und das Herz aus, d. h., von außen aufgeprägte körperfremde Ströme, wenn sie bestimmte Stromstärkewerte überschreiten, können die Funktionsabläufe im Körper empfindlich stören. Bei lang andauernder Stromeinwirkung (z. B. Hochspannungsunfall) führt die Stromwärme zu thermischen

Schädigungen und verursacht dadurch innere Verbrennungen. Auch durch Lichtbogeneinwirkungen treten thermische Schädigungen, vor allem von außen, auf den Körper ein. Diese Einwirkungen wirken ähnlich wie bei Verbrennungen, die durch offenes Feuer entstehen.

Wesentlich für die schädigende Einwirkung des Stroms sind die Stromstärke, der durch den Körper des Verunglückten fließt und der Körperwiderstand der jeweiligen Person. Bei der Überbrückung der Spannung von 230 V gegen Erde kann nach dem ohmschen Gesetz $I = U/R$ ein Strom von etwa 230 mA durch den Körper fließen. Aber nicht nur die Größe der Stromstärke spielt eine Rolle, sondern auch die Dauer der Stromeinwirkung. Zwischen der Größe des noch ungefährlichen Stroms und der Dauer seiner Einwirkung besteht eine nicht lineare Beziehung, das ist auch in vielen Untersuchungen festgestellt worden.

Schon seit vielen Jahrzehnten beschäftigen sich Mediziner und Ingenieure damit, die Wirkungen des Stroms auf den menschlichen Körper zu analysieren und gefährliche Grenzen aufzuzeigen. Den internationalen Fachbericht der Arbeitsgruppe (IEC/TS 60479-1:2005-07) hat die DKE Deutsche Kommission Elektrotechnik Elektronik und Informationstechnik in DIN und VDE als Vornorm DIN IEC/TS 60479-1 (**VDE V 0140-479-1**):2007-05 „Wirkungen des elektrischen Stroms auf Menschen und Nutztiere" veröffentlicht.

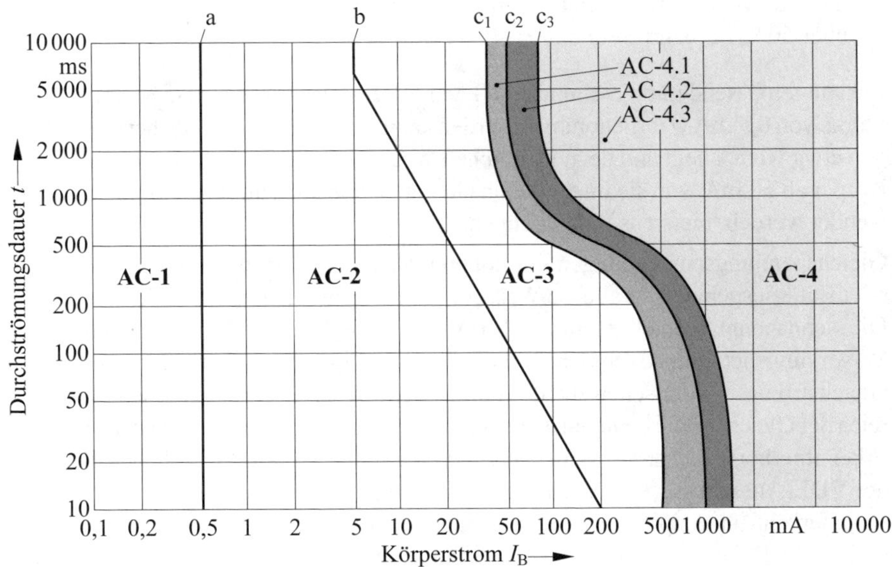

Bild 1.1 Wirkungsbereiche von Körperströmen bei Wechselstrom
Quelle: DIN IEC/TS 60479-1 (**VDE V 0140-479-1**):2007-05, Bild 20

Die Größe der Gefahr bei einer Durchströmung des menschlichen Körpers ist abhängig von der Größe des Stroms und von seiner Einwirkdauer auf den Menschen. Zu den verschiedenen Bereichen, die im **Bild 1.1** (Wechselspannung von 15 Hz bis 100 Hz) dargestellt sind, ist anzumerken:

- Bereich AC-1: Normalerweise sind keine Einwirkungen wahrnehmbar.
- Bereich AC-2: Normalerweise treten keine schädigenden physiologischen Wirkungen auf.
- Bereich AC-3: Es ist mit Blutdrucksteigerungen, Muskelverkrampfungen und Atemnot zu rechnen. Außerdem sind Herzrhythmusstörungen, Vorhofflimmern, Herzkammerflimmern und einzelne Herzstillstände zu erwarten. Diese Erscheinungen sind mit steigender Stromhöhe und Durchströmungsdauer zunehmend. Die Gefahr des Herzkammerflimmerns ist allerdings sehr gering.
- Bereich AC-4: Die physiologischen Wirkungen treten verstärkt auf. Mit steigender Stromstärke und Durchströmungsdauer können pathophysiologische Wirkungen eintreten, wie Herzstillstand, Atemstillstand und Brandverletzungen. Die Gefahr von Herzkammerflimmern ist von der Stromhöhe und der Durchströmungsdauer abhängig:

  5 % beim Bereich AC-4.1,
  unter 50 % beim Bereich AC-4.2,
  über 50 % beim Bereich AC-4.3.

Zusammenfassend und vereinfachend kann festgestellt werden, dass Strom ab einer Stärke von 0,5 mA wahrgenommen werden kann, die Loslassschwelle bei einem Wert von etwa 10 mA liegt und bei netzüblichen Wechselströmen durch den menschlichen Körper ab 50 mA, wie sie im täglichen Gebrauch und auch auf Campingplätzen verwendet werden, meistens tödlich enden.

Gleichspannungsanwendungen mit höheren Betriebsspannungen, wie Photovoltaik oder Batteriespeicher, parallel zu Wechselspannungsnetzen nehmen in letzter Zeit zu. Die Nennspannungen oberhalb von 120 V bis zu 760 V sind z. B. für den Bereich der Versorgungsnetze im Gespräch. Daher muss die Frage nach den Wirkungen hoher Gleichströme auf Menschen ebenfalls untersucht werden. Im Allgemeinen ist der Bereich der Gleichströme ungefährlicher und eine Loslassschwelle existiert nach heutiger Erkenntnis bei Gleichstrom nicht. Details werden zurzeit erforscht, so haben die DKE, der VDE-Ausschuss „Sicherheits- und Unfallforschung" und das Forschungs- und Transferzentrum Leipzig (FTZ) die Wirkung hoher Gleichströme auf den Menschen untersucht. Dabei ist die Frage der Sicherheitsgrenzwerte zu klären. Für einen sicheren Umgang mit Gleichspannungsanlagen werden Richtlinien und Normen überprüft und bei Bedarf einer entsprechenden Anpassung werden zukünftig Normen ergänzt.